江苏高校品牌专业建设工程资助项目(编号：PPZY2015A025)
高等院校应用型本科规划教材

公路工程试验检测技术

李玉华　钟栋青　范生海　主编

華東理工大學出版社
EAST CHINA UNIVERSITY OF SCIENCE AND TECHNOLOGY PRESS
·上海·

图书在版编目(CIP)数据

公路工程试验检测技术 / 李玉华，钟栋青，范生海主编. —上海：华东理工大学出版社，2023.5
高等院校应用型本科规划教材
ISBN 978-7-5628-6441-7

Ⅰ.①公… Ⅱ.①李… ②钟… ③范… Ⅲ.①道路工程-试验-高等学校-教材 Ⅳ.①U41

中国国家版本馆 CIP 数据核字(2023)第 060848 号

内容提要

本书根据交通工程专业应用型本科人才培养目标的课程体系而编写，主要内容包括：工程质量评定；路用材料：土、基层材料、砂石材料、水泥及水泥混凝土、沥青及沥青混合料的试验方法及检测；工程质量现场试验检测方法。本书力求联系工程实际，并注意吸收国内外先进科学技术成果，涉及面较广，内容丰富。

本书除可作为高等学校交通工程类、建筑工程类专业本科生教学用书外，还可供从事交通、建筑施工的工程技术人员参考。

策划编辑 / 马夫娇
责任编辑 / 马夫娇
责任校对 / 陈婉毓
装帧设计 / 徐 蓉
出版发行 / 华东理工大学出版社有限公司
地址：上海市梅陇路 130 号，200237
电话：021-64250306
网址：www.ecustpress.cn
邮箱：zongbianban@ecustpress.cn
印 刷 / 常熟市华顺印刷有限公司
开 本 / 787 mm×1092 mm 1/16
印 张 / 12.75
字 数 / 335 千字
版 次 / 2023 年 5 月第 1 版
印 次 / 2023 年 5 月第 1 次
定 价 / 45.00 元

前　　言

随着市场经济的发展与高等教育改革的深化，应用型本科教育作为高等教育的重要组成部分，在我国经济发展中的作用和地位日益突显。为适应社会对应用型人才的需求，我们对交通工程专业应用型本科人才培养目标、模式和课程体系改革进行了探索与实践。为服务于培养目标、课程体系的改革方向和教学要求，在统一协调与优化整合的基础上，我们编写了体现应用型本科特色的系列教材，其中包括《公路工程试验检测技术》。

本书作为本科生的工程检测类教材，其主要内容包括：工程质量评定；路用材料：土、基层材料、砂石材料、水泥及水泥混凝土、沥青及沥青混合料的试验方法及检测；工程质量现场试验检测方法等。本书力求联系工程实际，不仅学习如何进行试验检测，也思考为何进行某项检测，以及如何改进等更深入的问题。本书在编写中注意吸收国内外先进科学技术成果，涉及面较广，内容丰富。

本书由盐城工学院李玉华、钟栋青、范生海编写。全书由李玉华负责统稿并整理。

本书涉及面广，内容多而复杂，鉴于编者学识水平有限，书中疏漏在所难免，敬请读者多提宝贵意见。

本书由江苏高校品牌专业建设工程资助项目（项目编号：PPZY2015A025）基金资助出版，在此表示感谢。

编　　者

2023年3月

目　　录

第1章 概　　述

试验工作包括两个方面的内容，即试验技术工作和试验管理工作。试验技术工作主要是指对某个具体的试验项目，按有关操作规程进行测试，得出相应的检测数据，再进行计算、分析和评定，最后同有关标准、规范、设计文件进行比较，判断其是否满足要求。满足要求的为合格，否则为不合格。试验管理工作是指对项目的总体试验技术工作进行全方位的综合管理，明确项目试验室在公路工程施工过程中的各个阶段应做哪些工作，合理组织、安排试验技术工作，保证项目试验工作能满足施工生产进度的需要，并确保工程质量。

1.1　项目试验工作的目的和意义

项目试验工作是公路工程质量管理的一个重要组成部分，是工程质量科学管理的重要手段。客观、准确、及时的试验检测数据是公路工程实践的真实记录，是指导、控制和评定工程质量的科学依据。

公路工程试验检测的目的和意义如下：

(1) 用定量的方法对各种原材料、成品或半成品进行科学的鉴定，根据其质量是否符合国家质量标准和设计文件的要求，做出接收或拒收的决定，保证工程所用材料都是合格产品，是控制施工质量的主要手段。

(2) 对施工全过程进行质量控制和检测试验，保证施工过程中的每个部位、每道工序的工程质量均满足有关标准和设计文件的要求，是提高工程质量、创优质工程的重要保证。

(3) 通过各种试验试配，经济合理地选用原材料，为企业取得良好的经济效益打下坚实的基础。

(4) 对于新材料、新工艺、新技术，通过试验检测和研究，鉴定其是否符合国家标准和设计要求，为完善设计理论和施工工艺积累实践资料，为推广和发展新材料、新工艺、新技术做贡献。

(5) 试验检测是评价工程质量缺陷、鉴定工程质量事故的手段。通过试验检测，为质量缺陷或质量事故判定提供实测数据，以便准确判定其性质、范围和程度，合理评价事故损失，明确责任，从中总结经验教训。

(6) 分项工程、分部工程、单位工程完成后，均要对其进行适当的抽检，以便进行质量等级的评定。

(7) 为竣工验收提供完整的试验检测证据，保证向业主交付合格工程。

(8) 试验检测工作集试验检测基本理论、测试操作技能和公路工程相关学科的基础知识于一体,是工程设计参数、施工质量控制、工程验收评定、养护管理决策的主要依据。

1.2 项目试验工作的任务

(1) 在选择料场和确定料源时,对未进场的原材料进行质量鉴定,根据原材料质量和经济合理的原则选定料源。

(2) 对运往施工现场的原材料,按有关规定进行质量鉴定。

(3) 对外单位供应的构件、制品,在查验其出厂质检资料后,进行适量的抽检验证。

(4) 做各种混合料的配合比试配,在确保工程质量的前提下,经济合理地选用配合比。

(5) 负责施工过程中的施工质量控制。

(6) 负责研究、应用、推广新材料、新技术、新工艺。

(7) 按照相关规定,对试验样品进行留样保存,以备必要时复查。

(8) 负责项目所有试验资料的整理、报验、保管,以便对竣工资料进行编制、归档。

(9) 参加各级组织的质量检查,并提供相应的资料;参与质量事故的调查分析,配合做好各种试验检测工作。

(10) 对一些本单位无法检验的项目,负责联系、委托外单位进行检验。

(11) 协助、配合监理工程师、业主和当地质量监督部门的抽检工作。

(12) 做好分包工程的试验检测和质量管理工作。

1.3 开工前的试验工作

1. 路基工程

(1) 取原地面土做土工试验,试验项目包括天然含水率、液塑限、标准击实。

(2) 取土场土样做土工试验,试验项目包括天然含水率、液塑限、标准击实。

2. 桥涵结构物工程

(1) 对设计文件中提供的砂石料场进行考察,并取样做常规检验,将检验结果通知材料部门以便其及时订货。

(2) 砂子常规试验。

(3) 石子常规试验。

(4) 水泥常规试验。

(5) 钢筋常规试验。

(6) 外委试验须经监理工程师同意。

(7) 混凝土配合比试验。

(8) 砂浆配合比试验。

(9) 混凝土拌和水一般无须做特别检验,饮用水均可拌制混凝土。

3. 路面工程

(1) 路面底基层、基层

① 石料常规检验。

② 水泥常规检验。

③ 土的液塑限试验。

④ 石灰的钙镁含量测定和乙二胺四乙酸(Ethylene Diamine Tetraacetic Acid, EDTA)滴定标准曲线以及未消解残渣含量试验。

⑤ 粉煤灰筛分、含水率及化学成分分析。

⑥ 灰土、二灰土、水泥稳定碎石等配合比标准击实及无侧限抗压强度试验。

(2) 水泥混凝土路面

① 砂子常规试验。

② 石料常规检验。

③ 水泥常规检验。

④ 混凝土拌和水一般无须做特别检验,饮用水均可拌制混凝土。

⑤ 做混凝土配合比试验,测定密度、坍落度、抗压强度和抗折强度试验。

(3) 沥青混凝土路面

① 沥青三大指标试验,必要时做含蜡量、黏度及闪点试验。

② 砂、石、石屑、石粉、矿粉等常规检验。

③ 沥青混合料配合比组成设计。

1.4 施工过程中的质量控制及试验管理

1. 材料的检测

工程施工材料的检测,主要包含水泥、砂石、沥青、钢材等。对材料进行检测时,要严格按照国家的标准进行规范检测。除此之外,还要检测材料进厂前的合格证和质量证明,材料进厂之后,需要对其进行进一步的检测。只有完成这一系列工序,才能确保材料正常运用于公路工程施工过程中。

2. 试验检测的标准

工程施工过程中的材料配比是有一定标准的,所以在试验检测的过程中,要将施工过程中的材料配比和标准进行对比,这主要是为了检测公路工程的使用性能和应用的标准,只有符合了标准,该公路才能被使用。公路工程的路基填土也是需要实验的,一般都是通过重型击实验的方法,检测其密度和含水量,判断路基填土是否符合公路工程的施工标准。水泥的混凝土也是需要检测的,主要是检测混凝土的强度和保水性,在这个过程中,最重要的是要检测其中是否有添加剂。只有沥青混合的配料都符合表现,才能在公路工程施工中使用。

3. 跟踪检测

通常跟踪检测的对象都是中心道路,还有桥梁等建筑物,主要是为了检测中心线是否偏移，如果发现中心线偏移的情况，还要对轴线的实际位置和偏移的量进行检测。与此同时，还可以对承载能力的大小进行检验，可以通过回弹弯沉值来判断，回弹弯沉值越小，承载的能力就越大，在检测混凝土时，要检查其抗压能力。合理控制负载的加速度，不能太快也不能太慢。最后要合理处理测定的值，检验沥青中配料的沥青含量和石油比，检测结果就是公路工程施工质量的判定依据。

1.5 工程原材料检测

1.5.1 路基工程

1. 土样物理检验

在施工过程中，发现土质与开工前所取土质有变化，则对变化土质进行试验，包括含水率、液塑限、颗粒分析、标准击实等试验。

2. 压实度检测

路基的压实度以重型击实标准为准。对于特殊干旱、潮湿地区或过湿土，以路基设计施工规范规定的压实度标准进行评定。

标准密度应做平行试验，求其平均值作为现场检验的标准值。对于均匀性差的路基土质，应根据实际情况增补标准密度试验，求得相应的标准值，以控制和检验施工质量。

路基压实度以1～3 km长的路段为检验评定单元，按要求的检测频率进行现场压实度抽样检查，求算每一测点的压实度 K_i。细粒土现场压实度检查可以采用灌砂法或环刀法；粗粒土压实度检查可以采用灌砂法、水袋法或钻孔取样蜡封法。应用核子密度及凹坑应予打磨或修补，以保证桥面平整、粗糙、干燥、清洁。黏层油宜采用乳化沥青或改性沥青，洒布要均匀，确保充分渗入以起到黏结作用。

3. 路基顶面弯沉测定

在高等级公路设计中，对路基顶面都有回弹弯沉的要求，用以检验路基的整体承载能力。路基施工完成后，一般用贝克曼梁弯沉仪来检测路基顶面的弯沉值。

4. 结构物台背回填

台背回填质量直接关系到工程竣工后行车的舒适和安全。在施工过程中，台背回填有一定难度，而规范对压实度要求又很高，高速公路、一级公路各部位都要求达到96%，其他等级公路为94%。检查程序原则上与路基压实度检查相同，只是检测频率大大高于路基，每50 m^2 检查1点，不足的也得检查1点，每点都要合格。

1.5.2 桥涵工程

1. 原材料检验

原材料检验是试验室的一项经常性的检验内容，必须按各种材料规定的频率随时取样试验，因为材料的质量是在不断变化的。

2. 混凝土配合比试验

除开工前对基础混凝土和钻孔桩混凝土做配合比试验外，施工过程中，还要对本工程所需用的全部配合比逐一做配合比试验。随着工程进展，混凝土强度等级会越来越高，所以做配合比试验就要更精心。混凝土配合比试验一般要在使用前一个月就着手进行。为了争取时间，一般试验室配合比 7 d 强度出来即可先报监理工程师，请他们做校验配合比。如果能争取监理工程师和项目试验室的配合比同步进行，可以减少配合比试配到报批监理工程师签认的时间，有利于工程顺利进行。

3. 混凝土施工的质量控制

如果没有严格的施工质量控制，再好的配合比也无法真正地用于工程。混凝土的施工质量控制是混凝土工程质量的关键。混凝土工程质量控制的环节很多，哪一环节出了问题，都可能影响工程质量。从原材料到配合比，再到混凝土搅拌运输、振捣、拆模、养生等一系列工作，都会对混凝土的工程质量产生一定的影响。

下面仅就与试验有关的部分谈谈施工质量控制的程序和方法。

(1) 施工现场负责人在浇筑前 1～2 h 通知试验室。

(2) 试验室接到通知，立即安排人现场取样，做砂石含水率测定，并根据此换算施工配合比，填写“混凝土配合比通知单”。

(3) 试验室人员应协助拌和站操作人员定量、检查出料情况，如不能满足设计和施工要求，可做适当调整。一般拌到 3～5 盘后，拌和料变得均匀、稳定，此时试验人员方可离开。

(4) 当采用小型拌和机进行施工时，拌和前试验人员应核准并监督每车砂石料及水的称量，查看第一盘出料情况。

(5) 一般在拌制第一盘混凝土时，都应适当减少部分石子用量，这是考虑拌和机要粘去部分砂浆，确保第一盘混凝土质量。

(6) 试验人员要及时抽检混凝土的坍落度，每台班不得少于 2 次，以校验其稠度是否符合设计要求，并满足施工需要，还要做记录。

(7) 试验人员应随时检查各种原材料是否同配合比制定材料相符。

(8) 试验人员应经常检查各种原材料的计量准确性，偏差过大时应及时调整，混凝土施工配料允许偏差如表 1.1 所示。

表 1.1 混凝土施工配料允许偏差

材 料 类 别	允许偏差/%	
	现 场 拌 制	预制场或搅拌站拌制
水泥、混合材料	±2	±1
粗、细集料	±3	±2
水、外加剂	±2	±1

(9) 混凝土浇筑中断，或天热及运距远使稠度降低无法浇筑，此时切记不能随意加水来加大稠度，只能适当增加一些减水剂来调节稠度，满足施工需要。

(10) 及时按规定留制试件，1 组 3 块试件应取自同一盘有代表性的混凝土。试件应在浇筑地点或拌和地点分别随机制取，根据需要还要留足同条件养护试件。

(11) 混凝土试件应按时编号、拆模,及时送标养室养护。

(12) 大型工程或混凝土方量较大的工程,施工中应建立质量控制图来控制强度。一方面可以掌握强度的波动情况,另一方面还可以根据波动情况采取措施调整配合比,减少工程成本,增加企业收入。

4. 地基承载力检验

构造物设计上对地基承载力有明确要求,这也是试验人员在施工过程中必须进行的一项试验检测工作。试验人员应积极配合现场施工人员,及时做好这项工作,并做好相应的记录。

5. 预应力混凝土孔道压浆的水泥净浆试验

水泥净浆一般选用≥42.5 级硅酸盐水泥或普通硅酸盐水泥,普通饮用水,适当掺入高效减水剂和微膨胀剂,如铝粉等。配合比通过试验确定,主要测定指标为抗压强度、泌水率、膨胀率和稠度。强度应符合设计规定且不低于 30 MPa。

孔道压浆,每工作台班应留不少于 3 组 7.07 cm^3 立方体试件。

6. 钻孔泥浆试验

施工过程中,试验人员应按工程需要及时进行钻孔泥浆的性能测定,并做好相关记录。

7. 钢筋焊接件的检验

(1) 钢筋焊后,应抽取抗拉试件 3 根、弯曲试件 3 根。

(2) 接头清渣后进行外观检查,应符合要求。

8. 浆砌工程的施工质量控制

(1) 原材料试验。

(2) 浆砌石料应做抗压强度试验。

(3) 浆砌砂浆所用水泥的技术要求及试验项目与混凝土工程一样。

(4) 砂子宜采用中砂和粗砂,如用细砂应适当提高水泥用量。最大粒径:砌筑片石不大于 5 mm;砌筑块石、粗料石不大于 2.5 mm。

(5) 砌筑工程的施工控制

① 发配合比单后应配合施工人员给每一盘砂浆的水泥、砂子定量。

② 加水量多少应视稠度而定。

③ 经常深入工地检查配料情况及拌和物均匀性,并按规定留砂浆强度试件。每台班一般及次要砌筑物取 1 组,重要及主体砌筑物取 2 组,每组 6 个 7.07 cm^3 的试块。

1.5.3 路面工程

1. 基层、底基层

目前我国各地,特别是高速公路,大都采用石灰土、水泥土、二灰土、水泥碎石、二灰碎石等来做基层和底基层。

1) 原材料试验

(1) 土:颗粒分析、液塑限、含水率。

(2) 石灰:钙镁含量、未消化残渣含量。

(3) 水泥:凝结时间、强度试验、安定性。

(4) 粉煤灰：化学分析、细度、烧失量。

(5) 碎石：筛分试验、压碎值试验、表观密度、堆积密度、针片状含量。

以上原材料最初均应做全面检验，施工过程应根据各自的频率及材料变化情况及时检验。

2) 基层、底基层施工质量控制

(1) 灰剂量测定。一般用 EDTA 滴定法检查，参照标准曲线，确定样品实际含灰量。获得测定结果后立即通知现场，便于及时补灰。

(2) 留制无侧限抗压强度试件。当混合料拌和均匀并进行含灰量测定后，应随机抽取多点试样，制备抗压强度试件。要注意保证试样的含水率、制件数量和配合比与试验时相同。

(3) 混合料含水率测定。当混合料拌和均匀后立即测定含水率。

(4) 压实度检测。一般在成型后立即进行检测，多采用灌砂法。检测频率为每个作业段或不超过 2 000 m^2 时检测 6 个点，压实度标准如表 1.2 所示。

表 1.2 基层、底基层压实度最低要求 单位：%

公路等级			高速公路和一级公路	二级及其以下公路
水泥稳定类材料	基层	中粒土、粗粒土	98	97
		细粒土	98	93
	底基层	中粒土、粗粒土	97	95
		细粒土	95	93
石灰稳定类材料	基层	中粒土、粗粒土	—	97
		细粒土	—	93
	底基层	中粒土、粗粒土	97	95
		细粒土	95	93
二灰稳定类材料	基层	中粒土、粗粒土	98	97
		细粒土	98	93
	底基层	中粒土、粗粒土	97	95
		细粒土	95	93

(5) 弯沉测定。基层、底基层施工完成后，都要进行弯沉测定。

【思考1】

若二灰稳定碎石的压实度不符合要求，是什么原因造成的？如何防治？

在二灰稳定碎石施工中压实度达不到要求的影响因素甚多，处理也比较困难。因此，分析该问题产生的原因，探讨如何有效地在施工过程中采取预防措施是必要的。

(1) 原因分析

① 材料规格不均匀,使得混合料级配不稳定,导致压实密度的波动、离散,达不到指标要求。

② 石灰、粉煤灰剂量控制不严格,时多时少,碎石集料比例波动。由于三种材料之间比重差异甚大(石灰、粉煤灰比重为 2.1～2.2,碎石集料比重则为 2.7 左右),比例的变化导致了密度的变化。

③ 路槽松散,二灰碎石压实度达不到要求。

④ 压路机选型及组合不合理。

⑤ 含水率不符合最佳含水率的规定。

⑥ 二灰碎石拌和不均匀,局部细料偏多、骨料偏少。

⑦ 压路机质量较轻,碾压遍数不够,或局部漏压。

(2) 预防措施

① 严格控制混合料拌和过程中的含水率,拌和中应在最佳含水率的基础上提高 1%,控制加水量。

② 严格控制配料比例,混合料拌和要均匀,路拌时应多拌一遍,厂拌机铺时,注意摊铺机料斗内要保证有 1/3 余料。

③ 按规定压实,严防漏压,采用重型压路机并保证压实遍数,以达到压实度。

④ 施工前先对下承层进行检查,对松散处事先进行处理,以保证二灰粒料有一个坚实的下承层。

⑤ 压实应在拌和后 4 h 之内完成。

⑥ 碾压要用轮胎、振动或轻型钢轮压路机等初压,然后再用重型钢轮压路机碾压密实。

2. 水泥混凝土路面

试验工作和质量控制工作与桥梁工程混凝土的试验和质量控制大致相同,最大的区别是水泥混凝土路面多了一项抗折强度技术指标,而且这项指标是混凝土路面质量好坏的关键。在路面混凝土配合比设计时,通常按抗压强度设计,但以抗折强度作为检验强度,混凝土抗折强度与抗压强度的关系如表 1.3 所示。因此,在配合比设计及所用材料上,都有一些特殊要求。

(1) 水泥应选用硅酸盐水泥或普通硅酸盐水泥,不低于 42.5 级,用量不小于 300 kg/m^3。

(2) 砂子应用中、粗砂,尽量不用细砂。

(3) 石料强度应不小于 3 级,饱水抗压强度与混凝土设计抗压强度比应不小于 200%。

(4) 混凝土坍落度应控制在 1～2.5 cm,水灰比不大于 0.46,砂率不大于 35%。在留制抗折小梁试件时,应特别注意振捣密实,尽量排出空气,减少蜂窝、气泡,因为试件中部 1/3 长度内,如有蜂窝(大于 ϕ7 mm×2 mm)试件作废。

(5) 在水泥混凝土路面设计资料中,一般只有抗压强度指标。规范中允许暂以抗压强度进行路面水泥混凝土的配合比设计,施工单位也习惯以抗压强度进行路面水泥混凝土的配合比设计。因此在混凝土配合比设计时，如无可靠资料，可参考表1.3进行试配。

(6) 每天或铺筑200 m^3 混凝土时，应留制2组试件；超过200 m^3 混凝土时，增留1组试件。

表1.3 混凝土抗折强度与抗压强度的关系

混凝土28 d抗折强度/MPa	4.0	4.5	5.0	5.5
混凝土28 d抗压强度/MPa	25.0	30.0	35.0	40.0

3. 沥青混凝土路面

目前我国高速公路、一级公路甚至很多二级公路大都采用沥青混凝土路面面层。这里仅介绍沥青混凝土路面施工过程中的试验工作及质量控制管理。

1) 原材料试验

(1) 沥青：针入度、延度、软化点、黏度、沥青与矿料黏附性。

(2) 粗集料：筛分、针片状、表观密度、堆积密度、含泥量、吸水率、压碎值、磨耗值、磨光值、含水率。

(3) 细集料：(砂、石屑等)筛分、表观密度、堆积密度、含泥量、含水率。

(4) 填料：(矿粉、粉煤灰等)筛分、表观密度、堆积密度、含水率。

以上原材料，最初均应进行全面检验，施工过程中，应根据规定频率及材料的变化情况及时抽检。

2) 沥青混凝土施工过程的试验工作及质量控制

(1) 测温。沥青及混合料在不同施工状态下的温度会直接影响沥青路面的施工质量。如果温度超过有关规定，沥青和混合料将成为废料，会造成极大的浪费。因此在施工时，及时检测温度并记录是十分必要的。对于沥青混合料的出厂温度和摊铺温度，每车必测1次，碾压温度应随时测。

《公路沥青路面施工技术规范》(JTG F40—2004)规定热拌沥青混合料的施工温度按表1.4执行。

表1.4 热拌沥青混合料的施工温度 单位：℃

施工工序		石油沥青的标号			
		50#	70#	90#	110#
沥青加热温度		160～170	155～165	150～160	145～155
矿料加热温度	间歇式拌和机	集料加热温度比沥青温度高10～30			
	连续式拌和机	矿料加热温度比沥青温度高5～10			
沥青混合料出料温度		150～170	145～165	140～160	135～155
混合料贮料仓贮存温度		贮料过程中温度降低不超过10			
混合料废弃温度高于		200	195	190	185
运输到现场温度不低于		150	145	140	135

续　表

施工工序		石油沥青的标号			
		50#	70#	90#	110#
混合料摊铺温度不低于	正常施工	140	135	130	125
	低温施工	160	150	140	135
开始碾压料内温度不低于	正常施工	135	130	125	120
	低温施工	150	145	135	130
碾压终了的表面温度不低于	钢轮压路机	80	70	65	60
	轮胎压路机	85	80	75	70
	振动压路机	75	70	60	55
开放交通的路表温度不高于		50	50	50	45

(2) 沥青含量测定。沥青含量对沥青路面质量影响极大。一般每台拌和机每日必须抽查1次,其油石比允许偏差为±0.3%,沥青含量检测的准确性与取样的代表性关系极大。取样时,粗颗粒含量多,沥青含量就少;细颗粒含量多,沥青含量就大。最好在摊铺机后面取样。沥青含量测定方法很多,仅建设部颁发的试验规程中就列有4种,而且国内的抽提仪也五花八门,可根据实践经验或使用习惯选择适当的试验方法。

(3) 矿料级配检验。矿料组成试验是沥青路面施工时重要的质量检查项目。它是用沥青混合料抽提沥青含量后的全部回收矿料进行的筛分试验,以检验其组成是否符合设计要求。它对保证马歇尔试验的各项技术指标和路面压实度达到设计要求起着至关重要的作用,一般每台拌和机每天至少要做1次。

【思考2】

在沥青混凝土施工中,由于混合料级配控制不严,时常使新铺混凝土面层松散、离析,易产生车辙,甚至泛油。对交付使用后的行车状况产生不利的影响。在施工过程中如何控制好沥青混合料的矿料级配?

(1) 原因分析

① 由于进场材料往往是从不同山场、个体小生产料场采购,级配规格相差很大,与试验室采用的材料出入很大。

② 热料仓二次筛分计量装置失灵,集尘器装置发生故障。

③ 成品料运输、摊铺过程中产生离析。

(2) 预防措施

① 确保碎石进场前的检验,杜绝不合格材料进场。应将材料规格的均匀稳定视为保证质量的第一要素。进场各种材料使用前要进行筛分试验,对筛分曲线不合适的石料应进行必要的掺配,之后方可使用。

② 沥青混凝土施工时,保证每日两次的抽提试验及马歇尔稳定度试验。随时掌握矿料级配情况和沥青用量,发现偏差及时调整,使矿料级配始终保持在符合设计要求的水平。

③ 摊铺机应尽可能地保持不停顿的连续摊铺。每车卸料前料斗内必须留有足够的混合料,保证摊铺时不产生离析,铺装后的沥青混合料均匀一致。

(4) 马歇尔稳定度试验。马歇尔试验是沥青混合料检验中最重要的一个试验项目,是沥青路面施工质量控制最重要的试验内容,其试验数据的真实性直接反映了沥青路面的内在质量。

目前,许多单位仍采用普通的马歇尔试验仪,由于操作人员的不同,加之数据采集和取舍容易出现差异,因此所测得的试验结果不一定能真实反映沥青混合料的质量。《公路工程沥青及沥青混合料试验规程》(JTG E20—2011)明确规定:对于高速公路和一级公路的沥青混合料,宜采用自动马歇尔试验仪,能自动显示或打印试验结果。

施工过程中的马歇尔试验应从拌和站取样后进行成型试验,每台拌和机每天必须取样一次,或上下午各取一次。各项技术指标必须满足表1.5的要求指标。

表1.5 热拌沥青混合料马歇尔试验技术标准

试验项目	沥青混合料类型	高速公路、一级公路	其他等级公路	行人道路
击实次数/次	沥青混凝土	两面各75	两面各50	两面各35
	沥青碎石、抗滑表层	两面各50	两面各50	两面各35
稳定度/kN	Ⅰ型沥青混凝土	＞7.5	＞5.0	＞3.0
	Ⅱ型沥青混凝土、抗滑表层	＞5.0	＞4.0	—
流值/0.1 mm	Ⅰ型沥青混凝土	20～40	20～45	20～50
	Ⅱ型沥青混凝土、抗滑表层	20～40	20～45	—
空隙率/%	Ⅰ型沥青混凝土	3～6	3～6	2～5
	Ⅱ型沥青混凝土、抗滑表层	4～10	4～10	—
	沥青碎石	＞10	＞10	—
沥青饱和度/%	Ⅰ型沥青混凝土	70～85	70～85	75～90
	Ⅱ型沥青混凝土、抗滑表层	60～75	60～75	—
	沥青碎石	40～60	40～60	—
残留温度/%	Ⅰ型沥青混凝土	＞75	＞75	＞75
	Ⅱ型沥青混凝土、抗滑表层	＞70	＞70	—

(5) 路面压实度检查。沥青路面的压实度是评定沥青路面质量的一个重要指标。检测的压实度能否真实反映路面压实密度受两个因素的影响:一是路面压实本身原因,另一个是路面标准密度的选择。

在沥青路面施工时,许多单位以配合比设计时的马歇尔试验密度作为标准密度来计算压实度,显然不能适应施工变化。因此,《公路沥青路面施工技术规范》现在规定,沥青混合料的标准密度以沥青拌和厂取样试验的马歇尔密度为准。对于沥青碎石和粗粒式沥青混凝土混合料,可将试验段钻孔试件的平均密度作为标准密度。

【思考3】

沥青混凝土路面的压实度直接影响传输的强度及稳定性。由于压实度达不到设计要求,易使雨雪等地表水浸入,促使沥青从矿料中剥离、脱黏而松散,影响沥青路面的使用寿命。那么应如何保证沥青混凝土路面的压实度?

(1) 原因分析

① 通常,原材料规格上的混乱不均,沥青拌和楼生产上的失控,造成沥青混合料生产矿料级配的不正常。颗粒级配上的波动造成压实结果的波动离散。

② 摊铺、碾压温度低,碾压困难造成压实度不足。

③ 碾压设备不配套,工艺不规范,不能趁热压实、保热压实、失去了"火候"的最佳机会。

④ 碾压方法不正确,雾化喷嘴失灵,形成水流式的洒水,耗掉热量,使沥青混合料过早冷却。

⑤ 沥青混合料的拌和温度、环境温度、运输车辆的容量、运输距离等候摊铺的时间、覆盖情况等处理不当,都可造成热量损失,温度低的混合料将形成一个冷点,压路机是不会发挥出压实效果的,从而达不到要求的压实度。

(2) 预防措施

① 确保沥青混合料的良好级配与均匀。

② 做好保温措施,确保沥青混合料碾压温度不低于规定要求。

③ 选用技术状况良好的压路机压实,配备雾化喷嘴,趁热压实,保热压实,压实遍数符合规定。

④ 当采用埋置式路缘石时,路缘石应在沥青面层施工前安装完毕。压路机应从外侧向路中心碾压,且紧靠路缘石碾压;当采用铺筑式路缘石时,可用耙子将边缘的混合料稍稍耙高,然后将压路机的外侧轮伸出边缘 10 cm 左右碾压,也可在边缘空出 30~40 cm,待压完第一遍后,将压路机大部分重量位于已压实过的混合料面上再压边缘,以减少边缘向外推移。

⑤ 选择保温性好、容量大的运输车辆,运输中加盖苫布,加强现场产、运、摊之间的调整与配合,尽量减少等待摊铺的时间。

(6) 路面弯沉测定。进行弯沉测定时,应按每双车道评定路段(不超过 1 km)检查 80~100 个点,多车道公路按车道数与双车道之比相应增加测点。每个评定路段的弯沉测定在结果整理时,应有平均弯沉值、标准差和代表弯沉值。

(7) 路面平整度检测。路面平整度是路面使用性能的最重要指标。平整度的检测有 3 m 直尺检测和连续式平整度仪检测。前者一般用于施工过程的质量控制和路面平整度的初评;后者一般用于交工质量检查验收。用平整度仪检测时,应全线按每车道连续检测,以每 100 m 为一计算区间,以行车道一侧车轮轮迹带作为连续测点的标准位置。整理资料时,应列表报告每一评定路段内各区间的平整度标准差和各评定路段平整度的平均值、标准差、变异系数、不合格的区间数。

第2章　路基路面质量评定

2.1　工程质量评定概述

2.1.1　道路工程质量评定依据

《城镇道路工程施工与质量验收规范》(JTG F80—2004)。

2.1.2　建筑工程质量验收的划分

建筑工程施工质量验收划分为单位工程、分部工程、分项工程和检验批。

(1) 单位工程：每个合同段范围内的路基工程、路面工程、交通安全设施分别作为一个单位工程；特大桥、大桥、中桥、隧道以每座作为一个单位工程；互通式立体交叉的路基、路面、交通安全设施按合同段纳入相应单位工程。建设单位招标文件确定的每一个独立合同应为一个单位工程。

(2) 分部工程：单位(子单位)工程应按工程的结构部位、特点、功能、工程量划分分部工程。分部工程的规模较大或工程复杂时宜按材料种类、工艺特点、施工工法等，将分部工程划为若干子分部工程。

(3) 分项工程：分部工程(子分部工程)可由一个或若干分项工程组成，应按主要工种、材料、施工工艺等划分分项工程。

(4) 检验批：分项工程可由一个或若干检验批组成。检验批应根据施工、质量控制和专业验收需要划定。各地区应根据城镇道路建设实际需要，划定适应的检验批。

公路工程质量验收的划分详见表2.1。

表2.1　单位、分部、分项工程划分(公路)

单位工程	分部工程	分项工程
路基工程(每10 km或每标段)	路基土石方工程 (1～3 km路段)	土方路基、石方路基、软土路基、土工合成材料处治层等
	排水工程 (1～3 km路段)	管节预制、管道基础及管节安装、检查(雨水)井砌筑、土沟等
	小桥及符合小桥标准的通道，人行天桥，渡槽	基础及下部构造，上部构件预制，安装或浇筑，桥面等

续　表

单位工程	分部工程	分项工程
路基工程(每10 km或每标段)	涵洞、通道(1～3 km路段)	基础及下部构造,主要构件预制,填土,总体等
	砌筑防护工程(1～3 km路段)	挡土墙,墙背填土,抗滑性,锚喷防护,锥、护坡等
	大型挡土墙、组合式挡土墙(每处)	基础,墙身,墙背填土,构件预制等
路面工程(每10 km或每标段)	路面工程(1～3 km路段)	底基层、基层、面层、垫层、联结层、路缘石、人行道、路肩、路面边缘排水系统等
桥梁工程(特大、大、中桥)	基础及下部构造(每桥或每墩、台)	扩大基础,桩基,地下连续墙,承台,沉井,桩的制作,钢筋加工及安装,台背填土,支座垫石和挡块等
	上部构造预制和安装	主要构件预制,其他构件预制,钢筋加工和安装,预应力筋的加工和张拉,梁板安装,钢梁制作和安装等
	上部构造现场浇筑	钢筋加工及安装,预应力筋的加工和张拉,主要构件浇筑,其他构件浇筑,悬臂浇筑等
	总体、桥面系和附属工程	桥梁总体,钢筋加工和安装,桥面防水层施工,桥面铺装,钢桥面铺装,支座安装,搭板,伸缩缝安装,栏杆安装等
	防护工程	护坡,护岸,导流工程,石笼防护,砌石工程等
	引道工程	路基,路面,挡土墙,小桥,涵洞,护栏等

2.1.3　道路工程质量评定程序

1. 施工质量控制及过程检验、验收规定

(1) 工程采用的主要材料、半成品、成品、构配件、器具和设备应按相关专业质量标准进行进场检验和使用前复验。现场验收和复验结果应经监理工程师检查认可。凡涉及结构安全和使用功能的,监理工程师应按规定进行平行检测或见证取样检测,并确认合格。

(2) 各分项工程应按规范进行质量控制,各分项工程完成后应进行自检、交接检验,并形成文件,经监理工程师检查签认后,方可进行下分项工程施工。

2. 工程施工质量验收要求

(1) 工程施工质量应符合本规范和相关专业验收规范的规定。

(2) 工程施工应符合工程勘察、设计文件的要求。

(3) 参加工程施工质量验收的各方人员应具备规定的资格。

(4) 工程质量的验收均应在施工单位自行检查评定合格的基础上进行。

(5) 隐蔽工程在隐蔽前,应由施工单位通知监理单位进行验收,并形成验收文件,验收合格后方可继续施工。

(6) 监理工程师应按规定对涉及结构安全的试块、试件和现场检测项目进行平行检测、见证取样检测，并确认是否合格。

(7) 检验批的质量应按主控项目和一般项目进行验收。

(8) 对涉及结构安全和使用功能的分部工程应进行抽样检测。

(9) 承担复验或检测的单位应为具有相应资质的独立第三方。

(10) 工程的外观质量应由验收人员通过现场检查共同确认。

3. 隐蔽工程由专业监理工程师负责验收

检验批及分项工程应由专业监理工程师组织施工单位项目专业质量(技术)负责人等进行验收。关键分项工程及重要部位应由建设单位项目负责人组织总监理工程师、施工单位项目负责人和技术质量负责人、设计单位专业设计人员等进行验收。分部工程应由总监理工程师组织施工单位项目负责人和技术质量负责人等进行验收。

2.1.4 建筑工程质量验收合格要求

《建筑工程施工质量验收统一标准》(GB 50300—2013)规定，质量检验项目分为主控项目和一般项目。其中，主控项目主要包括各层结构的压实度、弯沉、混凝土和砂浆强度、复合地基承载力、面层结构厚度、结构工程的断面尺寸以及对于结构质量有重大影响的主要原材料的质量检验等指标。主控项目的合格率要求达到100%。

1. 检验品质量验收合格应符合下列规定：

(1) 主控项目的质量经抽样检验均应合格。

(2) 一般项目的质量经抽样检验合格。当采用计数检验时，除有专门要求外，一般项目的合格点率应达到80%及以上，且不合格点的最大偏差值不得大于规定允许偏差值的1.5倍。

(3) 具有完整的施工操作依据、质量验收记录。

2. 分项工程质量验收合格应符合下列规定：

(1) 分项工程所含检验品的质量均应验收合格。

(2) 分项工程所含检验品的质量验收记录应完整。

3. 分部工程质量验收合格应符合下列规定：

(1) 分部工程所含分项工程的质量均应验收合格。

(2) 质量控制资料应完整。

(3) 涉及结构安全和使用功能的质量应按规定验收合格。

(4) 观感质量应符合要求。

4. 单位工程质量验收合格应符合下列规定：

(1) 单位工程所含分部工程的质量均应验收合格。

(2) 质量控制资料应完整。

(3) 单位工程所含分部工程中有关安全、节能、环境保护和主要使用功能的检验资料应完整。

(4) 主要使用功能的抽查结果应符合相关专业验收规范的规定。

(5) 观感质量应符合要求。

5. 单位工程验收应符合下列要求：

(1) 施工单位应在自检合格的基础上，将竣工资料与自检结果报监理工程师，申请验收。

(2) 监理工程师应约请相关人员审核竣工资料,进行预检,并根据结果写出评估报告,报建设单位。

(3) 建设单位项目负责人应根据监理工程师的评估报告,组织建设单位项目技术质量负责人、有关专业设计人员、总监理工程师和专业监理工程师、施工单位项目负责人参加工程验收。该工程的设施运行管理单位应派相关人员参加工程验收。

工程竣工验收,应由建设单位组织验收组进行。验收组应由建设、勘察、设计、施工、监理、设施管理等单位的有关负责人组成,亦可邀请有关方面专家参加。验收组组长由建设单位担任。

工程竣工验收应在构成道路的各分项工程、分部工程、单位工程质量验收均合格后进行。当设计规定进行道路弯沉试验、荷载试验时,验收必须在试验完成后进行。道路工程竣工资料应于竣工验收前完成。

6. 工程竣工验收应符合下列规定:

(1) 质量控制资料应符合相关规定。

检查数量:全部工程。

检查方法:质量验收、隐蔽验收、试验检验资料。

(2) 安全和主要使用功能应符合设计要求。

检查数量:全部工程。

检查方法:相关检测记录,并抽检。

(3) 观感质量检验应符合规范要求。

检查数量:全部工程。

检查方法:目测并抽检。

竣工验收时,可对各单位工程的实体质量进行检查。

当参加验收各方对工程质量验收意见不一致时,应由政府行业行政主管部门或工程质量监督机构协调解决。

工程竣工验收合格后,建设单位应按规定将工程竣工验收报告和有关文件,报政府行政主管部门备案。

公路工程质量检验评定标准:路基土石方工程、排水工程和挡土墙、防护及其他砌筑工程。

2.2 公路工程质量评定

2.2.1 工程质量评定

1. 一般规定

(1) 单位工程:在建设项目中,根据签订的合同,具有独立施工条件的工程。

(2)分部工程:在单位工程中,应按结构部位、路段长度及施工特点或施工任务划分若干分部工程。

(3)分项工程：在分部工程中，应按不同的施工方法、材料、工序及路段长度等划分为若干分项工程。

(4) 关键项目：分项工程中对安全、卫生、环境保护和公众利益起决定作用的实测项目。

(5) 规定极值：指任一个检测值都不能突破的极限值，不符合要求时该实测项目为不合格。

2. 检验评定程序

(1) 施工单位应对各分项工程按《公路工程质量检验评定标准》所列基本要求、实测项目和外观鉴定进行自检；

(2) 工程监理单位应按规定要求对工程质量进行独立抽检，对施工单位检评资料进行签认，对工程质量进行评定；

(3) 建设单位根据对工程质量的检查及平时掌握的情况，对工程监理单位所做的工程质量评分及等级进行审定；

(4) 质量监督部门、质量检测机构可依据本标准对公路工程质量进行检测、鉴定。

3. 工程质量评分方法

工程质量评分以分项工程为单元，采用百分制进行；在分项工程评分的基础上，逐级计算各相应分部工程、单位工程、合同段和建设项目评分值。

4. 工程质量等级评定

工程质量等级分为合格与不合格，应按分项、分部、单位工程、合同段和建设项目逐级评定。

(1) 分项工程评分值不小于75分者为合格，小于75分者为不合格。

(2) 所属各分项工程全部合格，则该分部工程合格；所属任一分项工程不合格，则该分部工程不合格。

(3) 所属各分部工程全部合格，则该单位工程合格；所属任一分部工程不合格，则该单位工程不合格；

(4) 合同段和建设项目所含单位工程全部合格，其工程质量等级为合格；所属任一单位工程不合格，则合同段和建设项目的工程质量等级为不合格。

2.2.2 实测关键项目

1. 土方路基、石方路基的实测关键项目

(1) 土方的实测关键项目：压实度和弯沉。

(2) 石方无实测关键项目。

2. 路基土石方工程、排水工程和挡土墙、防护及其他砌筑工程软土地基处治的实测项目

(1) 砂垫层实测项目：厚度、宽度、反滤层设置和压实度。

(2) 袋装砂井、塑料排水板实测项目：井间距、井长度、竖直度、砂井直径和灌砂量。

(3) 碎石桩实测项目：桩距、桩径、桩长、竖直度和灌石量。

(4) 粉喷桩实测项目：桩距、桩径、桩长、竖直度、单桩喷粉量和强度。

3. 管节预制、管道基础及管节安装、检查井砌筑、土沟、浆砌排水沟实测关键项目

(1) 管节预制关键项目为混凝土强度。

(2) 管道基础及管节安装关键项目为混凝土抗压强度或砂浆强度。

(3) 检查井砌筑关键项目为砂浆强度。

(4) 土沟无实测关键项目。

(5) 浆砌排水沟实测关键项目为砂浆强度。

4. 挡土墙、墙背填土和砌石工程的实测关键项目

(1) 挡土墙的实测关键项目为砂浆强度和断面尺寸。

(2) 墙背填土的实测关键项目为压实度。

(3) 路面工程、水泥混凝土面层的实测关键项目为弯拉强度、板的厚度、平整度、构造深度、相邻板高差、纵横缝顺直度、中线平面偏位、路面宽度、纵断高程、横坡。

5. 沥青混凝土面层实测项目

沥青混凝土面层实测项目包括压实度、厚度、平整度、弯沉值、抗滑、渗水系数、中线平面偏位、路面宽度、纵断高程、横坡。

其中,压实度和厚度的检查采用钻孔取样蜡封法;弯沉采用轮隙弯沉法。

1) 沥青路面弯沉评定方法

评定路段的代表弯沉 L_r 为

$$L_r = \bar{L} + Z_\alpha S \tag{2.1}$$

式中 $\bar{L}$ ——评定路段内经各项修正后的各测量弯沉的平均值;

Z_α ——与保证率有关的系数;

S ——评定路段内经各项修正后的各测点弯沉的标准差。

修正:温度[5 cm,(20±2)℃],支点,季节。舍弃大于(3)S 的点,对其加强观察。左右轮独立计算,不能去平均。

当弯沉代表值 L_r 大于设计值时,评定路段不合格;以合同段内合格的评定单元数与总的评定单元数比值为该合同段内竣工验收复测路面弯沉合格率。

2) 沥青面层压实度评定方法

压实度代表值 K 为

$$K = \bar{K} - t_\alpha S/\sqrt{n} \tag{2.2}$$

式中 $\bar{K}$ ——评定路段内各测点压实度的平均值;

t_α ——t 分布表中随测点数和保证率而变的系数;

n ——检测点数。

当 $K \geqslant K_0$(压实度标准值) 且单点压实度 K_i 全部大于或等于规定值减 1%时,评定路段的压实度合格率为 100%;当 $K \geqslant K_0$ 时,按测定值不低于规定值减 1%的测点数计算合格率。

当 $K < K_0$ 时,该评定路段压实度为不合格,相应分项工程评为不合格。

注: 其他面层以规定值减 2 控制。

3) 路面厚度的评定方法

计算厚度代表值 x_1 为

$$x_1 = \bar{x} - \frac{t_\alpha S}{\sqrt{n}} \tag{2.3}$$

式中，$\bar{x}$ 为评定路段内各测点厚度的平均值。

当厚度代表值大于或等于设计厚度减去代表值允许偏差时，则按单个检查值的偏差是否超过极值来计算合格率；当厚度代表值小于设计厚度减去代表值允许偏差时，相应分项工程评为不合格。

沥青路面用总厚度评定。

6. 基层的实测关键项目及方法

1）实测关键项目

压实度试验采用灌砂法；厚度试验采用挖验或钻取芯样；强度试验采用饱水试件。

2）现场压实度试验检测方法

灌砂法是利用均匀颗粒的砂去置换试洞的体积，是现场测定密度的主要方法。采用此方法时，应符合下列规定：当集料的最大粒径小于13.2 mm且测定层的厚度不超过150 mm时，宜采用 ϕ100 mm的小型灌砂筒测试；当集料的粒径13.2 mm≤ϕ≤31.5 mm且测定层的厚度不超过200 mm时，应用 ϕ150 mm的大型灌砂筒测试。

（1）试验方法与步骤

① 在试验地点，选一块平坦表面并将其清扫干净，其面积不得小于基板面积。

② 将基板放在平坦表面上。当表面的粗糙度较大时，则将盛有量砂的灌砂筒（总质量为 m_5）放在基板中间的圆孔上，将灌砂筒的开关打开，让砂流入基板的中孔内，直到储砂筒内的砂不再下流时关闭开关。取下灌砂筒，并称量筒内砂及筒的质量 m_6，精确至1 g。当需要检测厚度时，应当测量厚度后再进行这一步骤。

③ 取走基板，并将留在试验地点的量砂收回，重新将表面扫干净。

④ 将基板放回扫干净的表面（尽量放在原处），在凿洞过程中，应注意勿使凿出的材料丢失，并随时将凿出的材料取出装入塑料袋中，不使水分蒸发，也可放在大试样盒内。试样洞的深度应等于测定层厚度，但不得有下层材料混入。测定层厚度较大时，可分层测定，最后将洞内的全部凿松材料取出。对土基或基层，为防止试样盘内材料的水分蒸发，可分几次称取材料的质量。全部取出材料的总质量为 m_w，准确至1 g。

⑤ 从挖出的全部材料中取出有代表性的样品，放在铝盒或洁净的搪瓷盘中，测定其含水率 ω，以%计。对于粗粒土或水泥、石灰、粉煤灰等无机结合料稳定材料，宜将取出的全部材料烘干，且不少于2 000 g，称量其质量 m_d，准确至1 g。

⑥ 将基板安放在试坑上，将灌砂筒安放在基板中间（储砂筒内放入砂，使其质量达到要求质量 m_1），使灌砂筒的下口对准基板的中孔及试洞，打开灌砂筒的开关，让砂流入试坑内。在此期间，应注意勿碰灌砂筒。直到储砂筒内的砂不再下流时，关闭开关。仔细取走罐砂筒，并称量剩余砂及筒的质量 m_4，准确至1 g。

⑦ 如果清扫干净的平坦表面的粗糙度不大，中间不需要放基板。在试洞挖好后，将灌砂筒直接对准放在试坑上，打开筒的开关，让砂流入试坑内。在此期间，应注意勿碰灌砂筒。直到储砂筒内的砂不再下流时，关闭开关，小心取走灌砂筒，并称量剩余砂的质量 m_4'，准确至1 g。

⑧ 仔细取出试筒内的量砂，以备下次试验再用。若量砂的湿度已发生变化或量砂中混有杂质，应重新烘干、过筛，并放置一段时间，使其与空气的湿度达到平衡后再用。

(2) 计算

① 按式(2.4)和式(2.5)计算填满试坑所用的砂的质量 m_b。

灌砂时试坑上放有基板时,

$$m_b = m_1 - m_4 - (m_5 - m_6) \tag{2.4}$$

灌砂时试坑上不放基板时,

$$m_b = m_1 - m'_4 - m_2 \tag{2.5}$$

② 按式(2.6)计算试坑材料的湿密度 ρ_w。

$$\rho_w = \frac{m_w}{m_b} \times \gamma_s \tag{2.6}$$

③ 按式(2.7)计算试坑材料的干密度 ρ_d。

$$\rho_d = \frac{\rho_w}{1 + 0.01\,\omega} \tag{2.7}$$

(3) 试验中应注意的问题

灌砂法是施工过程中最常用的试验方法之一。该方法表面上看起来较为简单,但实际操作时常常不好掌握,并会引起较大误差;又因为它是测定压实度的依据,因此应严格遵循试验的每个细节,以提高试验精度。为使试验做得准确,应注意以下几个环节:

① 量砂要规则。量砂如果重复使用,一定要注意晾干,处理一致,否则影响量砂的松方密度。

② 每换一次量砂,都必须测定松方密度,漏斗中砂的数量也应该重测。因此量砂宜事先准备较多数量。切勿到试验时临时找砂,又不做试验,仅使用以前的数据。

③ 地表面处理要平整,只要表面凸出一点(即使 1 mm),使整个表面高出一薄层,其体积也算到试坑中去了,会影响试验结果。因此本方法一般宜采用放上基板先测定一次粗糙表面消耗的量砂,按式(2.4)计算填坑的砂量,只有在非常光滑的情况下方可省去此操作步骤。

④ 在挖坑时试坑周壁应笔直,避免出现上大下小或上小下大的情形,因为这样会使检测密度偏大或偏小。

⑤ 灌砂时检测厚度应为整个碾压层厚,不能只取上部或者取到下一个碾压层中。

2.2.3 水泥混凝土

1. 混凝土的定义

混凝土是指由水泥、石灰、石膏类无机交结料与水、沥青、树脂等有机交结料的胶状物和集料按一定比例拌和,并在一定的条件下硬化而成的人造石材。

水泥混凝土是由水泥、水及砂石集料配制而成的,其中水泥和水是具有活性的成分,起胶凝作用,集料起骨架和填充作用。水泥与水发生反应后形成坚固的水泥石,将集料颗粒牢固地黏结成整体,使混凝土具有一定的强度。

2. 混凝土的性能

(1) 和易性：为满足施工需要，混凝土拌和物应具有要求的流动性或塑性，才能方便施工，一般用坍落度或工作度表示。

(2) 保水性：为保证施工要求的和易性而多加的拌和水，在浇筑振捣后常上浮于混凝土表面或滞留于粗集料与钢筋的下面，经蒸发后形成空隙，消弱水泥浆与集料或钢筋的黏结力，导致混凝土强度降低。可通过调整配合比设计及掺外加剂等方法来减少其渗水性，提高其保水性。

(3) 强度：强度是混凝土的主要物理力学性能，又分为抗压强度、抗拉强度等。其中，抗压强度是表示混凝土强度等级的主要指标。混凝土强度随龄期而增长。

(4) 收缩：混凝土在硬化过程中，由于胶体干燥、水分蒸发而引起体积收缩称为干缩。一般混凝土的干缩值为$(3\sim12)\times10^{-4}$。如果结构受到约束，则干缩会引起混凝土开裂。

(5) 徐变：徐变是混凝土在一定荷载的长期作用下，随着时间的延长增加的变形。

(6) 抗渗性：混凝土抵抗水、油等液体压力作用的性能称为抗渗性。抗渗性与混凝土的内部孔隙特征、大小及数量有关。因此，提高混凝土的密实性就可以提高其抗渗性。这对水工混凝土、防水混凝土来说，是十分重要的。

(7) 抗冻性：抗冻性是评价混凝土耐久性的重要指标。它表示混凝土抵抗冻融循环作用的能力。一般来说，致密或掺有引气剂的混凝土抗冻性能较好。

除上述性能之外，还有混凝土的密度、导热系数、硬化性能、抗腐蚀性能等。

3. 混凝土坍落度与坍落扩展度试验

(1) 试验目的

坍落度是表示混凝土拌和物稠度的一种指标，测定的目的是判定混凝土稠度是否满足要求，同时作为配合比调整的依据。

本试验适用于坍落度不小于 10 mm，骨料最大粒径不大于 40 mm 的混凝土拌和物。

(2) 试验仪具

① 坍落度筒：坍落度筒为铁板制成的截头圆锥筒，厚度不小于 1.5 mm，内侧平滑，没有铆钉头之类的凸出物，在筒上方约 2/3 高度处有两个把手，近下端两侧焊有两个踏脚板，保证坍落度筒可以稳定操作。

② 捣棒：直径 16 mm，长约 650 mm，并具有半球形端头的钢质圆棒。

③ 其他：小铲、木尺、小钢尺、抹刀和钢平板等。

(3) 试验方法

① 润湿坍落度筒和底板，在坍落度筒内壁和底板上应无明水。底板应放置在坚实的水平面上，并把筒放在底板中心，然后用脚踩住两边的踏脚板，坍落度筒在装料时应保持固定的位置。

② 将拌制的混凝土试样分三层均匀地装入筒内，使捣实后每层高度为筒高的 1/3 左右。每层用捣棒插捣 25 次，插捣应沿螺旋方向由外向中心进行，每次插捣应在截面上均匀分布。插捣筒边混凝土时，捣棒可以稍稍倾斜。插捣底层时，捣棒应贯穿整个深度，插捣第二层和顶层时，捣棒应插透本层至下一层的表面；浇灌顶层时，混凝土应灌到高出筒口。插捣过程中，如混凝土沉落到低于筒口，则应随时添加。顶层插捣完后，刮去多余的混凝土，并用抹刀抹平。

③ 清除筒边底板上的混凝土后，垂直平稳地提起坍落度筒。坍落度筒的提离过程应在5～10 s内完成；从开始装料到提坍落度筒的整个过程应不间断地进行，并应在150 s内完成。

④ 提起坍落度筒后，测量筒高与坍落后混凝土试体最高点之间的高度差，即为该混凝土拌和物的坍落度值；坍落度筒提离后，如混凝土发生崩坍或一边剪坏现象，则应重新取样另行测定；如第二次试验仍出现上述现象，则表示该混凝土和易性不好，应予以记录备查。

⑤ 测定坍落度的同时，可用目测方法评定混凝土拌和物的下列性质，见表2.2。

表2.2 混凝土拌和物的性质

目测性质	评定标准	分级		
棍度	按插捣混凝土拌和物时难易程度评定	上	中	下
		表示插捣容易	表示插捣时稍有石子阻滞的感觉	表示很难插捣
含砂情况	按拌和物外观含砂多少而评定	多	中	少
		表示用镘刀抹拌和物表面时，一两次即可使拌和物表面平整无蜂窝	表示抹五六次才可使表面平整无蜂窝	表示抹面困难，不易抹平，有空隙及石子外露等现象
保水性	指水分从拌和物中析出程度。评定方法：坍落度筒提起后如有较多的稀浆从底部析出，锥体部分的混凝土也因失浆而骨料外露，则表明此混凝土拌和物的保水性能不好；如坍落度筒提起后无稀浆或仅有少量稀浆自底部析出，则表示此混凝土拌和物的保水性良好			
黏聚性	观测拌和物各组成分相互黏聚情况。评定方法：用捣棒在已坍落的混凝土锥体侧面轻轻敲打，此时如果锥体逐渐下沉，则表示黏聚性良好；如锥体倒塌、部分崩裂或出现离析现象，则表示黏聚性不好			

⑥ 当混凝土拌和物的坍落度大于220 mm时，用钢尺测量混凝土扩展后最终的最大直径和最小直径，在这两个直径之差小于50 mm的条件下，用其算术平均值作为坍落扩展度值；否则，此次试验无效。

如发现粗骨料在中央集堆或边缘有水泥浆析出，表示此混凝土拌和物抗离析性不好，应予以记录。

(4) 试验结果

混凝土拌和物坍落度和坍落扩展度值以毫米为单位，测量精确至1 mm，结果表达修约至5 mm。

影响混凝土抗压强度的主要因素有以下几条。

① 水泥强度和水灰比的影响

水泥强度和水灰比是影响混凝土抗压强度的主要因素，因为混凝土抗压强度主要取决于水泥凝胶与骨料间的黏结力。水泥强度高、水灰比小，则混凝土抗压强度高；水灰比大、用水量多，则混凝土密实度差，抗压强度低。因为水泥水化时，需要的结合水大约为水泥用量的20%～25%，为了满足施工时的流动性，要多加40%～75%的水。这些多余的游离水，在水泥硬化时逐渐蒸发，在混凝土中留下许多微小的孔隙，因此使混凝土密实度差、抗压度降低。

② 粗骨料的影响

一般情况下，粗骨料的强度比水泥石强度和水泥与骨料间的黏结力要高。因此，粗骨料强度对混凝土强度不会有大的影响。但是粗骨料如果含有大量软弱颗粒、针片状颗粒，含泥量、泥块含量、有机质含量、硫化物及硫酸盐含量等超标，则对混凝土强度会产生不良影响。因此对上述有害成分的含量都应严格控制在标准范围内。另外，粗骨料的表面特征也会影响混凝土的抗压强度。表面粗糙、多棱角的碎石与水泥石的黏结力比表面光滑的卵石要高10%左右。因此，在水泥强度等级和水灰比相同的情况下，碎石混凝土抗压强度要高于卵石混凝土的强度。

③ 混凝土硬化时间(即龄期)的影响

混凝土强度随龄期的增长而逐渐提高，在正常使用环境和养护条件下，混凝土早期强度(3 d～7 d)，发展较快，28 d可达到设计强度等级规定的数值，此后强度发展逐渐缓慢，甚至百年不衰。

④ 温度、湿度的影响

混凝土的强度发展在一定的温度、湿度条件下，由于水泥的逐渐水化而逐渐增长。在4～40℃，随着温度的增高，水泥水化越快抗压强度增长越高。反之，随着温度的降低，水泥水化速度减慢，混凝土强度发展也就越迟缓。当温度低于0℃时，水泥水化基本停止，并且因水结冰，体积膨胀约9%，而使混凝土强度降低，严重时会导致更大的破坏。

另外，混凝土在硬化过程中，由于水泥化的需要，必须保持一定时间的潮湿，如果环境干燥、湿度不够(正常水泥水化要求90%以上的相对湿度环境)，导致失水，使混凝土结构疏松，产生干缩裂缝，严重影响强度和耐久性。因此，要求混凝土在浇筑后12 h内进行覆盖，具有一定强度后应注意浇水养护。混凝土浇水养护日期，如采用硅酸盐水泥、普通水泥、矿渣水泥，不少于7昼夜；掺用缓凝剂或有抗渗要求的混凝土，不得少于14昼夜；如平均气温低于5℃时，不宜浇水养护，应涂刷薄膜养护液或采用其他养护措施，以防止混凝土内水分蒸发。

2.2.4 沥青混合料

1. 沥青混合料的定义

沥青混合料是由矿料与沥青拌和而成的混合料的总称。

(1) 沥青混凝土混合料是由适当比例的粗集料、细集料及填料组成的符合规定级配的矿料与沥青拌和而成的符合技术标准的沥青混合料，简称为沥青混凝土。

(2) 沥青碎石混合料是由适当比例的粗集料、细集料及填料(或不加填料)与沥青拌和的沥青混合料。

2. 热拌沥青混合料配合比设计

沥青混合料配合比设计包括实验室内目标配合比设计、生产配合比设计和生产配合比验证三个阶段，各阶段的试验步骤及试验内容汇总见表2.3。

表 2.3 沥青混凝土的配合比设计试验步骤汇总

设计阶段	试验内容	试验目的	试验方法
目标配合比	计算各种矿料的用量比例	为拌和机提供冷料仓的供料比例	用计算机或图解法
	确定沥青用量	为马歇尔试验提供配料比例	根据经验值估计中值，按0.5%间隔选 5 个不同沥青用量
	进行马歇尔试验	检验各项技术指标是否符合设计要求	按试验规程操作
生产配合比	取二次筛分后进入各热料仓的矿料进行筛分	以确定各热料仓的材料比例	反复调整冷料仓进料比例，以达到均衡供料
	用目标配合比沥青用量及±0.3%等3 个沥青用量试拌	确定生产配合比的最佳沥青用量	准确地按 3 个不同沥青用量投料
	进行马歇尔试验	检验各项技术指标是否符合设计要求	按试验规程操作
生产配合比验证	按生产配合比进行试拌、试铺	检验生产配合比是否满足设计要求	检查拌和机控制室各热料仓供料比例
	用拌和料及路上钻芯试样进行马歇尔试验	检验生产配合比是否满足设计要求，由此确定生产用的标准配合比	按试验规程操作
	取拌和料做矿料筛分	用以检验拌和机各种材料计量的准确性，并检验0.075 mm、2.36 mm、4.75 mm筛孔的通过百分率是否接近要求级配的中值	按试验规程操作

3. 沥青路面施工质量检验

沥青路面施工质量检验的试验项目包括沥青和混合料的马歇尔各项技术指标试验、沥青含量试验、矿料级配检验、施工温度检测路面弯沉检测、沥青面层压实度检验、平整度检验。

(1) 沥青路面压实度检验

沥青路面的压实度是施工质量管理的最重要的指标之一，它对沥青路面的使用寿命至关重要，面层压实致密，可防止水分渗入沥青层和基层，保证路面正常使用。如压实不密，造成面层水进入沥青层甚至基层，将造成面层过早破坏，影响车辆正常行驶，将大大减少路面的使用寿命。因此，为保证沥青路面的使用寿命，沥青路面的压实度一定要达到规范的要求。

① 试验方法

根据《公路沥青路面施工技术规范》的要求，沥青路面的压实度检验作为施工过程中必要的工程质量控制指标，可采用现场钻孔或挖坑试验作为交工检查与质量验收。必须采用钻孔法，这也是近年来广泛采用的标准试验方法。

② 试验要点及注意事项

a. 钻孔完成后，应轻敲钻杆，使试样自由落下，不得猛敲，以保护芯样的完整性。

b. 芯样应在现场贴上标签，或用塑料袋装上，在袋内放入标签。标签上应标明试样编号或取样桩号及位置、施工及取样日期、路面层次等。

c. 钻孔完后，应用同样材料将钻孔孔洞填满并击实。如孔洞中有水，应用棉纱吸干后再填料。

d. 芯样底部如有非本次检测层的试样，应用切割机切去。

e. 由于钻孔时要淋水冷却，以保护钻头，因此所取芯样大都含有水分。故芯样试验前应晾干或用电风扇吹干至恒重。

f. 芯样的密度试验，应按规定的相应方法测试。

g. 计算压实度的标准密度，一般应用检测段摊铺混合料实测马歇尔击实试件的成型密度。

h. 压实度试验报告，应记载压实度检查用标准密度及依据，并列表显示各测点的试验结果和压实度平均值、标准差、变异系数以及计算压实度代表值。

③ 沥青层压实度评定方法

a. 沥青路面的压实度采取重点进行碾压工艺的过程控制，适度钻孔抽检压实度校核的方法。钻孔取样应在路面完全冷却后进行，对普通沥青路面通常在第二天取样，对改性沥青及 SMA 路面宜在第三天以后取样。沥青面层的压实度按式(2.8)计算。

$$K = \frac{D}{D_0} \times 100\% \tag{2.8}$$

式中，K 为沥青层某一测定部位的压实度，%；D 为由试验测定的压实的沥青混合料试件实际密度，g/cm^3；D_0为沥青混合料的标准密度，g/cm^3；

b. 施工及验收过程中的压实度检验不得采用配合比设计时的标准密度，应按如下方法逐日检测确定：

(a) 以实验室密度作为标准密度，即沥青拌和厂每天取样 1～2 次实测的马歇尔试件密度，取平均值作为该批混合料铺筑路段压实度的标准密度。其试件成型温度与路面复压温度一致。当采用配合比设计时，也可采用其他相同的成型方法的试验室密度作为标准密度。

(b) 以每天实测的最大理论密度作为标准密度。对普通沥青混合料，沥青拌和厂在取样进行马歇尔试验的同时以真空法实测最大理论密度，平均试验的试样数不少于 2 个，以平均值作为该批混合料铺筑路段压实度的标准密度；但对改性沥青混合料、SMA 混合料以每天总量检验的平均筛分结果及油石比平均值计算的最大理论密度为准，也可采用抽提筛分的配合比及油石比计算最大理论密度。

(c) 以试验路密度作为标准密度。用核子密度仪定点检查密度不再变化为止。然后取不少于 15 个的钻孔试件的平均密度作为计算压实度的标准密度。

(d) 可根据需要选用实验室标准密度、最大理论密度、试验路密度中的 1～2 种作为钻孔法检验评定的标准密度。

c. 压实度钻孔频率、合格率评定方法等按要求执行。

d. 在交工验收阶段，以路段的压实度代表值评定压实度是否合格。

（2）热拌沥青混合料施工温度检测

热拌沥青混合料的施工温度直接影响到沥青路面的施工质量，所以是施工质量管理的重点项目之一。因此，施工过程中应及时检测，以保证沥青混合料的施工温度满足有关标准和规范的要求。

热拌沥青混合料的施工控制检测温度包括沥青加热温度、矿料加热温度、混合料出厂温度、混合料储存温度、运到现场温度、摊铺温度、碾压温度、碾压终了温度和开放交通的温度。作为沥青路面施工现场，重点要控制混合料拌和出厂温度、运到现场的温度、摊铺温度和开始压实的温度。

① 试验方法

一般采用温度计直接量测。宜采用有数字显示或度盘指针显示的金属杆插入式热电偶温度计，并有读数留置功能。各种温度计在使用前必须进行标定。

② 试验要点及注意事项

a. 混合料运到现场温度，应在运料车上混合料堆侧面检测。温度计插入深度不小于150 mm，注视温度变化，直至温度不再继续上升时读数，应每车测一次。

b. 混合料摊铺温度，宜在摊铺机一侧拔料器的前方混合料堆上测试，温度计插入料堆150 mm以上后，测试者应跟着摊铺机向前走，并注视温度变化，至温度不再上升时读数，每车测一次。

c. 压实温度检测。因压实层较薄，温度计不宜直插，应斜插，可增加其在混合料中的埋置深度。如温度计直接插入路面有困难，可用改锥插入一孔后再插入温度计。压实温度应在每个压实段检测一次，并以3个测点的平均值作为测试温度。

d. 每次测温后应用棉丝或软布将温度计测头擦拭干净，以免影响测温准确性。

e. 测温记录应将当日的气候状况、测定时间、混合料施工层次、测点位置等记录清楚。

第3章 试验检测数据处理

3.1 数据的处理规则

3.1.1 有效数字

(1) 从数学角度来看,有效数字是一个近似数的精度,一个数的相对(绝对)误差与有效数字有关,有效数字的位数越多,相对数字的位数越多,相对(绝对)误差就越小。

(2) 科学实验中存在两类数,一类数是其有效位数均可认为无限制,即它们的每位数都是确定的,如 π;另一类数是用来表示测量结果的数,其末位数往往是估读得来的,有一定的误差或不确定性。

(3) 有效数字是由数字组成的一个数,除最末一位数是不确切值或可疑外,其余均为可靠性正确值,则组成该数的所有数字包括末位数字在内称为有效数字,除有效数字外,其余均为多余数字。

(4) 在正常量测时,一般只能估读到仪器最小刻度的 1/10。故在记录量测结果时,只允许末位有估读得来的不确定数字,其余数字均为准确数字,称这些所记的数字为有效数字。

量测结果数字位数太多,会超出仪器精度范围,因此不必太多。

如游标卡尺测得圆柱直径为 32.47 mm,此数值前三位是确定的数字,而第四位是估计值,称此数值有效数字为四位。

(5) 对于 0 这个数字,可能是有效数字,也可能是多余数字,如 30.05 中的 0 为有效数字,0.003 20 中在 3 前面的 0 为多余数字,2 后面的 0 为有效数字。

(6) 一般约定,末位数的 0 指的是有效数字,如 32.470 中的 0。

(7) 归纳规律

① 整数前面的 0 无意义,是多余数字,如 0230。

② 对纯小数,在小数点后,数字前的 0 只起定位和决定数量级的作用,相当于所取量测的单位不同,是多余数字,如 0.000 5 中的 0 均为多余数字。

③ 处于数中间位置的 0 是有效数字, 如 0.050 50 中两个 5 之间的 0 为有效数字。

④ 处于数后位置的 0 是否为有效数字有如下三种情况。

a. 数后面的 0,若用 10 的乘幂表示,使其与有效数字分开,此时,在 10 的乘幂前包括的 0 均为有效数字,如 120×10^2。

b. 作为量测结果并注明误差值的数值,其表示的数值等于或大于误差值的所有数字,包括 0 皆为有效数字。如对某一公路长度测量的结果是 183 000 m,极限误差是 50 m,则有效位数为四位，取到 $1\,830\times10^2$ m。

c. 除了上述两种以外的情况，很难判定 0 是否为有效数字，应避免。

（8）有效数字位数判定准则

① 对不需标明误差的数据，其有效位数应取到最末一位数字为可疑数字（不确切或参考数字）。

② 对需要标明误差的数据，其有效位数应取到与误差同一数量级。如面积为0.050 150 2，而其量测的极限误差是 0.000 005，则量测的结果应当表示为 0.050 150±0.000 005，而其有效数字为四位。

3.1.2 数字修约规则

1. 数字修约规则

（1）若被舍去部分的数值大于所保留的末位数的 0.5 单位，则末位数加 1。

（2）若被舍去部分的数值小于所保留的末位数的 0.5 单位，则末位数不变。

（3）若被舍去部分的数值等于所保留的末位数的 0.5 单位，则末位数单进双不进。

2. 修约间隔

（1）修约间隔是指确定修约保留位数的一种方式，修约值为该数值的整数倍。

（2）0.5 单位修约指修约间隔为指定数位的 0.5 单位，即修约到指定数位的 0.5 单位。

（3）0.2 单位修约是指修约间隔为指定数位的 0.2 单位，即修约到指定数位的 0.2 单位。

3. 数值修约进舍规则

（1）拟舍去的数字中，其最左面的第一位数字小于 5 时，则舍去，即保留的各位数字不变。例如，18.243 2 只留一位小数时，结果成 18.2。

（2）拟舍去的数字中，其最左面的第一位数字大于 5 时，则进 1。例如，26.484 3，保留一位小数的结果为 26.5。如将 1 167 修约到“百”数位，得 12×10^2。

（3）拟舍去的数字中，其最左面的第一位数字等于 5，且后面的数字并非全部为 0，则进 1。例如，15.050 1，保留一位小数的结果为 15.1。

（4）拟舍去的数字中，其最右面的第一位数字等于 5，而后无数字或全部为 0 时，则单进双不进（奇升偶舍法）。例如，15.05→15.0（因为“0”是偶数）；15. 15→15.2（因为“1”是奇数）。

（5）负数修约时，先将它的绝对值按上述四条规定进行修约，然后在修约值前面加上负号。如将−255 修约到“十”数位，则为−26×10；将−0.0285 修约成两位有效位数，则−0.028。

（6）0.5 单位修约时，将拟修约数值乘以 2，按指定数位依进舍规则修约，所得数值再除以 2。如 50.25，将其先乘以 2 得 100.50，修约至 100，再除以 2，得 50.0。

（7）0.2 单位修约，将拟修约数值乘以 5，按指定数位依进舍规则修约，所得数值再除以 5。如 50.15，将其乘以 5 得 250.75，修约至 251，再除以 5，得 50.2。

4. 数值修约注意事项

（1）拟舍去的数字并非单独的一个数字时，不得对该数值连续进行修约，例如，将 15.454 6 修约成整数时，不应按 15.454 6→15.455→15.46→15.5→16 进行，而应按 15.454 6→15 进行修约。

(2) 有时测量与计算部门先将获得数值按指定的修约数位多一位或几位报出，而后由其他部门判定，应注意以下两点。

① 报出数值最右的非0数字为5时，应在数值后面加“(+)”或“(−)”或不加符号，以分别表示进行过舍、进或未舍未进。如15.50(+)表示实际值大于15.50，经修约舍弃成为15.50；15.50(−)表示实际值小于15.50，经修约进1成为15.50。

② 如果判定报出值需要进行修约，当拟舍弃数字的最左一位数字为5，而后面无数字或全部为0时，数值后面有(+)者进1，有(−)者舍去，其他仍按进舍规则进行。如修约到整数15.5(+)→16；15.5(−)→15；−14.5(−)→−14。

为便于记忆，将上述规则归纳为以下几句口诀：四舍六入五考虑，五后非零则进一，五后为零视奇偶，奇升偶舍要注意，修约一次要到位。

3.1.3　计算法则

1. 加减运算

加减运算应以各数中有效数字末位数的数位最高者为准(小数即以小数部分位数最少者为准)，其余数均比该数向右多保留一位有效数字，所得结果也多取一位有效数字，如 $0.21+0.311+0.4 \approx 0.21+0.31+0.4=0.92$。

2. 乘除运算

乘除运算应以各数中有效数字位数最少者为准，其余数均多取一位有效数字，所得积或商也多取一位有效数字，如 $0.0122 \times 26.52 \times 1.06892 \approx 0.0122 \times 26.52 \times 1.069=0.3459$。

3. 平方或开方运算

平方或开方运算的结果可比原数多保留一位有效数字，如 $585^2 \approx 3.422 \times 10^5$。

4. 对数运算

对数运算所取对数位数应与真数有效数字位数相等。

5. 查角度的三角函数

所用函数值的位数通常随角度误差的减少而增多。

在所有计算式中，常数π、e和计算结果的有效数字位数可根据需要确定。如已知圆的半径为3.145 mm，求其周长：

$$C=2\pi R=2 \times 3.1416 \times 3.145 \approx 19.760664 \approx 19.761 \text{ mm}$$

3.1.4　试验检测基础知识

1. 数据处理近似数运算

(1) 加、减运算

$$28.1+14.54+3.0007 \approx 28.1+14.54+3.00=45.64 \approx 45.6$$

$$10+1.747-2.007+1.1 \approx 10+1.7-2.0+1.1=10.8 \approx 11$$

（2）乘、除运算

$$2.384\,7 \times 0.76 \div 4167\,8 \approx 2.38 \times 0.76 \div (4.17 \times 10^4)$$

$$= 0.000\,043\,376\,49 \approx 4.3 \times 10^{-5}$$

2. 数值修约(通俗的修约方法,2、5 修约间隔)

（1）比较方法

60.36(修约间隔为 0.2) → 60.2（不接近）→60.4
60.4（接近）

18.076（修约间隔为 0.05）→ 18.05（不接近）→18.10
18.10（接近）

（2）偶数倍方法

14.93（修约间隔为 0.02）→ 14.92(偶数倍）→14.92
14.94(奇数倍）

17.425（修约间隔为 0.05）→ 17.40（偶数倍）→17.40
17.45（奇数倍）

3.2 数据的统计特征与概率分布

3.2.1 数据的统计特征量

用来表示统计数据分布及其某特性的特征量分为两类,一类表示数据的集中位置,如算术平均值、中位数等;另一类表示数据的离散程度,主要有极差、标准离差等。两类的联合为变异系数等。

1. 算术平均值

算术平均值是表示一组数据集中位置最有用的统计特征量,经常用样本的算术平均值来代表总体的平均水平。样本的算术平均值用 $\bar{x}$ 表示

$$\bar{x} = \frac{1}{n}\sum_{i=1}^{n} x_i \tag{3.1}$$

式中,n 为样本大小;x_i 为样本观测值（$i = 1, 2, \cdots, n$）。

2. 中位数

将一组数据按其大小次序排序,则排在正中间的数就表示总体的平均水平,这个数称为中位数或中值,用 $\tilde{x}$ 表示。

n 为奇数时，正中间的数只有一个；n 为偶数时，正中间的数有两个，取这两个数的平均值作为中位数。

$$\tilde{x}=\begin{cases} x_{\frac{n+1}{2}}\ (n\ \text{为奇数}) \\ \dfrac{1}{2}\left(x_{\frac{n}{2}}+x_{\frac{n+1}{2}}\right)(n\ \text{为偶数}) \end{cases} \tag{3.2}$$

3. 极差

当然，只反映产品的平均水平是不够的，还需了解数据波动范围的大小，可用极差表示，极差即在一组数据中最大值与最小值之差，记作 $R=x_{\max}-x_{\min}$。

4. 标准偏差

标准偏差有时也称标准离差、标准差或均方差，它是衡量样本数据波动性(离散程度)的指标。在质量检验中，总体的标准偏差(σ)一般不易求得，因此常用样本的标准偏差 S 表示。

$$S=\sqrt{\frac{\sum_{i=1}^{n}(x_i-\bar{x})^2}{n-1}} \tag{3.3}$$

5. 变异系数

标准偏差是反映样本数据的绝对波动状况的特征量，当测量较大的量值时，绝对误差一般较大；测量较小的量值时，绝对误差一般较小。因此，用相对波动的大小，即变异系数更能反映样本数据的波动性。变异系数用 C_V 表示

$$C_V=\frac{S}{\bar{x}} \tag{3.4}$$

★例： 甲路段 $C_V=(4.13/52.2)\times100\%=7.91\%$，$S_{甲}=4.13$；乙路段 $C_V=(4.27/60.8)\times100\%=7.02\%$，$S_{乙}=4.27$。从标准偏差看，$S_{甲}<S_{乙}$。但从变异系数分析，$C_{V甲}>C_{V乙}$，说明甲路段的摩擦系数相对波动比乙路段的大，面层抗滑稳定性较差。

3.2.2 随机事件及其概率

(1) 随机现象的每一种表现或结果，称为随机事件，用 A、B……表示。

(2) 必然事件用 U 表示。

(3) 不可能事件用 V 表示。

(4) 随机事件的频率：在 n 次重复试验中，事件 A 的出现次数 m 称为事件 A 的频数，m/n 称为频率，记作 $W(A)$。

$$0<W(A)<1\rightarrow 0<P(A)<1$$

（5）必然事件频率为$W(\mathrm{U})=1 \rightarrow P(\mathrm{U})=1$

（6）不可能事件频率为$W(\mathrm{V})=0 \rightarrow P(\mathrm{V})=0$

（7）随机事件概率——表示随机事件A在试验中出现的可能性大小的数值（因为频率有稳定性）。

（8）频率与概率区别：频率是一个统计量，表示随机事件在某一试验中出现的量，是变动的，与进行试验的条件无关；概率是随机事件在试验中出现的可能性大小的量，是客观存在的一个确定的数字。

3.2.3 正态分布

数据按其性质可分计量值和计数值两大类，即计量值数据和计数值数据。计量值数据是指可以连续取值的数据，如长度、质量等；计数值数据指不能连续取值，只能用个数计数的数据，如不合格率。两种数据的判别标准是分子为计量值，则为计量值数据；分子为计数值，则计数值数据。

计量值的概率分布为正态分布，计数值的概率分布为超几何分布、二项分布和泊松分布等。正态分布是应用最多、最广泛的一种概率分布曲线，也是基础的概率分布曲线。

1. 从频率分布到正态分布

概率分布的形式很多，在公路工程质量控制和评价中，常用到正态分布和t分布。数据的分布可用直方图直观地表示。直方图的纵坐标表示频率（频数），横坐标表示质量特征，如图3.1所示。作直方图的目的是估计可能出现的不合格率、考察工序能力、判断质量分布状态和判断施工能力等。

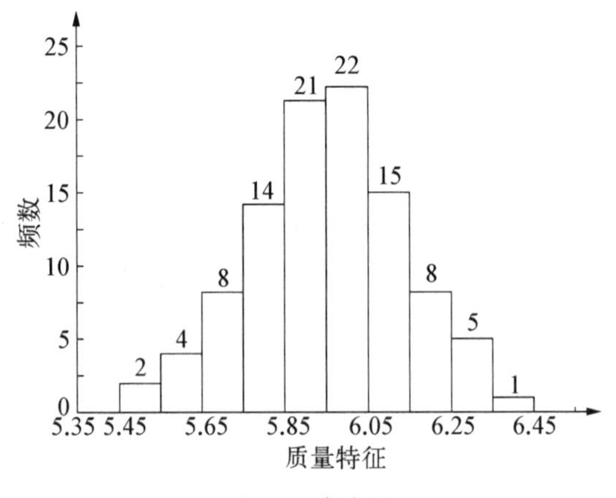

图3.1 直方图

2. 正态分布

（1）正态分布的概率密度函数

$$Y=f(x)=\frac{1}{\sqrt{2\pi}\cdot\sigma}\mathrm{e}^{-\frac{(x-\mu)^2}{2\sigma^2}}\quad(-\infty<x<+\infty) \tag{3.5}$$

式中，x为随机变量；μ为总体的平均值；σ为总体的标准差。

平均值μ是$f(x)$曲线的位置参数，它决定曲线最高点的横坐标。标准偏差σ是$f(x)$曲线的形状参数，它反映曲线的宽窄程度。σ越大，曲线低而宽，说明观测值落在μ附近的概率越小，观测值越分散。σ越小，曲线高而窄，观测值落在μ附近的概率越大，观测值越集中。

（2）正态分布的特点

① 曲线对称于$x=\mu$，即以平均值为中心。

② 当 $x=\mu$ 时，曲线处于最高点，当 x 向左右偏离时，曲线逐渐降低，整个曲线呈中间高、两边低的形状，如图 3.2 所示。

③ 曲线与横坐标轴所围成的面积等于 1。

(3) 双边置信区间的几个重要数据

$$P\{\mu-1.96\sigma<x<\mu+1.96\sigma\}=95\% \tag{3.6}$$

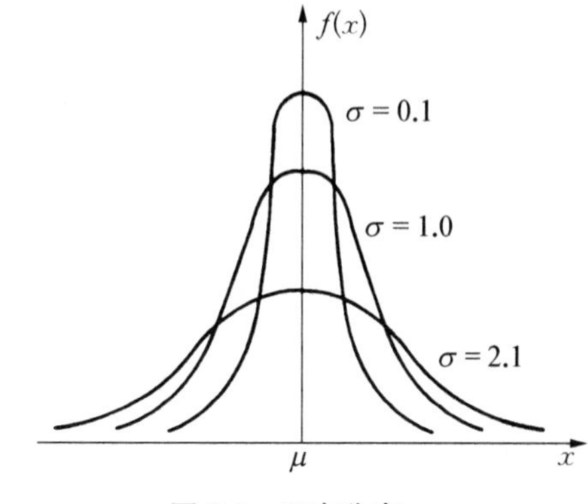

图 3.2 正态分布

正态分布与置信区间如图 3.3 所示。

双边置信区间可统一写成

界值：$\mu-\mu_{1-\beta/2}\cdot\sigma$ 和 $\mu+\mu_{1-\beta/2}\cdot\sigma$，即双边置信下限与上限。

注：显著性水平一般用 α 表示，由于公路工程中 α 用于表示保证率(即置信水平)，为便于区别，故改用 β 表示显著性水平，保证率 $\alpha=1-\beta$。

(4) 单边置信区间

$$p\{x<\mu+1.645\sigma\}=p\{x>\mu-1.645\sigma\}=95\% \tag{3.7}$$

可表示为：

$$x<\mu_{1-\beta}\cdot\sigma+\mu_{1-\beta}\cdot\sigma \text{ 或 } x>\mu-\mu_{1-\beta}\cdot\sigma$$

$\mu-\mu_{1-\beta}\cdot\sigma$ 和 $\mu+\mu_{1-\beta}\cdot\sigma$，即单边置信下限与上限。

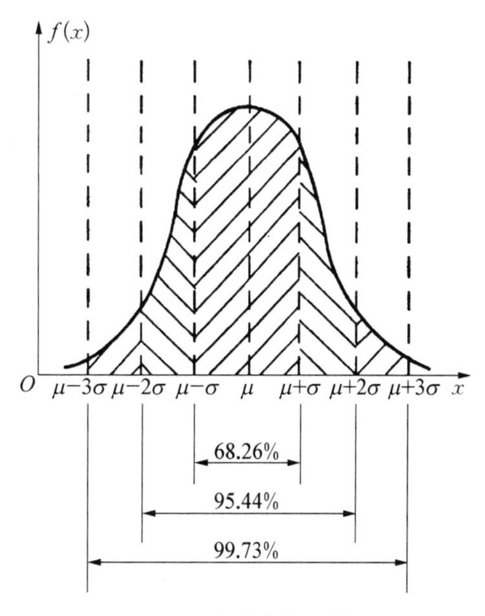

图 3.3 正态分布与置信区间

注：95.44%对应的原保证率系数是 2；95.00%对应的保证率系数是 1.96。

例题 3.1 某段路竣工后，测得的弯沉值为 30、29、31、28、27、26、33、32、30、30，路面设计弯沉值为 40(0.01 mm)，试判断该路段的弯沉值是否符合要求？取保证率系数 $Z_\alpha=1.645$。

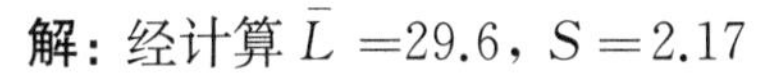

解：经计算 $\bar{L}=29.6$，$S=2.17$

上置信界限 $l=\bar{L}+Z_\alpha\times S=29.6+1.645\times2.17=33.2(0.01\ \text{mm})$

答：因为代表弯沉 $l<l_\alpha=40(0.01\ \text{mm})$，所以该路段合格。

例如，在检测油石比、空隙率、流值、饱和度时，必须进行双边计算；在检测压实度时，须进行单边计算，采用下置信，因为压实度只能大，不能小。计算一个评定路段的测定值代表值时，对单侧检验的指标，按式(3.8)计算；对双侧检验的指标按式(3.9)计算。

$$x'=x\pm S\cdot t_\alpha/\sqrt{n} \tag{3.8}$$

$$x'=x\pm S\cdot t_\alpha/2/\sqrt{n} \tag{3.9}$$

式中，x' 为一个评定路段内测定值的代表值；x 为一个评定路段内测定值的算术平均值。

检验评定段的压实度代表值 K(算术平均值的下置信界限)为

$$K = \bar{K} - S \cdot t_\alpha / \sqrt{n} \geqslant K_0 \tag{3.10}$$

式中，$\bar{K}$ 为检验评定段内各测点压实度的平均值；t_α 为分布表中随测点数和保证率（或置信度）而变的系数，对于高速、一级公路，其基层、底基层的系数为 99%，路基、路面面层的系数为 95%，对于其他公路，其基层、底基层的系数为 95%，路基、路面面层的系数为 90%；S 为检测值的均方差；n 为检测点数；K_0 为压实度标准值。

例题 3.2 某新建高速公路，在施工中对一端路面基层进行压实度检查，压实度检测数据如下：98.6、98.7、99.5、100.6、101.4、95.4、98.2、99.1、99.6、99.8、99.9、100.0、102.5，要求压实度代表值大于或等于 98%，极值大于或等于 94%，规定分为 50 分，试对该路段进行评分。

解：根据已知得 $\bar{K} = 99.485$，$S = 1.6940$，保证率为 99%，查表得 $t_\alpha / \sqrt{n} = 0.744$，单点全部大于 94%，单点在 96% 以下的有 1 个，占总检查数的 1/13 = 7.7%，则得分为 50 × (1 − 7.7%) = 46.15 分。

例题 3.3 某路段水泥混凝土路面板厚检测数据如表 3.1 所示。保证率为 95%，设计厚度 $h_d = 25$ cm，代表值允许偏差 $\Delta h = 5$ mm，试对该路段的板厚进行评价。

表 3.1 某路段水泥混凝土路面板厚检测数据

序号	1	2	3	4	5	6	7	8	9	10
厚度/cm	25.1	24.8	25.1	24.6	24.7	25.4	25.2	25.3	24.7	24.9
序号	11	12	13	14	15	16	17	18	18	20
厚度/cm	24.9	24.8	25.3	25.3	25.2	25.0	25.1	24.8	25.0	25.1
序号	21	22	23	24	25	26	27	28	29	30
厚度/cm	24.7	24.9	25.0	25.4	25.2	25.1	25.0	25.0	25.5	25.4

解：经计算得 $h_{平均} = 25.05$ cm，$S = 0.24$ cm

根据 $n = 30$，$\alpha = 0.05$，查附录一得

$$t_\alpha / \sqrt{n} = 0.310$$

代表性厚度 h 为算术平均值的下置信界限，即

$$h = \bar{h} - t_\alpha / \sqrt{n} \cdot s = 25.05 - 0.310 \times 0.24 = 24.98 \text{ cm}$$

所以 $h > h_d - \Delta h = 24.5$ cm，又由于最小实测厚度 $h_4 = 24.6 > h_d - 1.0 = 24.0$ cm，合格率得 100% × 100 = 100 分，所以该路段厚度合格。

应该指出，路面结构层厚度评定中，当代表性厚度满足要求后，按当个检测值来评定合格率和计算评分。

3.2.4 *t* 分布

t 分布的概率密度函数如式(3.11)所示，分布曲线如图 3.4 所示。

$$t(x,n)=\frac{\Gamma\left(\frac{n+1}{2}\right)}{\Gamma\left(\frac{n}{2}\right)\sqrt{n\pi}}\left(1+\frac{x^2}{n}\right)^{\frac{-(n+1)}{2}} \tag{3.11}$$

当 $n\to\infty$ 时，t 分布趋于正态分布，一般说来，当 $n>30$ 时，t 分布与标准正态分布就非常接近了。但对较小的 n 值，t 分布与正态分布之间有较大的差异，且

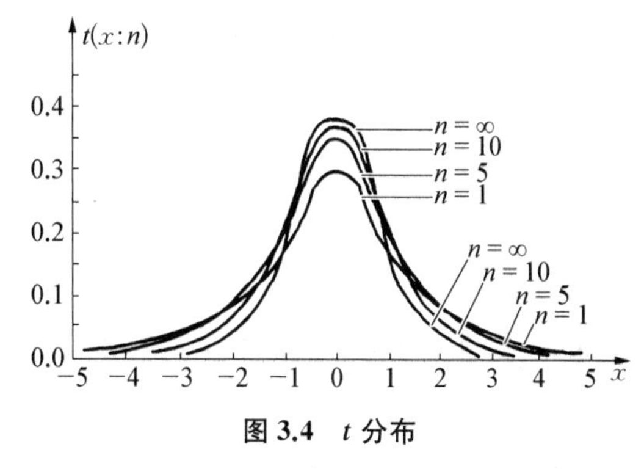

图 3.4　t 分布

$$P\{|T|\geqslant t_0\}\geqslant P\{|x|\geqslant t_0\} \tag{3.12}$$

即在 t 分布的尾部比在标准正态分布的尾部有着更大的概率。

3.3　可疑数据的取舍原则

如测量值过大或过小，这些过大或过小的测量数据是不正常的，或称可疑的。对可疑数据应该用数理统计的方法判别真伪，并决定取舍。常用的方法有拉依达法、肖维纳特法、格拉布斯法等。以下介绍拉依达法。

当试验次数较多时，可简单地用3倍标准差（3S）作为确定可疑数据取舍的标准。当某一测量数据（x_i）与其测量结果的算术平均值（$\bar{x}$）之差为大于3倍标准偏差时，用公式表示 $|x_i-\bar{x}|>3S$，则该测量数据应舍弃。

取3S的理由是根据随机变量的正态分布规律，在多次试验中，测量值落在 $\bar{x}-3S$ 与 $\bar{x}+3S$ 之间的概率为99.73%，出现在此范围之外的概率为0.27%，也就是在近400次试验中才能遇到一次，这种事件为小概率事件，出现的可能性很小，几乎是不可能。因而在实际试验中，一旦出现，就认为该测量数据是不可靠的，应将其舍弃。

另外，当测量值与平均值之差大于2倍标准偏差（即 $|x_i-\bar{x}|>2S$）时，则该测量值应保留，但需存疑。如发现生产（施工）、试验过程中，有可疑的变异时，该测量值则应予舍弃。

拉依达法简单方便，不需查表，但要求较宽，当试验检测次数较多或要求不高时可以应用，当试检测次数较少时（如 $n<10$），在一组测量值中即使混有异常值，也无法舍弃。

例题3.4　试验室进行同配比的混凝土强度试验，其试验结果为（$n=10$）：25.8 MPa、25.4 MPa、31.0 MPa、25.5 MPa、27.0 MPa、24.8 MPa、25.0 MPa、26.0 MPa、24.5 MPa、23.0 MPa，试用3S法判别其取舍。

解： 分析上述10个测量数据，$x_{\min}=23.0$ MPa 和 $x_{\max}=31.0$ MPa 最可疑，故应首先判别 $x_{\min}$ 和 $x_{\max}$。

经计算 $\bar{x}=25.8$ MPa，$S=2.1$ MPa

因 $\left| x_{\min}-\bar{x} \right| = \left| 31.0-25.8 \right| =5.2\ \text{MPa} < 3S=6.3\ \text{MPa}$

$\left| x_{\max}-\bar{x} \right| = \left| 23.0-25.8 \right| =2.8\ \text{MPa} < 3S=6.3\ \text{MPa}$

故上述测量数据均不能舍弃。

3.4 数据的表达方法和数据分析

1. 数据的表达方法

(1) 测量数据表达方法通常有表格法、图示法和经验公式法等三种。

(2) 确定公式中常量的方法有图解法、端值法、平均法和最小二乘法等。最小二乘法确定的回归方程偏差最小,平均法次之,端值法偏差最大。

2. 数据分析

假如两变量 x、y 之间根本不存在线性关系,那么所建立的回归方程就毫无实际意义,故用一个数量指标来衡量其相关程度,即相关系数,用 r 表示。相关系数 r 是描述回归方程线性相关的密切程度的指标,其取值范围为$[-1,\ 1]$,r 的绝对值越接近于 1,x 和 y 之间的线性关系越好;当 $r=\pm 1$ 时,x 与 y 之间符合直线函数关系,称 x 与 y 完全相关,这时所有数据点均在一条直线上;如果 r 趋近于 0,则 x 与 y 之间没有线性关系,这时 x 与 y 可能不相关,也可能是曲线相关。

3.5 抽样检验基础

检验分全数检验和抽样检验两大类。全数检验是对一批产品中的每一个产品进行检验,从而判断该批产品质量状况。其特点是可靠性好,工作量大,难以实现。抽样检验是从一批产品中抽出少量的单个产品进行检验,从而判断该批产品质量状况。其特点是数理统计,具有很强的科学性和经济性。

检验的可靠性相关因素包括如下几点:

(1) 质量手段的可靠性;

(2) 抽样检验方法的科学性——讨论;

(3) 抽样检验方案的科学性。

1. 抽样检验的类型

抽样检验分为非随机抽样和随机抽样两类。

(1) 非随机抽样是进行人为有意识的挑选取样,其特点是可信度低。

(2) 随机抽样是排除人为主观因素,使待检总体中每一个产品具有同等被抽取到的机会,其特点是数据代表性强,可靠性得到保证,广泛使用。

2. 随机抽样的方法

假设有一批产品,共 100 箱,每箱 20 件,从中选择 200 个样品,方法如下:

（1）单纯随机抽样——在总体中，直接抽取样本的方法，如从整批中，任意抽取 200 件。

（2）系统随机抽样——有系统地将总体分成若干部分，然后从每一个部分抽取一个或若干个体，组成样本，如从整批中，先分成 10 组，每组 10 箱，然后分别从各组中任意抽取 20 件。共有三种方法：将比较大的工程分成若干部分，在每部分按比例抽取；间隔定时法；间隔定量法。

（3）分层抽样——将工程或工序分成若干层，如从整批中，任意抽取 10 箱，分别从每箱中任意抽取 2 件。

（4）密集群抽样——不适合公路工程，如从整批中，任意抽取 10 箱，对这 10 箱进行全数检验。

3.6　误差的基本概念

1. 真值

真值分为三种，即理论真值、规定真值和相对真值。理论真值为绝对真值；规定真值为国际上公认的某些基准量值。

2. 误差

1）绝对误差

绝对误差是实测值与被测量真值之差，即

$$\Delta L = L - L_0$$

式中，ΔL 为绝对误差，L 为实测值，L_0 为被测量真值。

对于有单位的数值，其绝对误差单位与测量时采用的单位相同。绝对误差能表示测量的数值是偏大还是偏小，以及偏离程度，但不能确切地表示测量所达到的精确程度。

2）相对误差

相对误差指绝对误差与被测量真值（或实际值）的比值，用 δ 表示

$$\delta = \frac{\Delta L}{L_0} \times 100\% \approx \frac{\Delta L}{L} \times 100\%$$

相对误差不仅表示测量的绝对误差，而且能反映出测量时达到的精度。

相对误差具有如下性质：

（1）相对误差是无单位的，通常以百分数表示，而且与测量所采用的单位无关。而绝对误差值则随着测量单位的改变而改变。

（2）相对误差能表示误差的大小和方向，相对误差大时，绝对误差也大。

（3）相对误差能表示测量的精确程度。

通常，用相对误差来表示测量误差。

3. 误差的来源

产生误差的原因主要有如下几种：

(1) 装置误差——设备本身;

(2) 环境误差——如温度、湿度等;

(3) 人员误差——个人习惯和生理引起的;

(4) 方法误差——未按操作方法实施引起的。

由不同的人,在不同的实验室,使用不同仪器,按照规定试验方法产生的误差属于再现性误差。

4. 误差的分类

误差就其性质而言,分为系统误差、随机误差(或偶然误差)和过失误差(或粗差)。

(1) 系统误差。在同一条件下,多次重复测试同一量时,系统误差的数值和正负号有较明显的规律。系统误差在测试前已存在,且在试验过程中,始终偏离一个方向,在同一试验中其大小和符号相同。造成系统误差的主要因素是检测装置本身性能不完善。

(2) 随机误差。在相同条件下,多次重复测试同一量时,随机误差的数值和正负号没有明显的规律,它是由许多难以控制的微小因素造成的。例如,测量方法不完善,测量者对仪器使用不当,环境条件变化等。

(3) 过失误差。过失误差明显地歪曲了试验结果,如测错、读错、记错或计算错误等。

5. 精密度、准确度和精确度

精确度是对系统误差和随机误差的综合描述,只有当系统误差和随机误差都很小时才能说精确度高。不能说数值越多,精确度越高。

第4章　土工试验检测

4.1　土的工程分类

1. 土的分类依据

(1) 土的颗粒组成特征。

(2) 土的塑性指标：液限(W_L)、塑限(W_P)、塑性指数(I_P)。

(3) 土中有机质存在情况。

2. 土分类总体系

土分类总体系包括四类，如图4.1所示。

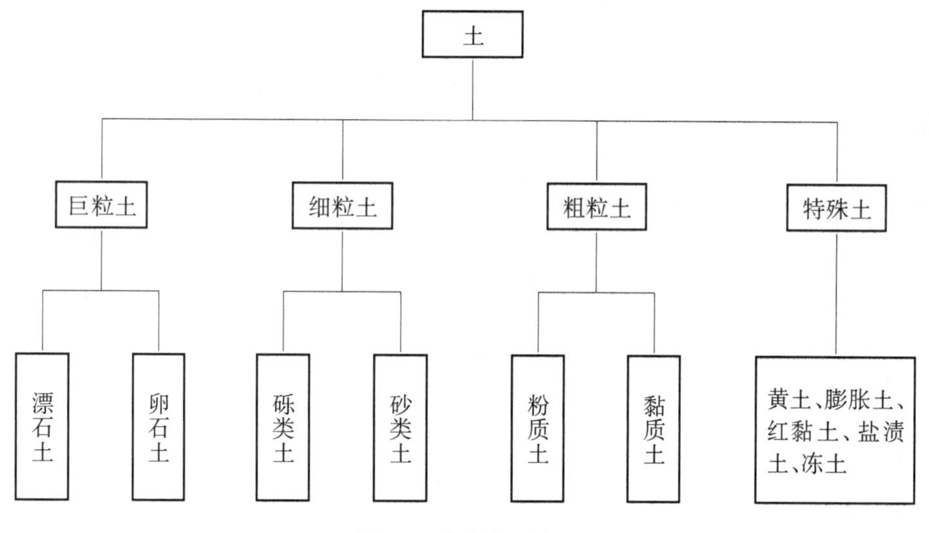

图4.1　土分类总体系

(1) 当由两个基本代号构成时，第一个代号表示土的主成分，第二个代号表示副成分(土的液限或土的级配)。

如：CL中的C表示黏土，L表示低液限，CL表示低液限黏土。

SW中的S表示砂，W级配良好，SW表示级配良好砂。

(2) 当由三个基本代号构成时，第一个代号表示土的主成分，第二个代号表示液限的高低(或级配的好坏)，第三个代号表示土中所含的次要成分。

如：CLS中的C表示黏土，L表示低液限，S表示砂。

4.2 土的含水率试验

4.2.1 烘干法

1. 目的和适用范围

烘干法适用于测定黏质土、粉质土、砂类土、砂砾石、有机质土和冻土等土类的含水率。

2. 仪器设备

(1) 烘箱：可用电热烘箱或温度能保持在105～110℃的烘箱。

(2) 天平：称量200 g,感量0.01 g;称量1 000 g,感量0.1 g。

(3) 其他仪具：干燥器、称量盒(可3～6个月定期称量)。

3. 试验步骤

(1) 取具有代表性的试样,细粒土15～30 g,砂类土、有机质土50 g,砂砾石1～2 kg,放入称量盒内,立即盖好盒盖,分别称其质量。

(2) 揭开盒盖,将试样和盒放入烘箱内,在105～110℃恒温下烘干。对于大多数土,通常烘干16～24 h就足够。但是,某些土或试样数量过多或试样很潮湿,可适当延长干燥时间。

(3) 将烘干后的试样和盒取出,放入干燥器内冷却(一般只需0.5～1 h即可)。冷却后盖好盒盖,称其质量,准确至0.01 g。具体烘干条件如表4.1所示。

表4.1 不同类别的土的烘干条件

土的类别	烘干时间	烘干温度	冷却时间
细粒土	不得少于8 h	105～110℃	0.5～1 h
砂类土	不得少于6 h	105～110℃	
有机质含量大于5%的土	12～15 h	60～70℃	
含石膏的土	12～15 h	60～70℃	

4. 结果整理

(1) 按式(4.1)计算含水率

$$含水率=\frac{湿土质量-干土质量}{干土质量}\times 100\% \tag{4.1}$$

式中,含水率单位为%,计算结果精确至0.1。

(2) 记录试验样表,如表4.2所示。

(3) 精密度和允许差

试验必须进行二次平行测定,取其算术平均值。含水率测定的允许平行差值如表4.3所示。

表 4.2 含水率试验记录表(烘干法)

盒 号		1	2
盒质量/g	(1)	20	20
盒+湿土质量/g	(2)	38.87	40.48
盒+干土质量/g	(3)	35.45	36.76
水质量/g	(4)=(2)-(3)	3.42	3.72
干土质量/g	(5)=(3)-(1)	15.45	16.76
含水率/%	(6)=(4)/(5)	22.1	22.2
平均含水率/%	(7)	22.2	

试验人： 计算人： 校核人：

表 4.3 不同含水率的允许平行差值

含水率/%	允许平行差值/%	含水率/%	允许平行差值/%
5 以下	0.3	40 以上	≤2
40 以下	≤1	对层状和网状构造的冻土	<3

4.2.2 酒精燃烧法

1. 目的和适用范围

酒精燃烧法适用于快速简易测定细粒土(含有机质的土除外)的含水率。

2. 仪器设备

(1) 称量盒；

(2) 天平：感量 0.01 g；

(3) 酒精：纯度 95%；

(4) 滴管、火柴、调土刀等。

3. 试验步骤

(1) 取代表性土样，放入称量盒内(黏质土 5～10 g，砂类土 20～30 g)，称湿土质量，准确至 0.01 g。

(2) 用滴管将酒精注入放有试样的称量盒中，直至盒中出现自由液面为止。为使酒精在试样中充分混合均匀，可将盒底在桌面轻轻敲击。

(3) 点燃盒中酒精，燃烧至火焰熄灭。

(4) 将试样冷却数分钟，按(3)、(4)方法再重新燃烧两次。

(5) 待第三次火焰熄灭后，盖好盒盖，立即称干土质量，准确至 0.01 g。

4. 结果整理

(1) 按式(4.1)计算含水率，即

$$\text{含水率}=\frac{\text{湿土质量}-\text{干土质量}}{\text{干土质量}}\times 100\%$$

含水率单位为%，计算结果准确至 0.1。

（2）记录样表（同烘干法）

（3）精密度和允许差（同烘干法）

4.3 土的密度试验

4.3.1 环刀法

1. 目的和适用范围

环刀法适用于细粒土。

2. 仪器设备

（1）环刀：有两种规格，一种规格是 50.46 mm×50 mm（直径×高），容积 100 cm³；另一种规格是 70 mm×52 mm（直径×高），容积 200 cm³，两种材质均为不锈钢（上下盖为铝）。

（2）天平：感量 0.1 g。

（3）其他仪具及试剂：修土刀、钢丝锯、凡士林等。

3. 试验步骤

（1）按工程需要取原状土或制备所需状态的扰动土样，整平两端，环刀内壁涂一薄层凡士林，刀口向下放在土样上（先称量环刀质量）。

（2）用修土刀或钢丝锯将土样上部削成略大于环刀直径的土柱，然后将环刀垂直下压，边压边削，至土样伸出环刀上部为止。削去两端余土，使土样与环刀口面齐平，并用剩余土样测定含水率。

（3）擦净环刀外壁，称环刀与土总质量，准确至 0.1 g。

4. 结果整理

（1）计算湿密度及干密度 ρ_d

$$\text{湿密度}(\text{g/cm}^3)=\frac{\text{环刀与土的总质量(g)}-\text{环刀的质量(g)}}{\text{环刀容积}(\text{cm}^3)} \tag{4.2}$$

$$\rho_d=\frac{\rho_w}{1+0.01w} \tag{4.3}$$

式中，ρ_d 为试样的干密度，g/cm³；ρ_w 为试样的湿密度；w 为试样的含水率，%。

（2）试验记录样表（环刀法）

表 4.4　环刀法检测土的密度试验记录样表

土　样　编　号			1	
环　刀　号			1	2
环刀容积/cm³	(1)		100	100
环刀质量/g	(2)			

续 表

土样编号			1	
环刀号			1	2
土+环刀质量/g	(3)			
土样质量/g	(4)	(3)-(2)	178.6	181.4
湿密度/(g/cm³)	(5)		1.79	1.81
含水率/%	(6)		13.5	14.2
干密度/(g/cm³)	(7)		1.58	1.58
平均干密度/(g/cm³)	(8)		1.58	

试验人： 计算人： 校核人：

(3) 精密度和允许差

本试验进行二次平行测定，取其算术平均值，其平行差值不得大于 0.03 g/cm³。

4.3.2 灌砂法

1. 目的和适用范围

灌砂法适用于现场测定细粒土、砂类土的密度。试样的最大粒径一般不得超过 15 mm，测定密度层的厚度为 150～200 mm。

注：

① 在测定细粒土的密度时，可以采用 ϕ100 mm 的小型灌砂筒。(规格：ϕ100 mm、ϕ150 mm，塑料灌砂筒 ϕ150 mm、ϕ200 mm)

② 如最大粒径超过 15 mm。则应相应地增大灌砂筒的标定罐的尺寸，例如，粒径达 40～60 mm 的粗粒土，灌砂筒和现场试洞的直径应为 150～200 mm。

2. 仪器设备

(1) 灌砂筒

金属圆筒的内径为 100 mm，总高为 360 mm。灌砂筒主要分为两部分：上部为储砂筒，筒深 270 mm(容积为 2 120 cm³)，筒底中心有一个直径为 10 mm 的圆孔；下部装一倒置的圆锥形漏斗，上端开口直径为 10 mm，漏斗焊接在一块直径 100 mm 的铁板上，铁板中心有一直径为 10 mm 的圆孔与漏斗上开口相接。在储砂筒底与漏斗顶端铁板之间设有开关。开关为一薄铁板，一端与筒底及漏斗铁板铰接在一起，另一端伸出筒身外，开关铁板上也有一个直径为 10 mm 的圆孔。将开关向左移动时，开关铁板上的圆孔恰好与筒底圆孔及漏斗上开口相对，即三个圆孔在平面上重叠在一起，砂就可通过圆孔自由落下。将开关向右移动时，开关将圆孔堵塞，砂即停止下落。

(2) 金属标定罐

金属标定罐的内径为 100 mm、高为 150 mm 和 200 mm 的金属罐各一个，上端周围有一罐缘。

注： 如由于某种原因，试坑不是 150 mm 或 200 mm 时，标定罐的深度应该与拟挖试坑深度相同。

(3) 基板

一个边长为350 mm、深为40 mm的金属方盘,盘中心有一个直径为100 mm的圆孔。

(4) 试验所需的工具

① 打洞及洞中取料的合适工具,如凿子、铁锤、长把勺、长把小簸箕、毛刷等。

② 玻璃板:边长约500 mm的方形板。

③ 有盖的盒子(存放挖出的试样)。

④ 台秤:称量10～15 kg,感量5 kg。

⑤ 其他仪具:铝盒、天平、烘箱等。

⑥ 量砂:粒径0.25～0.5 mm的清洁干燥的均匀砂,约20～40 kg。应先烘干,并放置足够时间,使其与空气的湿度达到平衡。

3. 仪器标定

(1) 确定灌砂筒下部锥体内砂的质量

① 在储砂筒内装满砂,筒内砂的高度与筒顶的距离不超过15 mm,称量筒内砂的质量m_1,准确至1 g。每次标定及以后的试验都维持该质量不变。

② 将开关打开,让砂流出,并使流出的砂的体积与工地所挖试洞的体积相当(或等于标定罐的容积);然后关上开关,并称量筒内砂的质量m_5,准确至1 g。

③ 将灌砂筒放在玻璃板上,打开开关,让砂流出,直至筒内砂不再下流时,关上开关,并小心地取走罐砂筒。

④ 收集并称量留在玻璃板上的砂或称量筒内的砂,准确至1 g。玻璃板上的砂就是填满灌砂筒下部圆锥体的砂。

⑤ 重复上述测量,至少三次;最后取其平均值m_2,准确至1 g。

(2) 确定量砂的密度

① 用水确定标定罐的容积V。

a. 将空罐放在台秤上,使罐的上口处于水平位置,读记罐的质量m_7,准确至1 g。

b. 向标定罐中灌水,注意不要将水弄到台秤上或罐的外壁;将一直尺放在罐顶,当罐中水面快要接近直尺时,用滴管往罐中加水,直到水面接触直尺;移去直尺,读记罐和水的总质量m_8。

c. 重复测量时,仅需用吸管从罐中取出少量水,并用滴管重新将水加满到接触直尺。

d. 标定罐的体积V按式(4.4)计算

$$V=\frac{(m_8-m_7)}{\rho_w} \tag{4.4}$$

式中,V为标定罐的容积,cm^3,计算结果准确至0.01 cm^3;m_7为标定罐质量,g;m_8为标定罐和水的总质量,g;ρ_w为水的密度,g/cm^3。

② 在储砂筒中装入质量为m_1的砂,并将罐砂筒放在标定罐上,打开开关,让砂流出,直到储砂筒内的砂不再下流时,关闭开关;取下罐砂筒,称筒内剩余的砂质量,准确至1 g。

③ 重复上述测量,至少三次,最后取其平均值m_3,准确至1 g。

④ 按式(4.5)计算填满标定罐所需的质量m_a:

$$m_a=m_1-m_2-m_3 \tag{4.5}$$

式中，m_a为砂的质量，g，准确至1 g；m_1为灌砂入标定罐前，筒内砂的质量，g；m_2为灌砂筒下部圆锥体内砂的平均质量，g；m_3为灌砂入标定罐后，筒内剩余砂的质量，g。

⑤ 按式(4.6)计算量砂的密度ρ_s：

$$\rho_s = \frac{m_a}{V} \tag{4.6}$$

式中，ρ_s为砂的密度，g/cm^3，准确至0.01 g/cm^3；V为标定罐的容积，cm^3；m_a为砂的质量，g。

4. 试验步骤

(1) 在试验地点，选一块约40 cm×40 cm的平坦表面，清扫干净，将基板放在表面上(如表面粗糙度较大，则将盛有m_5量砂的灌砂筒放在基板中间的圆孔上)；打开灌砂筒开关，让砂流入基板的中孔内，直到储砂筒内的砂不再下流时关闭开关；取走灌砂筒，并称筒内砂的质量m_6，准确至1 g。

(2) 取走基板，将留在试验地点的量砂收回，重新将表面清扫干净；将基板放在表面上，沿基板中孔凿洞，洞的直径为100 mm。在凿洞过程中，应注意不使凿出的试样丢失，并随时将凿出的材料取出，放在已知质量的塑料袋内，密封。试洞的深度应与标定罐高度接近一致。凿洞完成后，称量此塑料袋中全部试样质量，准确至1 g。减去已知塑料袋质量后，即为试样的总质量m_t。

(3) 从挖出的全部试样中取有代表性的样品，放入铝盒中，测定其含水率ω。样品数量：对于细粒土，不少于100 g；对于粗粒土，不少于500 g。

(4) 将基板放在试洞上，将灌砂筒放在基板中间(储砂筒内放满砂至恒量m_1)，使灌砂筒的下口对准基板的中孔及试洞。打开灌砂筒开关，让砂流入试洞内。关闭开关。小心取走灌砂筒，称量筒内剩余砂的质量m_4，准确至1 g。

如清扫干净的平坦表面上粗糙度不大，则不需要放在基板上，可将灌砂筒直接放在已挖好的试洞上。打开筒的开关，让砂流入试洞内，在此期间，应注意不要碰灌砂筒。直到储砂筒内的砂不再下流时，关闭开关。仔细取走灌砂筒，称量筒内剩余砂的质量m_4，准确至1 g。

(5) 取出试洞内的量砂，以备下次试验时再用。若量砂的湿度已发生变化或量砂中有杂质，则应重新烘干并过筛，放置至恒量时再用。

(6) 如试洞中有较大孔隙，量砂可能进入孔隙时，则应按试洞外形，松弛地放入一层柔软的纱布。然后再进行灌砂工作。

5. 结果整理

(1) 按式(4.7)和(4.8)计算填满试洞所需砂的质量。

灌砂时试洞上放有基板时，

$$m_b = m_1 - m_4 - (m_5 - m_6) \tag{4.7}$$

灌砂时试洞上不放基板时，

$$m_b = m_1 - m_4 - m_2 \tag{4.8}$$

式中，m_b为砂的质量，g；m_1为灌砂入试洞前筒内砂的质量，g；m_2为灌砂筒下部圆锥体内砂的平均质量，g；m_4为砂灌入试洞后，筒内剩余砂的质量，g；(m_5-m_6)为灌砂筒下部圆锥体内及基板和粗糙表面间砂的总质量，g。

（2）按式(4.9)计算试验地点土的湿密度

$$\rho=\frac{m_t}{m_b}\times\rho_s \tag{4.9}$$

式中，ρ 为土的湿密度，g/cm³，准确至 0.01 g/cm³；m_t 为试洞中取出的全部土样的质量，g；m_b 为填满试洞所需砂的质量，g；ρ_s 为量砂的密度，g/cm³。

（3）按式(4.10)计算土的干密度

$$\rho_d=\frac{\rho}{1+0.01\,\omega} \tag{4.10}$$

式中，ρ_d 为土的干密度，g/cm³，计算至 0.01；ρ 为土的湿密度，g/cm³；ω 为土的含水率，%。

（4）本试验记录样表

表 4.5　灌砂法试验记录样表

土样类型：砾类土						砂的密度：1.28 g/cm³							
取样桩号	取样位置	试洞中湿土样质量	灌满试洞后剩余砂的质量	试洞内砂的质量	土样的湿密度	含水率测定							干密度
						盒号	盒+湿土质量	盒+干土质量	盒质量	干土质量	水质量	含水率	

（5）精密度和允许差

本试验进行二次平行测定，取其算术平均值，其平行差值不得大于 0.03 g/cm³。

4.4　土的击实试验

4.4.1　目的和适用范围

本试验方法适用于细粒土。分轻型击实和重型击实。轻型击实用于粒径不大于 20 mm 的土，重型击实用于粒径不大于 40 mm 的土。

击实试验的目的：确定土样的最大干密度和最佳含水率。

4.4.2　仪器设备

（1）标准击实仪。击实筒和击锤的结构示意图如图 4.2 和图 4.3 所示，各部分参数如表 4.6 所示。

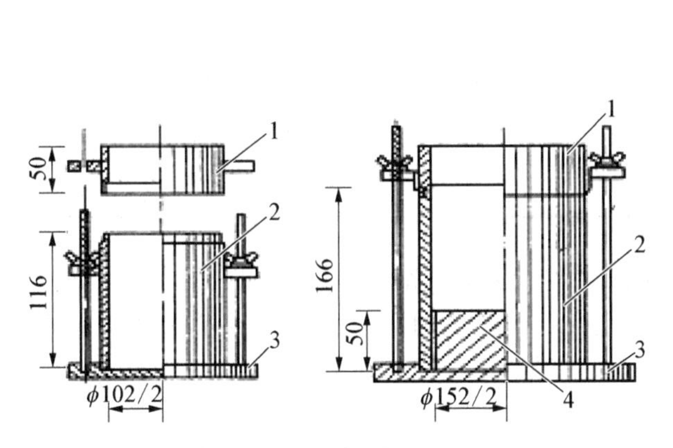

图 4.2 击实筒(单位: mm)

(a) 小击实筒;(b) 大击实筒

1—套筒;2—击实筒;3—底板;4—垫块

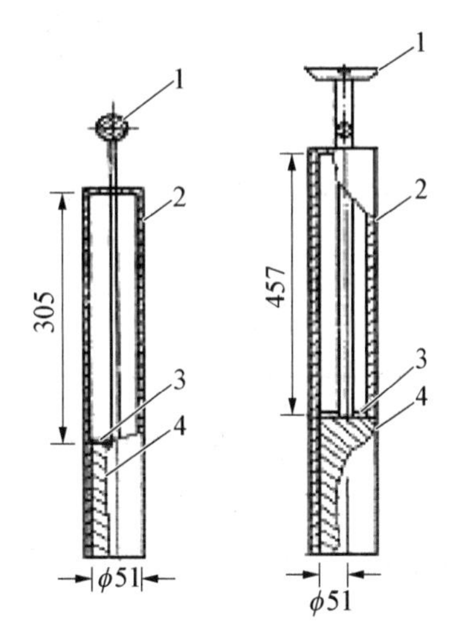

图 4.3 击锤和导杆(单位: mm)

(a) 2.5 kg 击锤(落高 30 cm);(b) 4.5 kg 击锤(落高 45 cm)

1—提手;2—导筒;3—硬橡皮垫;4—击锤

表 4.6 两种击实筒相关参数

试验方法	类别	锤底直径/cm	锤质量/kg	落高/cm	试筒尺寸		试样尺寸		层数	每层基数	击实功/W	最大粒径/mm
					内径/cm	高/cm	高度/cm	体积/cm^3				
轻型	1-1	5	2.5	30	10	12.7	12.7	997	3	27	598.2	20
	1-2	5	4.5	30	15.2	17	17	2 177	3	59	598.2	40
重型	2-1	5	4.5	45	10	12.7	12.7	997	3	27	2 687.0	20
	2-2	5	4.5	45	15.2	17	17	2 177	3	98	2 677.2	40

(2) 烘箱及干燥器如图 4.4 所示。

(3) 天平：感量 0.01 g。

(4) 台秤:10 kg,感量 5 g。

(5) 圆孔筛:孔径 40 mm、20 mm、5 mm 各一个。

(6) 拌和工具:金属盘、土铲。

(7) 其他仪具:修土刀、推土器、铝盒、量筒等。

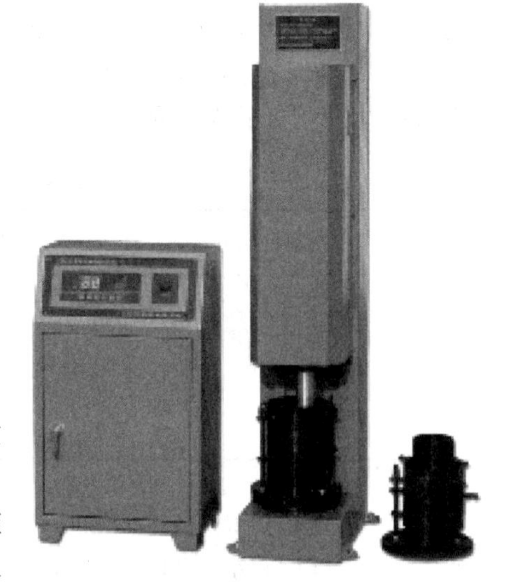

图 4.4 烘箱及干燥器实物图

4.4.3 试样

本试验可分别采用不同方法准备试样,具体参量如表 4.7 所示。

1. 干土法(土不得重复使用)：按四分法至少准备 5 个试样,分别加入不同量的水(按 2%～3%含水率递增),拌匀后闷料一夜备用。

表 4.7　不同使用方法对应的试样参量

使用方法	类别	试筒内径/cm	最大粒径/mm	试料质量/kg
干土法,试样不重复使用	b	10	20	至少 5 个试样,每个 3 kg
		15.2	40	至少 5 个试样,每个 6 kg
湿土法,试样不重复使用	c	10	20	至少 5 个试样,每个 3 kg
		15.2	40	至少 5 个试样,每个 6 kg

2. 湿土法(土不得重复使用):对于高含水率土,可省略过筛步骤,用手拣除大于 40 mm 的粗石子即可。保持天然含水率的第一个土样,可立即用于击实试验。其余几个试样,将土分成小土块,分别风干,使含水率按 2%~3%递减。

4.4.4 试验步骤

(1) 根据工程要求,选择轻型或重型试验方法,根据土的性质(含易击碎风化石数量、含水率)选用干土法(土重复或不重复使用)或湿土法。

(2) 将击实筒放在坚硬的地面上,取制备好的土样分 3~5 次倒入筒内。小筒按三层法时,每次约 800~900 g(其量应使击实后的试样等于或略高于筒高的 1/3);按五层法时,每次约 400~500 g(其量应使击实后的土样等于或略高于筒高的 1/5)。对于大试筒,先将垫块放入筒内底板上,按五层法时,每层需试样约 900(细粒土)~1 100 g(粗粒土);按三层法时,每层需试样 1 700 g 左右。整平表面,并稍加压紧,然后按规定的击数进行第一层土的击实,击实时击锤应自由垂直落下,锤迹必须均匀分布于土样面,第一层击实完后,将试样层面“拉毛”,然后再装入套筒,重复上述方法进行其余各层土的击实。小试筒击实后,试样不应高出筒顶面 5 mm,大试筒击实后,试样不应高出筒顶面 6 mm。

(3) 用修土刀沿套筒内壁削刮,使试样与套筒脱离后,扭动并取下套筒,齐筒顶细心削平试样,拆除底板,擦净筒外壁,称量,准确至 1 g。

(4) 用推土器推出筒内试样,从试样中心处取样测其含水率,准确至 0.1%。测定含水率用试样的数量表 4.8 的规定取样(取出有代表性的土样)。两个试样含水率的精度应符合规定。

表 4.8　测定含水率用试样的数量

最大粒径/mm	试样质量/g	个数(每个不同含水率)
＜5	15~20	2
约 5	约 50	1
约 20	约 250	1
约 40	约 500	1

(5) 对于干土法(土不重复使用)和湿土法(土不重复使用),将试样搓散,然后按本试验第 3 条方法进行洒水、拌和,每次增加 2%~3%的含水率,其中有两个大于和两个小于最佳含水率,所需加水量按式(4.11)计算。

$$m_w = \frac{m_i}{1+0.01\omega_i} \times 0.01(\omega - \omega_i) \tag{4.11}$$

式中，m_w为所需的加水量，g；m_i为含水率ω_i时土样的质量，g；ω_i为土样原有含水率，%；ω为要求达到的含水率，%。

按上述步骤进行其他含水率试样的击实试验。

4.4.5 结果整理

1. 计算土样的湿密度

$$\rho_w = \frac{Q_1 - Q_2}{V} \tag{4.12}$$

式中，ρ_w为稳定土的湿密度，g/cm^3；Q_1为试筒与湿试样的质量和，g；Q_2为试筒的质量，g；V为试筒的容积，cm^3。

2. 计算土样的含水率

$$\omega = \frac{m_{湿} - m_{干}}{m_{干}} \times 100\% \tag{4.13}$$

式中，ω为土样含水率，%；$m_{湿}$为土样烘干前的质量 g；$m_{干}$为土样烘干后的质量，g。

3. 计算土样的干密度

$$\rho_d = \frac{\rho_w}{1+0.01\omega} \tag{4.14}$$

式中，ρ_d为试样的干密度，g/cm^3；ω为试样的含水率，%。

4. 绘制干密度与含水率的关系曲线图

横坐标为含水率(%)，纵坐标为干密度(g/cm^3)，曲线上峰值点的纵、横坐标分别为最大干密度和最佳含水率，如图 4.5 所示。

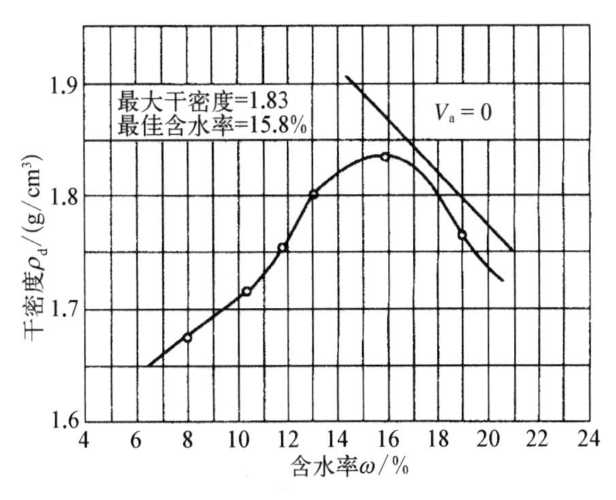

图 4.5 含水率与干密度关系曲线

5. 击实试验记录样表(表 4.9)

表 4.9 击实试验记录样表

土样编号		筒号				落距		45 cm		土样编号	
土样来源		筒容积		997 cm^3		每层击数		27		土样来源	
试验日期		击锤质量		4.5 kg		大于 5 mm 颗粒含量					
干密度	试验次数	1		2		3		4		5	
	筒加土质量/g	2 907.6		2 981.8		3 130.9		3 215.8		3 191. 1	
	筒质量/g	1 103		1 103		1 103		1 103		1 103	
	湿土质量/g	1 804.6		1 878.8		2 027.9		2 112.8		2 088.1	
	湿密度/(g/cm^3)	1.81		1.88		2.03		2.12		2.09	
	干密度/(g/cm^3)	1.67		1.71		1.8		1.83		1.76	
含水率	盒号										
	盒+湿土质量/g	33.45	33.27	35.60	35.44	32.88	33.13	33.13	34.09	36.96	38.31
	盒+干土质量/g	32.45	32.26	34.16	34.02	31.40	31.64	31.36	32.15	24.28	35.36
	盒质量/g	20	20	20	20	20	20	20	20	20	20
	水质量/g	1.0	1.01	1.44	1.42	1.48	1.49	1.77	1.94	2.68	2.95
	干土质量/g	12.45	12.26	14.16	14.02	11.40	11.64	11.36	12.15	14.28	15.36
	含水率/%	8.0	8.2	10.3	10.1	13.0	12.8	15.6	16.0	18.8	19.5
	含水率/%	8.1		10.2		13.0		15.8		19.0	
最佳含水率=15. 8%						最大干密度=1.83 g/cm^3					

6. 精密度和允许差

本试验含水率进行两次平行测定，取其算术平均值，允许平行差值应符合表 4.10 的规定。

表 4.10 含水率测定的允许平行差值

含水率/%	允许平行差值/%	含水率/%	允许平行差值/%	含水率/%	允许平行差值/%
5 以下	0.3	40 以下	≤1	40 以上	≤2

4.5 界限含水率试验

本节主要介绍液限和塑限联合测定法。

1. 目的和适用范围

本试验的目的是联合测定土的液限和塑限,用于划分土类、计算天然稠度和塑性指数,供公路工程设计和施工使用。本试验适用于粒径不大于0.5 mm、有机质含量不大于试样总质量5%的土。

2. 仪器设备

(1) 液限塑限联合测定仪(图4-6):锥质量为100 g(或76 g),锥角为30°,读数显示形式宜采用光电式、数码式、游标式、百分表式。

(2) 盛土杯:直径50 mm,深度40~50 mm。

(3) 天平:称量200 g,感量0.01 g。

(4) 其他仪具及试剂:筛(孔径0.5 mm)、调土刀、调土皿、称量盒、研钵(附带橡皮头的研杵或橡皮板、木棒)、干燥器、吸管、凡士林等。

图4.6 液限塑限联合测定仪

3. 试验步骤

(1) 取有代表性的天然含水率或风干土样进行试验,如土中含大于0.5 mm的土粒或杂物时,应将风干土样用带橡皮头的研杵研碎或用木棒在橡皮板上压碎,过0.5 mm的筛。取0.5 mm筛下的代表性土样200 g,分开放入三个盛土皿中,加不同数量的蒸馏水,土样的含水率分别控制在液限(a点)、略大于塑限(c点)和二者的中间状态(b点)。用调土刀调匀,盖上湿布,放置18 h以上。测定a点的锥入深度,对于100 g锥应为(20±0.2)mm(对于76 g锥应为17 mm)。测定c点的锥入深度,对于100 g锥应控制在5 mm以下(对于76 g锥应为2 mm)。对于砂类土,用100 g锥测定c点的锥入深度可大于5 mm(对于76 g锥可大于2 mm)。测定b点时100 g锥的锥入深度不大于10 mm。

(2) 将制备的土样充分搅拌均匀,分层装入盛土杯,用力压密,使空气逸出。对于较干的土样,应先充分搓揉,用调土刀反复压实,试杯装满后,刮成与杯边齐平。

(3) 用光电式或数码式液限塑限联合测定仪测定时,接通电源,调平机身,打开开关,提上锥体(此时刻度或数码显示应为零),锥头上涂少许凡士林。将装好土样的试杯放在升降座上,转动升降旋钮,试杯徐徐上升,土样表面和锥尖刚好接触,指示灯亮,停止转动旋钮,锥体立刻自行下沉,5 s后自动停止下落,读数窗上或数码管显示锥入深度h。试验完毕,按动复位按钮,锥体复位,读数显示为零。

(4) 改变锥尖与接触位置(锥尖两次锥入位置距离不小于1 cm),重复上述步骤,得锥入深度h_2、h_1,允许误差为0.5 mm,否则应重做,取h_1、h_2平均值作为该点的锥入深

度 h。

（5）去掉锥尖入土处的凡士林，取 10 g 以上的土样两个，分别装入称量盒内，称质量（准确至 0.01 g），测定其含水率 ω_1、ω_2（计算至 0.1%）。计算含水率平均值 ω。

（6）重复（2）～（5）步骤，对其他两个含水率土样进行试验，测其锥入深度和含水率。

4. 结果整理

（1）在双对数坐标上，以含水率 ω 为横坐标，锥入深度 h 为纵坐标，描点法绘 a、b、c 三点含水率的 $h-\omega$ 图，连此三点，应呈一条直线。如三点不在同一直线上，要通过 a 点与 b、c 两点连成两条直线，根据液限（a 点含水率）在 $h_p-\omega_L$ 图查得 h_p，以此 h_p 再在 $h-\omega$ 图上的 ab 及 ac 两直线上求出相应的两个含水率。当两个含水率的差值小于 2%时，以该两点含水率的平均值与 a 点连成一直线。当两个含水率的差值大于 2%时，应重做试验。

（2）液限的确定方法

① 若采用 76 g 锥做液限试验，则在 $h-\omega$ 图上，查得纵坐标入土深度 $h=17$ mm 所对应的横坐标的含水率 ω 即为该土样的液限 ω_L。

② 若采用 100 g 锥做液限试验，则在 $h-\omega$ 图上，查得纵坐标入土深度 $h=20$ mm 所对应的横坐标的含水率 ω 即为该土样的液限 ω_L。

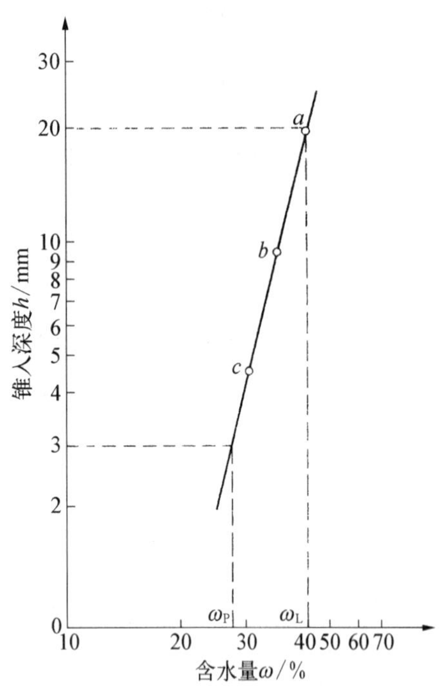

图 4.7　76 g 锥入土深度 h 与含水率 w 的关系曲线

（3）塑限的确定方法

① 根据（2）中①求出的液限，通过 76 g 锥入土深度 h 与含水率的关系曲线如图 4.7 所示，查得锥入土深度为 2 mm 所对应的含水率即为该土样的塑限 ω_p。

② 根据（2）中的②求出的液限，通过液限 ω_L 与塑限时入土深度 h_p 的关系曲线如图 4.8 所示，查得 h_p，再由图 4.8 求出入土深度为 h_p 时所对应的含水率，即为该土样的塑限 ω_p。查 $h_p-\omega_L$ 关系图时，须先通过简易鉴别法及筛分法把砂类土与细粒土区别开来，再按这两种土分别采用相应的 $h_p-\omega_L$ 关系曲线；对于细粒土，用双曲线确定 h_p 值；对于砂类土，则用多项式曲线确定 h_p 值。

若根据本试验（2）中②求出的液限，当 a 点的锥入深度在（20±0.2）mm 范围内时，应在 ad 曲线上查得入土深度为 20 mm 处相对应的含水率，此为液限 ω_L。再用此液限在图 4.8 上找出与之相对应的塑限入土深度 h_p，然后到 $h-\omega$ 图 ad 直线上查得 h_p 相对应的含水率，此为塑限 ω_p。

（4）本试验记录样表

（5）精密度和允许误差

本试验进行两次平行测定，取其算术平均值，以整数（%）表示。其允许差值为：高液限土小于或等于 2%，低液限土小于或等于 1%。

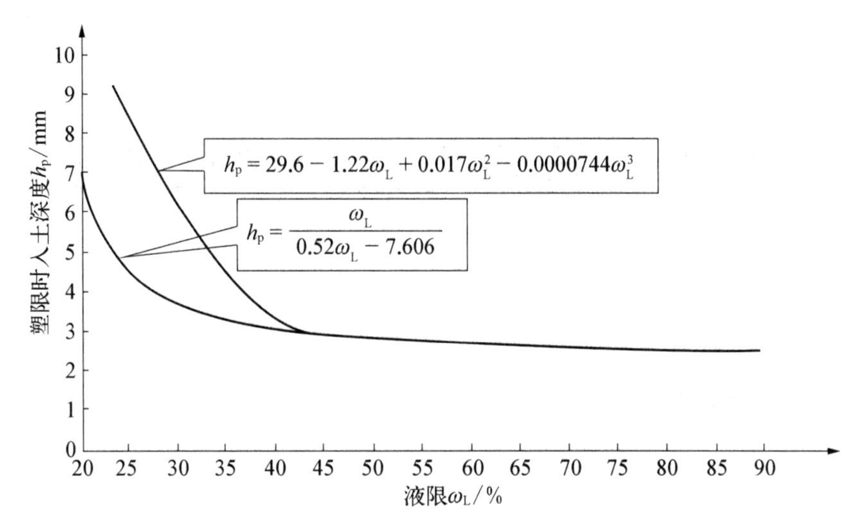

图 4.8　h_p - ω_L 关系曲线

表 4.11　液限塑限联合试验记录

<table>
<tr><th>试验次数</th><th>h_1/mm</th><th>h_2/mm</th><th>h_3/mm</th><th>盒号</th><th>湿土质量/g</th><th>干土质量/g</th><th>含水率/%</th><th>平均含水率/%</th></tr>
<tr><td rowspan="2">1</td><td rowspan="2">4.8</td><td rowspan="2">4.7</td><td rowspan="2">4.8</td><td>73</td><td>18.39</td><td>15.55</td><td>18.3</td><td rowspan="2">18.4</td></tr>
<tr><td>15</td><td>19.75</td><td>16.68</td><td>18.4</td></tr>
<tr><td rowspan="2">2</td><td rowspan="2">9.8</td><td rowspan="2">9.9</td><td rowspan="2">9.8</td><td>11</td><td>19.07</td><td>15.63</td><td>22.0</td><td rowspan="2">22.0</td></tr>
<tr><td>32</td><td>21.48</td><td>17.61</td><td>22.0</td></tr>
<tr><td rowspan="2">3</td><td rowspan="2">20.1</td><td rowspan="2">20.0</td><td rowspan="2">20.0</td><td>18</td><td>26.82</td><td>21.07</td><td>27.3</td><td rowspan="2">26.4</td></tr>
<tr><td>51</td><td>25.33</td><td>19.90</td><td>27.3</td></tr>
<tr><td colspan="5" rowspan="4">h - ω 图</td><td colspan="3">液限含水率/%　(h=20 mm)</td><td>26.4</td></tr>
<tr><td colspan="3">液限含水率/%　(h=10 mm)</td><td>/</td></tr>
<tr><td colspan="3">塑限含水率/%　(h_p=4.24)</td><td>17.8</td></tr>
<tr><td colspan="3">塑性指数 l_P/%</td><td>8.6</td></tr>
</table>

第5章　石料与集料试验检测

5.1　石料与集料概述

5.1.1　石料

1. 石料的定义

在建筑结构工程中，所使用的石料通常指由天然岩石经机械加工制成的或者由直接开采得到的具有一定形状和尺寸的石料制品。

2. 石料的性质

(1) 力学性质：指石料在工程应用中表现出的抗压、抗剪、抗弯拉强度的能力，以及抵抗荷载冲击、剪切和摩擦作用的能力。实践中石料的这一性质常用抗压强度和磨耗率两项指标来表示。石料的密度和孔隙率能够直接影响石料的力学性质，也是将石料用于混合料配合比设计的参数之一。

(2) 吸水性：指石料吸水能力的大小，用吸水率来表示。

(3) 抗冻性：指石料在饱水状态下，能够经受反复冻结和融化而不破坏，且不严重降低强度的能力。抗冻性一般用直接冻融法、硫酸钠法获得。

这些性质的具体表现在一定程度上都与石料的孔隙率有关。当孔隙率高，特别是与外界相通且较粗大的开口孔隙发达时，使石料的表观密度和毛体积密度减小，相应的吸水性加大，抗冻性能变差。因此，通过对石料物理指标的了解，可以在一定程度上预测石料一些工程性质的好坏，认知石料力学性质的表现。

3. 主要物理常数

(1) 密度：包括真实密度 ρ_t、毛体积密度 ρ_h、表观密度 ρ_a。

(2) 孔隙率为

$$n=\left(1-\frac{\rho_h}{\rho_t}\right)\times 100\% \tag{5.1}$$

(3) 吸水率为

$$w=\frac{m_1-m_2}{m_1}\times 100\% \tag{5.2}$$

式中，m_1为石料烘干至恒量时的质量，g；m_2为石料试件吸水至恒量时的质量，g。

4. 技术标准

首先根据石料所属岩石类型，将石料分成四大类——岩浆岩、石灰岩、砂岩（或片麻岩）、砾岩；再依据石料的抗压强度的高低和磨耗率的大小将每种类型岩石划分成四个等级。

重点：

1. 石料应具备哪些力学性质，采用什么指标来反映这些性质？
2. 简述道路工程用石料的分类和分级方法？

5.1.2　集料

1. 定义与分类

笼统地说集料就是粒状石质材料。集料包括天然砂、人工砂、乱石、碎石，以及工业冶金矿渣。集料按形成的过程不同分为卵石（又称砾石）和碎石，按粒径大小的不同分为粗集料和细集料。

2. 粗细粒径的界限

对于水泥混凝土，粒径大于或等于 4.75 mm 的颗粒为粗集料，其余为细集料；对于沥青混凝土，粒径大于或等于 2.36 mm 的颗粒为粗集料，其余为细集料。

3. 集料的性质

（1）集料的级配：指集料中各种粒径颗粒的搭配比例或分布情况。级配对水泥混凝土及沥青混合料的强度、稳定性及施工和易性有着显著的影响，级配设计也是水泥混凝土和沥青混合料配合比设计的重要组成部分。

（2）集料的颗粒形状与表面特征：集料的形状和表面特征将影响集料颗粒间的内摩阻力、集料颗粒与结合料的黏结性、吸附性等。

理想的集料颗粒形状是球状或立方体。一般不取用扁平、薄片、针片、细长状的颗粒。其中，针片状颗粒是指最大长度与厚度之比大于 3 的颗粒。

集料表面特征指集料的粗糙程度和孔隙特征。表面粗糙的集料颗粒有较显著的摩阻力，同时也会影响集料的施工和易性；粗糙且有吸收水泥浆和沥青轻组分的孔隙特征的集料与结合料的黏结能力较强。

（3）含泥量：指存在于集料中或包裹在集料颗粒表面的泥土的含量。它影响集料与水泥或沥青间的黏结力、水泥的水化速度、混合料的整体强度和耐久性。

（4）力学性质：在结构层或混合料中，粗集料起骨架作用，其性能用压碎值、磨光值、磨耗值和冲击值等指标表示。

4. 主要物理常数

（1）密度

a. 表观密度和毛体积密度：集料的毛体积密度与石料相应密度在概念上相同，仅在实际的密度测定方法上有所区别。

b. 表干密度：又称作饱和面干毛体积密度。

c. 装填密度：按装样方法不同可分为堆积密度、振实密度和捣实密度。

石料和集料涉及多种密度，现将这些密度归纳在表 5.1 中。

表 5.1　石料和集料的密度分类及用途

密度类型	真密度	表观密度	毛体积密度	表干密度	装填密度
定义	石料矿质实体单位真实体积的质量	石料矿质实体包括闭口孔隙在内的单位表观体积的质量	石料矿质实体包括孔隙（闭口、开口孔隙）体积在内的单位毛体积的质量	单位毛体积（包括集料矿质实体体积及全部孔隙体积）的饱和面干质量	集料颗粒矿质实体的单位装填体积（包括集料颗粒间空隙体积、集料矿质实体及全部孔隙体积）的质量
主要用途	确定石料、水泥及矿粉的密度，计算石料的孔隙率和混合料的配合比	确定粗细集料的密度，用于混合料的配合比和空隙率的计算	计算石料的孔隙率和集料的骨架间隙率	可用于集料磨耗值计算	计算集料的空隙率

(2) 空隙率：集料在某种装填状态下的空隙体积（含开口孔隙）占装填体积的百分率。

(3) 粗集料的骨架间隙率：通常指粒径在 4.75 mm 以上粗集料颗粒间的空隙体积的百分含量。其大小用于确定混合料中细集料和结合料的数量，评价集料的骨架结构。

(4) 细集料的棱角性：由在一定条件下测定的空隙率表征。

(5) 压碎值：指按规定的方法测得石料抵抗压碎的能力，也是集料强度的相对指标，用以鉴定集料品质。压碎值是对石料的标准试样在标准条件下进行加荷，测试石料被压碎后，标准筛上筛余质量的百分率。

(6) 磨光值（PSV）：反映石料抵抗轮胎磨光作用能力的指标。该值越大，表明集料的抗磨光性能越好。采用加速磨光机磨光石料，并用摆式摩擦系数测定仪测得的磨光后集料的摩擦系数。

(7) 冲击值（LSV）：反映石料抵抗冲击荷载的能力。该值越小，表明集料的抗冲击性能越好。由于路表集料直接承受车轮荷载的冲击作用，这一指标对道路表层用集料非常重要。

(8) 磨耗值（AAV）：确定石料抵抗表面磨损的能力，适用于对路面抗滑表层所用集料抵抗车轮磨耗值。该值越小，表明集料的抗磨耗能力越好。

5. 岩石集料的技术要求

以粗细两种类型的集料分别提出各自的技术要求。

6. 最大粒径

集料的最大粒径这一概念由两个不同定义构成，即集料最大粒径和集料公称最大粒径。

(1) 集料最大粒径：集料 100%都要求通过的最小标准筛筛孔尺寸。

(2) 集料公称最大粒径：集料可能全部通过或允许有少量不通过（一般容许筛余不超过 10%）的最小标准筛筛孔尺寸。

这两个定义涉及的粒径有着明显区别，通常集料公称最大粒径比最大粒径要小一个粒级。但在实际使用过程中，甚至在一些书本资料上也经常不加严格区别，容易引起混淆。实际工程中所指的最大粒径往往是指公称最大粒径，这一点在今后的应用中要加以区分。

沥青路面及各类基层集料用标准筛均以方孔筛为准，相应的筛孔尺寸依次为：75 mm，63 mm，53 mm，37.5 mm，31.5 mm，26.5 mm，19 mm，16 mm，13.2 mm，9.5 mm，4.75 mm，2.36 mm，1.18 mm，0.6 mm，0.3 mm，0.15 mm，0.075 mm。

水泥混凝土用集料标准筛的孔径当大于或等于 2.5 mm 时，以圆孔筛为标准；小于 2.5 mm 时以方孔筛为准。相应标准筛的筛孔尺寸依次为：100 mm，80 mm，63 mm，50 mm，40 mm，31.5 mm，25 mm，20 mm，16 mm，10 mm，5 mm，2.5 mm，1.25 mm，0.63 mm，0.315 mm，0.16 mm，0.075 mm。

重点：

1. 石料的主要物理常数与集料的主要物理常数有哪几项？它们之间有何异同？
2. 什么是集料的装填密度？什么是松装密度？什么是紧装密度？
3. 压碎值、磨耗值、磨光值及冲击值分别表征粗集料的什么性质，对路面工程有何实用意义？

5.2　粗细集料的试验必试项目及检测方法

5.2.1　粗集料及集料混合料筛分析试验

1. 目的与适用范围

测定粗集料（碎石、砾石、矿渣等）的颗粒组成，对水泥混凝土用粗集料可采用干筛法筛分，对沥青混合料及基层用粗集料必须采用水洗法试验。本方法适用于同时含有粗集料、细集料、矿粉的集料混合料筛分试验，如未筛碎石、级配碎石、天然砂砾、级配砂砾、无机结合料稳定基层材料、沥青拌和楼的冷料混合料、热料仓材料、沥青混合料经溶剂抽提后的矿料等。

图 5.1　摇筛机

2. 仪具与材料

（1）试验筛：根据需要选用规定的标准筛。

（2）摇筛机（图 5.1）。

（3）天平或台秤：感量不大于试样质量的 0.1%。

（4）其他：盘子、铲子、毛刷等。

3. 试验准备

按规定将来料用分料器或四分法缩分至表 5.2 要求的试样所需量，风干后备用。根据需要可按要求的集料最大粒径的筛孔尺寸过筛，除去超粒径部分颗粒后，再进行筛分。

表 5.2　试验所需粗集料的最小取样质量　　单位：kg

粒径	4.75	9.5	13.2	16	19	26.5	31.5	37.5	53	63
筛分	8	10	12.5	15	20	20	30	40	50	60

4. 水泥混凝土用粗集料干筛法试验步骤

(1) 取试样1份置于(105±5)℃的烘箱中烘干至恒重，称取干燥集料试样的总质量(m_0)，准确至0.1%。

(2) 用搪瓷盘作筛分容器，按筛孔大小排列顺序逐个将集料过筛。人工筛分时，需使集料在筛面上同时有水平方向和竖直方向的不停顿运动，使粒径小于筛孔尺寸的集料通过筛孔，直至1 min内通过筛孔的试样质量小于筛上残余试样质量的0.1%。当采用摇筛机筛分时，应在摇筛机筛分后再逐个由人工补筛。将筛出的颗粒并入下一号筛，和下一号筛中的试样一起过筛，顺序进行，直至各号筛全部筛完为止。应确认1 min内通过筛孔的试样质量小于筛上残余试样质量的0.1%。

注：由于用0.075 mm筛干筛时几乎不能把沾在粗集料表面的粒径小于0.075 mm的石粉筛出去，而且对水泥混凝土用粗集料而言，0.075 mm筛通过率意义不大，因此也可以不筛，且把通过0.15 mm筛的筛下部分全部作为0.075 mm筛的分计筛余量，将粗集料的0.075 mm筛通过率假设为0。

当某个筛上的集料过多，影响筛分作业时，可以分两次筛分。当筛余颗粒的粒径大于19 mm时，筛分过程中允许用手指轻轻拨动颗粒，但不得逐颗筛过筛孔。

(3) 称取每个筛上试样的筛余量，准确至总质量的0.1%。各筛分计筛余量及筛底存量的总和，与筛分前试样的干燥总质量m_0相比，相差不得超过m_0的0.5%。

5. 沥青混合料及基层用粗集料水洗法试验步骤

(1) 取1份试样，将试样置于(105±5)℃的烘箱中烘干至恒重，称取干燥集料试样的总质量(m_3)，准确至0.1%。

(2) 将试样置于一洁净容器中，加入足够的洁净水，将集料全部淹没，但不得使用任何洗涤剂、分散剂或表面活性剂。

(3) 用搅棒充分搅动集料，使集料表面洗涤干净，使细粉悬浮在水中，但不得破碎集料或有集料从水中溅出。

(4) 根据集料粒径大小选择组成一组套筛，其底部为0.075 mm标准筛，上部为2.36 mm或4.75 mm筛。仔细将容器中混有细粉的悬浮液倒出，经过套筛流入另一容器中，尽量不将粗集料倒出，以免损坏标准筛筛面。

注：无须将容器中的全部集料都倒出，只倒出悬浮液即可，而且不可直接倒至0.075 mm筛上，以免集料掉出损坏筛面。

(5) 重复步骤(2)～(4)，直至倒出的水洁净为止，必要时可采用水流缓慢冲洗。

(6) 将套筛每个筛子上的集料及容器中的集料全部回收在一个搪瓷盘中，容器上不得有黏附的集料颗粒。

(7) 在确保细粉不散失的前提下，小心倒出搪瓷盘中的积水，将搪瓷盘连同集料一起置于(105±5)℃的烘箱中烘干至恒重，称取干燥集料试样的总质量(m_4)，准确至0.1%。以m_3与m_4之差作为0.075 mm的筛下部分。

（8）将回收的干燥集料按干筛方法筛分出 0.075 mm 筛以上各筛的筛余量，此时 0.075 mm 筛下部分应为 0，如果尚能筛出，则应将其并入水洗得到的 0.075 mm 的筛下部分，且表示水洗得不干净。

6. 计算

（1）计算各筛分计筛余量及筛底存量的总和与筛分前试样的干燥总质量之差，作为筛分时的损耗，并计算损耗率，记入表 5.3 的第（1）栏，若损耗率大于 0.3%，应重新进行试验。

$$m_5 = m_0 - \left(\sum m_i + m_{底}\right) \tag{5.3}$$

式中　m_5 ——由于筛分造成的损耗，g；

m_0 ——用于干筛的干燥集料总质量，g；

m_i ——各号筛上的分计筛余，g；

i ——依次为 0.075 mm、0.15 mm……至集料最大粒径的排序；

$m_{底}$ ——筛底（0.075 mm 以下部分）集料总质量，g。

（2）干筛分计筛余百分率：干筛后各号筛上的分计筛余百分率按式（5.4）计算，记入表 5.3 的第（2）栏，精确至 0.1%。

$$a_i = \frac{m_i}{m_3} \times 100\% \tag{5.4}$$

式中，a_i 为各号筛上的分计筛余百分率，%。

（3）干筛累计筛余百分率：各号筛的累计筛余百分率为该号筛以上各号筛的分计筛余百分率之和，记入表 5.3 的第（3）栏，精确至 0.1%。

（4）干筛各号筛的质量通过百分率：各号筛的质量通过百分率 P_i 等于 100% 减去该号筛累计筛余百分率，记入表 5.3 的第（4）栏，精确至 0.1%。

（5）由筛底存量除以扣除损耗后的干燥集料总质量计算 0.075 mm 筛的通过率。

（6）试验结果以两次试验的平均值表示，记入表 5.3 的第（5）栏，精确至 0.1%。当两次试验结果 $P_{0.075}$ 的差值超过 1% 时，试验应重新进行。

表 5.3　沥青混合料及基层粗集料筛分试验

试样质量/g							
筛孔尺寸/mm	分计筛余质量/g		分计筛余/%		累计筛余/%		平均值/%

续 表

筛孔尺寸/mm	分计筛余质量/g		分计筛余/%		累计筛余/%		平均值/%

5.2.2 粗集料含水率试验

1. 目的与适用范围

测定碎石或砾石的含水率。

2. 仪器

烘箱、天平。

3. 主要试验步骤

(1) 将试样置于干净的容器重,称量试样和容器的总质量(m_1),并在(105±5)℃的烘箱中烘干至恒重。

(2) 取出试样,冷却后称取试样与容器的总质量(m_2)。

4. 计算公式

含水率按下式计算,准确至0.1%。

$$\omega = \frac{m_1 - m_2}{m_2 - m_3} \times 100\% \tag{5.5}$$

式中 ω ——粗集料的含水率,%;

m_1——烘干前试样与容器的总质量,g;

m_2——烘干后试样与容器的总质量,g;

m_3——容器质量,g。

5.2.3 粗集料堆积密度及空隙率试验方法

1. 目的与适用范围

测定粗集料的堆积密度,包括自然堆积状态、振实状态、捣实状态下的堆积密度,以及堆积状态下的空隙率。

2. 仪具与材料

(1) 天平或台秤：感量不大于称量的0.1%。

(2) 容量筒：适用于粗集料堆积密度测定的容量筒应符合表T0309-1的要求。

(3) 平头铁锹。

(4) 烘箱：能将温度控制在(105±5)℃。

(5) 振动台：频率为3 000次/min、200次/min，负荷下的振幅为0.35 mm，空载时的振幅为0.5 mm。

(6) 捣棒：直径16 mm，长600 mm，一端为圆头的钢棒。

3. 试验准备

按T0301的方法取样、缩分，质量应满足试验要求，在(105±5)℃的烘箱中烘干，也可以摊在清洁的地面上风干，拌匀后分成两份备用。

4. 试验步骤

(1) 自然堆积密度：取1份试样，置于平整干净的水泥地(或铁板)上，用平头铁锹铲起试样，使石子自由落入容量筒内。此时，从铁锹的齐口至容量筒上口的距离应保持在50 mm左右，装满容量筒并除去凸出筒口表面的颗粒，并以合适的颗粒填入凹陷空隙，使表面稍凸起部分和凹陷部分的体积大致相等，称取试样和容量筒总质量m_2。

(2) 振实密度：按堆积密度试验步骤，将装满试样的容量筒放在振动台上，振动3 min，或者将试样分三层装入容量筒。装完一层后，在筒底垫放一根直径为25 mm的圆钢筋，将筒按住，左右交替颠击地面各25下；然后装入第二层，用同样的方法颠实(但筒底所垫钢筋的方向应与第一层放置方向垂直)；最后装入第三层，如法颠实。待三层试样装填完毕后，加料填到试样超出容量筒口，用钢筋沿筒口边缘滚转，刮下高出筒口的颗粒，用合适的颗粒填平凹处，使表面稍凸起部分和凹陷部分的体积大致相等，称取试样和容量筒总质量m_2。

(3) 捣实密度：根据沥青混合料的类型和公称最大粒径，确定起骨架作用的关键性筛孔(通常为4.75～2.36 mm等)。将矿料混合料中此筛孔以上颗粒筛出，作为试样装入符合要求规格的容器中达1/3的高度，由边至中用捣棒均匀捣实25次。再向容器中装入1/3高度的试样，用捣棒均匀地捣实25次，捣实深度约至下层的表面。然后重复上一步骤，加最后一层，捣实25次，使集料与容器口齐平。用合适的集料填充表面的大空隙，用直尺大体刮平，目测估计表面凸起部分与凹陷部分的容积大致相等，称取容量筒与试样的总质量m_2。

(4) 容量筒容积的标定：用水装满容量筒，测量水温，擦干筒外壁的水分，称取容量筒与水的总质量(m_w)，并按水的密度对容量筒的容积做校正。

5. 计算

(1) 量筒的容积

$$V=(m_w-m_1)/\rho_T \tag{5.6}$$

式中 V——容量筒的容积，L；

m_1——容量筒的质量，kg；

m_w——容量筒与水的总质量，kg；

ρ_T——试验温度为T时水的密度，g/cm^3。

(2) 堆积密度(包括自然堆积状态、振实状态、捣实状态下的堆积密度)

按式(5.7)计算,计算结果精确至小数点后2位。

$$\rho=(m_2-m_1)/V \tag{5.7}$$

式中 ρ ——与各种状态相对应的堆积密度,t/m^3;

m_1——容量筒的质量,kg;

m_2——容量筒与试样的总质量,kg;

V ——容量筒的容积,L。

(3) 水泥混凝土用粗集料振实状态下的空隙率

按式(5.8)计算

$$V_c=(1-\rho/\rho_a)\times 100\% \tag{5.8}$$

式中 V_c——水泥混凝土用粗集料的空隙率,%;

ρ_a——粗集料的表观密度,t/m^3;

ρ ——按振实法测定的粗集料的堆积密度,t/m^3。

(4) 沥青混合料用粗集料骨架捣实状态下的间隙率

按式(5.9)计算

$$V_{CADRC}=(1-\rho/\rho_b)\times 100\% \tag{5.9}$$

式中 V_{CADRC}——捣实状态下粗集料骨架间隙率,%;

ρ_b ——粗集料的毛体积密度,t/m^3;

ρ ——按捣实法测定的粗集料的自然堆积密度,t/m^3。

6. 报告

以两次平行试验结果的平均值作为测定值。

5.2.4 粗集料针片状颗粒含量试验

1. 目的与适用范围

本方法适用于测定粗集料的针状及片状颗粒含量,以百分率计。

本方法测定的针片状颗粒,是指用游标卡尺测定的粗集料颗粒的最大长度(或宽度)方向与最小厚度(或直径)方向的尺寸之比大于3倍的颗粒。当有特殊要求采用其他比例时,应在试验报告中注明。

本方法测定的粗集料中针片状颗粒的含量,可用于评价集料的形状和抗压碎能力,以评定石料生产厂的生产水平及该材料在工程中的适用性。

2. 仪具与材料

(1) 标准筛:4.75 mm 方孔筛。

(2) 游标卡尺:精度为0.1 mm。

(3) 天平:感量不大于1 g。

3. 试验步骤

(1) 按本规程 T0301 方法,采集粗集料试样。

(2) 按分料器法或四分法选取1 kg左右的试样。对每一种规格的粗集料，应按照不同的公称粒径，分别取样检验。

(3) 用4.75 mm标准筛将试样过筛，取筛上部分供试验用，称取试样的总质量m_0，准确至1 g，试样质量应不少于800 g，并不少于100颗。

注： 对2.36～4.75 mm级粗集料，由于卡尺量取有困难，故一般不做测定。

(4) 将试样平摊于桌面上，首先用目测挑出接近立方体的颗粒，剩下可能属于针状（细长）和片状（扁平）的颗粒。

(5) 将欲测量的颗粒对应规准仪相应的位置进行鉴定，颗粒平面方向的最大长度为L，侧面厚度的最大尺寸为t，颗粒最大宽度为w，即($t<w<L$)，用卡尺逐颗测量石料的L及t，将$L/t\geqslant 3$的颗粒(即最大长度方向与最大厚度方向的尺寸之比大于3的颗粒)分别挑出作为针片状颗粒。称取针片状颗粒的质量m_1，准确至1 g。

4. 计算

按式(5.10)计算针片状颗粒含量：

$$O_e=\frac{m_1}{m_0}\times 100\% \tag{5.10}$$

式中 O_e——针片状颗粒含量，%；

m_0——试验用的集料总质量，g；

m_1——针片状颗粒的质量，g。

5. 报告

(1) 试验要平行测定两次，计算两次结果的平均值。如两次结果之差小于平均值的20%，取平均值为试验值；如大于或等于20%，应追加测定一次，取三次结果的平均值为测定值。

(2) 试验报告应报告集料的种类、产地、岩石名称、用途。

5.2.5 粗集料压碎值试验

1. 目的及使用范围

集料压碎值用与衡量石料在逐渐增加的荷载下抵抗压碎的能力，它是衡量石料力学性质的指标之一，用以评价其在工程中的适用性。

2. 仪器设备

(1) 石料压碎值试验仪(图5.2)：由内径150 mm、两端开口的钢制圆形试筒、压柱和底版组成。试筒内壁、压柱的地面及底版的上表面等与石料接触的表面都应进行热处理，使表面硬化，达到维氏硬度65，并保持光滑状态。

图5.2 石料压碎值试验仪

(2) 金属棒：直径10 mm，长45～60 mm，一端加工成半球形。

(3) 天平：称量2～3 kg，感重不大于1 g。

(4) 方孔筛：筛孔尺寸13.2 mm、9.5 mm、2.36 mm筛各1个。

图 5.3　压力机

(5) 压力机(图 5.3)：500 kN，应能在 10 min 内达到 400 kN。

(6) 金属筒：圆柱形，内径为 112.0 mm，高 179.4 mm，容积 1 767 cm^3。

3. 试样准备

用 13.2 mm 和 9.5 mm 标准筛过筛，取 9.5～13.2 mm 的试样 3 组各 3 kg，供试验用。试样宜采用风干石料。如需加热烘干时，烘箱温度不应超过 100℃，烘干的时间不超过 4 h，试验前，石料应冷却至室温。每次试验的石料数量，应满足按下述方法夯击后石料在试筒内的深度为 10 cm。

在金属筒中确定石料的方法：

将石料分三层倒入试筒中，每层数量大致相同；每层都用金属棒的半球面从石料表面上约 50 mm 的高度处自由下落，均匀夯击 25 次；最后用金属棒作为直刮刀将表面刮平；称量量筒中试样的质量 m_0。以相同质量的试样进行压碎值的平行试验。

4. 试验步骤

(1) 将试样安放在底板上。

(2) 将上面所得试样分三次(每次数量大体相同)倒入试筒中，每次均将试样表面整平，并用金属棒按上述步骤夯击 25 次，最上层表面应仔细整平。

(3) 将压柱放入试筒内，注意使压柱摆平，切勿楔挤试筒壁。

(4) 开动压力机，均匀地施压，在 10 min 左右的时间内达到总荷载 400 kN，稳压 5 s，然后卸荷。

(5) 将试样从压力机上取下，称取试样。

(6) 用 2.36 mm 筛筛分经压碎的全部试样，可分几次筛分，均需筛到在 1 min 内没有明显筛出物为止。

(7) 称取通过 2.36 mm 筛孔的全部细集料质量 m_1。

5. 试样结果计算整理

石料的压碎值 Q_a，准确到 0.1%。

$$Q_a = \frac{m_1}{m_0} \times 100\% \tag{5.11}$$

式中　Q_a——石料的压碎值，%；

m_0——试验前试样的质量，g；

m_1——试验后通过 2.36 mm 筛孔的细料质量以两次平行试验结果的算术平均值作为压碎值的测定值。

粗集料压碎值试验记录

试验次数	试样质量		压碎值 Q_a/%	
	试验前试样质量 m_0/g	试验后通过 2.36 mm 筛孔的细集料质量 m_1/g	个别	平均
1				
2				

5.3　矿质混合料的组成设计

5.3.1　矿质混合料的组成设计

矿质混合料就是能够满足级配要求的各种粒径材料的集合体，简称矿料。确定几种集料混合时各自比例的过程就是矿料的组成设计。

1. 矿料的级配

(1) 集料级配的表示方法

(2) 级配组成对矿料性能的影响

(3) 矿料连续级配的计算

2. 矿料配合比设计方法

矿料配合比设计就是根据实际工程中现有的各种集料的级配参数(即筛分结果)，针对设计要求或技术规范要求，采用一定的方法确定各规格集料在合成矿料中所占有比例的操作过程。

5.3.2　集料级配的表示方法

1. 筛分试验

筛分试验即采用标准套筛对集料进行过筛分析，以确定集料粗细颗粒的分布级配。通过筛分试验，可求得集料试样的级配参数。

以细集料的筛分为例：在筛分试验中，分别称量 500 g 砂样充分过筛，根据砂样存留在各筛上的筛余质量，分别计算出分计筛余百分率、累计筛余百分率、通过百分率。

(1) 分计筛余百分率：指某号筛上的筛余质量占试样总质量百分率，即

$$a_i = \frac{m_i}{M} \times 100\% \tag{5.12}$$

式中　m_i——存留在某号筛上的试样质量，g；

M——集料风干试样的总质量，g。

(2) 累计筛余百分率：指某号筛的分计筛余百分率和大于该号筛的各筛分计筛余百分

率之总和，即

$$A_i = a_1 + a_2 + \cdots + a_i \tag{5.13}$$

式中 a_1，$a_2\cdots$，a_i——各筛的分计筛余百分率，%。

(3) 通过百分率：指通过某号筛的试样质量占试样总质量的百分率，即100%与某号筛累计筛余百分率之差。

$$P_i = 100\% - A_i \tag{5.14}$$

式中 A_i—— 某号筛的累计筛余百分率，%

2. 细集料的细度模数

细集料的细度模数是用于评价细集料粗细程度的指标，是细集料筛分试验中各号筛上的累计筛余百分率之和(以水泥混凝土用细集料为例)：

$$M_f = \frac{(A2.36 + A1.18 + A0.6 + A0.3 + A0.15 - 5A4.75)}{100 - A4.75} \tag{5.15}$$

式中 M_f——砂的细度模数；

A4.75，A2.36，…，A0.15——分别为4.75 mm，2.36 mm，…，0.15 mm各筛的累计筛余百分率，%。

细度模数愈大，表示细集料愈粗。砂按细度模数分为粗、中、细三种规格，相应的细度模数分别为：粗砂，$M_f = 3.7 \sim 3.1$；中砂，$M_f = 3.0 \sim 2.3$；细砂，$M_f = 2.2 \sim 1.6$。

3. 集料的级配曲线

(1) 级配曲线的绘制

以通过量的百分率为纵坐标，筛孔尺寸(也表示矿料不同颗粒的粒径)为横坐标，将各筛上的通过量绘制在坐标图中，然后用曲线将各点连接起来，绘制级配曲线，如图5.4所示。

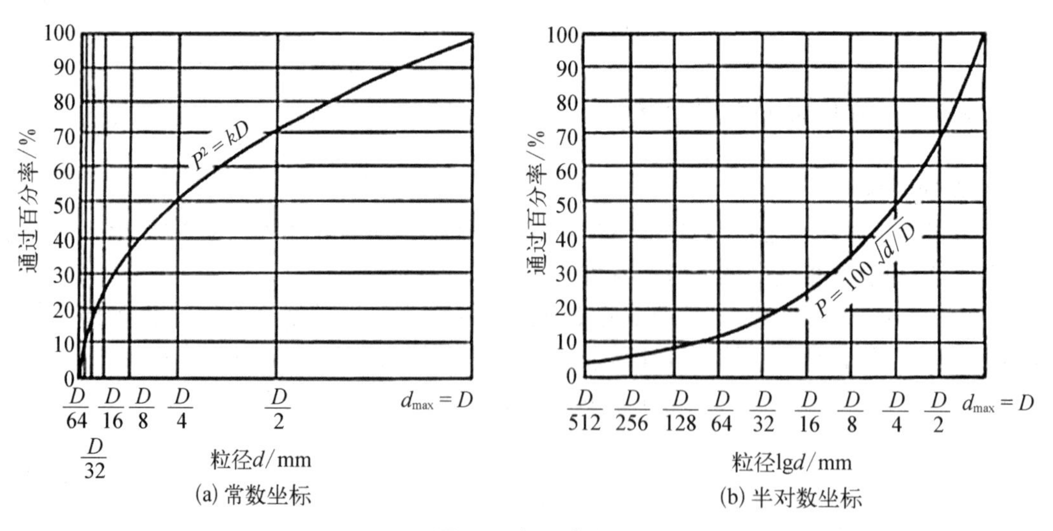

(a) 常数坐标　(b) 半对数坐标

图5.4　级配曲线

(2) 级配曲线的类型

粗细不同的粒径按照一定的比例组合搭配在一起，以达到较高的密实程度，根据搭配组成的结果，可得到以下几种不同级配形式。

① 连续级配：连续级配是某一矿料在标准套筛中进行筛分后，矿料的颗粒由大到小连续分布，每一级都占有适当的比例。这种由大到小逐级粒径都有，并按比例互相搭配组成的矿质混合料，称为连续级配混合料。

② 连续开级配：整个矿料颗粒分布范围较窄，从最大粒径到最小粒径仅在数个粒级上以连续的形式出现，形成所谓的连续开级配。

③ 间断级配：在矿料颗粒分布的整个区间里，从中间剔除一个或连续几个粒级，形成一种不连续的级配，成为所谓的间断级配。

不同级配类型的级配曲线如图5.5所示。

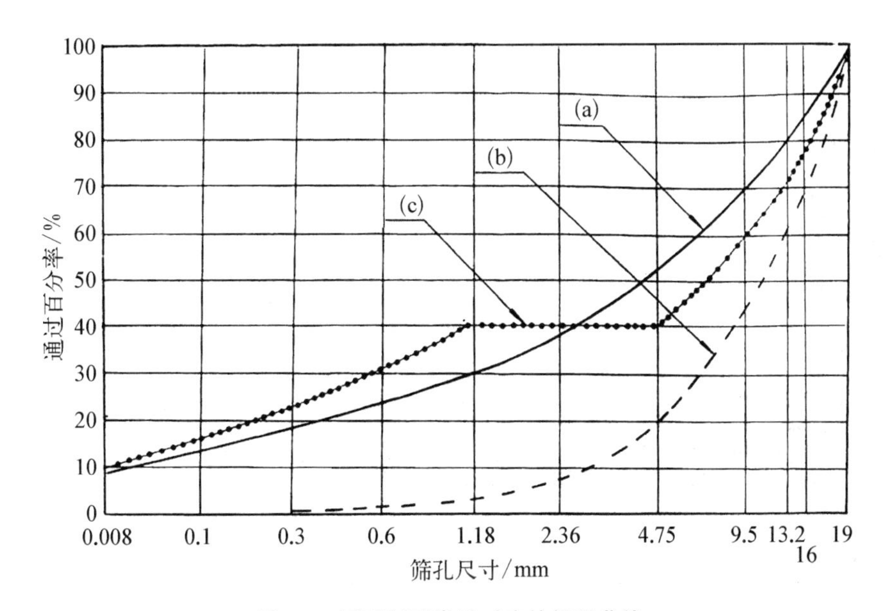

图5.5　不同级配类型对应的级配曲线

(a) 连续式密级配；(b) 连续式开级配；(c) 间断式密级配

5.3.3　级配组成对矿料性能的影响

矿料的级配组成直接决定矿料的两大特点：矿料密实度和矿料颗粒间内摩阻力。从而影响到水泥混凝土或沥青混合料的强度、耐久性和施工和易性。

5.3.4　矿料配合比设计

矿料配合比设计常用的方法有数解法和图解法(修正平衡面积法)。

1. 数解法设计步骤

(1) 建立基本计算方程。

(2) 基本假设。

(3) 计算。

（4）校核调整。

2. 图解法设计步骤(图5.6)

（1）准备工作：筛分并计算各自的通过百分率、明确设计级配要求。

（2）绘制框图。

（3）确定各集料用量。

（4）合成级配的计算与校核。

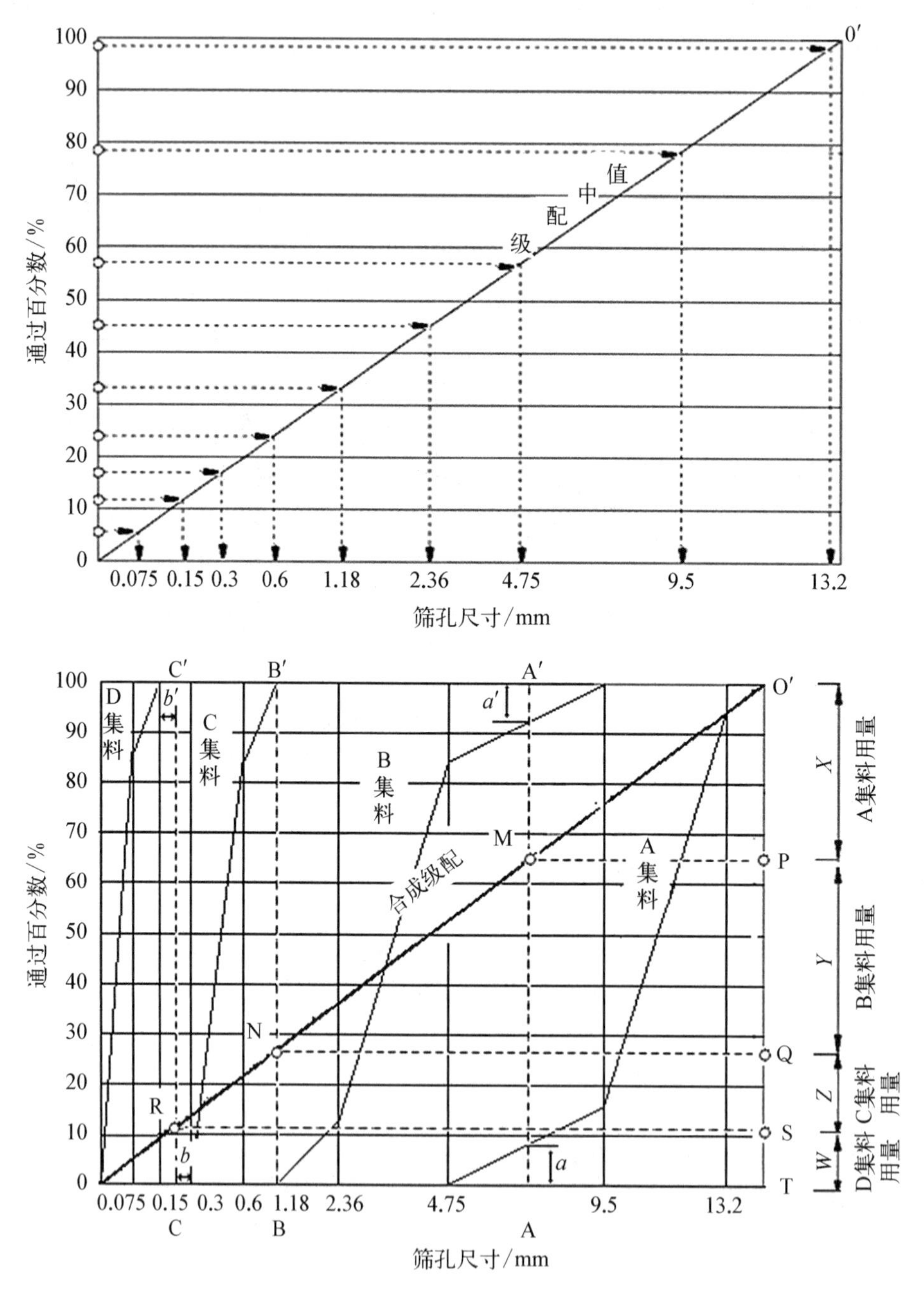

图5.6　图解法设计步骤

本章小结

本章介绍了石料的岩石学特征、阐述石料与集料的主要技术性能及主要评价方法和评价指标；讨论集料的级配概念和级配理论，并以此为基础，学习矿料的配合比设计方法。通过学习，要求学生了解石料和集料的技术性质和技术标准，掌握级配理论和组成设计方法。

课后习题

1. 石料与集料的主要物理常数分别有哪几项？它们之间有何异同？
2. 石料应具备哪些力学性质，采用什么指标来反映这些性质？
3. 简述道路工程用石料的分类和分级方法。
4. 什么是集料的装填密度？什么是松装密度？什么是紧装密度？
5. 压碎值、磨耗值、磨光值及冲击值分别表征粗集料的什么性质，对路面工程有何意义？
6. 什么是集料的级配？如何确定集料的级配？用哪几项参数表示集料的级配？
7. 为什么研究集料的级配？连续级配类型与间断级配类型有何差别？
8. 简述最大密度级配范围计算公式的意义。
9. 常用矿质混合料配合比设计方法有几种？简述设计过程的主要步骤。
10. 级配型碎石与填隙碎石结构层的强度形成有何不同？这种差异对它们的路用性能会产生什么影响？
11. 某道路工程沥青混合料用细集料的筛分试验结果见下表。请计算该细集料的分计筛余百分率、累计筛余百分率、通过百分率及其细度模数，绘制该细集料的级配曲线图，判断该细集料的。粗细程度并分析其级配是否符合设计级配范围的要求。

习题 11 用表　某细集料的筛分结果

筛孔尺寸/mm	9.5	4.75	2.36	1.18	0.6	0.3	0.15	0.075	筛底
筛余质量/g	0	13	160	100	75	50	39	25	38
设计级配范围/%	100	95～100	55～75	35～55	20～40	12～28	7～18	5～10	—

12. 某工程用石灰岩石料，经饱水抗压强度检验，平均极限荷载分别为 179 kN、182 kN、174 kN、178 kN、189 kN 和 185 kN(5 mm×5 m 圆柱体试件)；洛杉矶磨耗值为 33%。试确定该石料的技术等级。
13. 按照级配计算公式(1 - 32)，取级配指数 $n=0.3$，0.5 和 0.7，计算最大粒径 $D=16$ mm 集料的通过百分率，并将这些级配绘制在同一张图上。用贝雷级配分析法计算这些级配的控制粒径，第一、第二 分界尺寸，粗集料比，细集料比和细集料比。
14. 采用“试算法”确定某矿质混合料的配合比。（设计资料）碎石、石屑和矿粉的筛分析试验结果以通过百分率列于下表中第 2～4 列；设计级配范围要求值列于下表中第 5 列。

习题 14 用表

筛孔尺寸 d_i/mm	原材料筛分析试验结果，通过百分率/%			设计级配范围通过百分率/%
	碎　石	石　屑	矿　粉	
26.5	100	100	100	100
19.0	97	100	100	95～100
16.0	61.5	100	100	75～90
13.2	34.5	100	100	62～80
9.5	19.5	93.8	100	52～72
4.75	4.6	77.9	100	38～58
2.36	—	58.7	100	28～46
1.18	—	36.0	100	20～34
0.6	—	23.0	97	15～27
0.3	—	11.0	94	10～20
0.15	—	—	92	6～14
0.075	—	—	70.5	4～8

设计要求：用试算法确定碎石、石屑和矿粉在混合料中的用量；计算出混合料的合成级配，并校核该合成级配是否在要求的级配范围中，若有超出应进行调整。

15. 采用规划求解法确定矿质混合料的配合比，设计资料同习题 14。

第6章　基层、底基层材料试验检测

6.1　概述

6.1.1　基层、底基层类型

按材料力学特性，基层、底基层可分为半刚性、柔性、刚性三类。

按材料组成，基层、底基层可分为有结合料类（无机、有机）和无结合料类。

1. 半刚性基层、底基层

半刚性基层、底基层包括水泥稳定类、石灰工业废渣类、石灰稳定类及综合稳定类（石灰粉煤灰、水泥石灰稳定类）。

2. 柔性基层

柔性基层包括有机结合料稳定类（沥青碎石、贯入式等）和无黏结粒料类（级配碎石、级配砾石、填隙碎石、级配碎砾石）。

沥青稳定类材料可用于高速公路、一级和二级公路的基层或调平层。

级配碎石适用于各级公路的基层和底基层，也可用于沥青面层与半刚性基层之间的过渡层。

级配砾石、级配碎砾石、天然砂砾可用于二级和二级以下公路基层，也可用各级公路的底基层。

3. 刚性基层

刚性基层包括贫混凝土基层、水泥混凝土基层以及连续配筋水泥混凝土基层，适用于重交通、特重交通。

6.1.2　基层、底基层材料技术要求

1. 适用场合

（1）水泥类、石灰粉煤灰稳定材料：适用于各级公路的底基层和基层，但稳定细粒土不能做高级路面的基层。

（2）石灰稳定类材料：适用于各级公路的底基层，也可以做二级和二级以下公路的底基层和基层；但石灰稳定细粒土及粒料含量少于50%的碎（砾）石灰土不能做高级路面的基层。

2. 水泥稳定类基层、底基层组成材料技术要求

(1) 细粒土：土均匀系数大于5(10)，液限小于等于40，塑性指数小于等于17(12)；当塑性指数大于17时，宜采用石灰，或水泥和石灰综合稳定。有机质含量大于2%的土必须用石灰处理，闷料一夜再用水泥稳定。硫酸盐含量大于0.25%的土，不宜用水泥稳定。

(2) 压碎值

(3) 级配：骨架密实型、逐级填充。

(4) 水泥要求：普通硅酸盐水泥、矿渣硅酸盐水泥和火山灰质硅酸盐水泥都可，但初凝应大于4 h；终凝应大于6 h。不得采用早强、快硬及已受潮变质水泥，水泥强度为32.5或42.5。

3. 石灰工业废渣类基层、底基层组成材料技术要求

(1) 石灰：按有效钙和氧化镁含量将石灰分为三级。

(2) 粉煤灰：活性(SiO_2、Al_2O_3、Fe_2O_3)大于70%；烧失量小于或等于20%；比表面积大于2 500 cm^2/g。

(3) 土：塑性指数为12～20，有机质含量大于10%。

4. 石灰稳定类基层、底基层组成材料技术要求

(1) 塑性指数为15～20。

(2) 稳定无塑性指数的级配砂砾、碎石和未筛分碎石，应添加15%左右的黏性土。

(3) 塑性指数大于15更适用于水泥和石灰综合稳定。

(4) 塑性指数小于10的亚砂土和砂土用石灰稳定时，应采取适当的措施或采用水泥稳定。

(5) 硫酸盐含量大于0.8%和有机质含量超过10%的土，不宜用石灰稳定。

5. 综合稳定类基层、底基层组成材料的技术要求

当水泥用量占结合料总质量的30%以上时，应按水泥稳定类进行设计，否则按石灰稳定类设计。

6.1.3　基层、底基层混合料组成设计方法

设计依据：根据7 d浸水无侧限抗压强度标准设计基层、底基层混合料组成。

设计内容：集料级配、结合料的最佳剂量、最佳含水率和最大干密度。

1. 水泥稳定类混合料组合设计

(1) 一般规定

无侧限抗压强度标准(表6.1)

采用综合稳定类时，水泥用量占结合料含量的30%以上，按水泥稳定类技术要求设计。

(2) 原材料实验

① 土：颗粒分析、液限和塑性指数、相对密度、击实试验、碎石和砾石的压碎值、有机质含量、硫酸盐含量。

② 级配不良的碎石、碎石土、砂砾、砂，要改善级配。

③ 检验水泥的标号和凝结时间。

(3) 设计步骤

① 按表6.1所列水泥剂量配制同一种土样、不同水泥剂量的混合料。

② 确定最佳含水率和最大干密度，至少3个剂量。

③ 按规定压实度分别计算不同水泥剂量试件应有的干密度。

④ 按最佳含水率和由计算得到的干密度制件。

⑤ 试件进行养生 7 d，最后 1 d 浸水后进行无侧限抗压强度试验。北方，试验温度为 20℃±2℃；南方，试验温度为 25℃±2℃。

⑥ 判断试件强度是否能满足表 6.1 要求。

$$\bar{R} \geqslant R_d/(1-Z_a C_V) \tag{6.1}$$

⑦ 工地实际采用水泥剂量应比室内试验确定的剂量多 0.5%～1.0%，采用集中厂拌法时应比室内试验确定的剂量多 0.5%～0.5%。

⑧ 同时应满足最小剂量要求。

表 6.1　半刚性材料的压实度及 7 d 抗压强度

<table>
<tr><th rowspan="2">混合料</th><th rowspan="2">层　位</th><th rowspan="2">类　别</th><th colspan="2">高速公路、一级公路</th><th colspan="2">其 他 公 路</th></tr>
<tr><th>压实度%</th><th>抗压强度/MPa</th><th>压实度/%</th><th>抗压强度/MPa</th></tr>
<tr><td rowspan="6">水泥稳定类</td><td rowspan="3">基层</td><td>粗粒土</td><td rowspan="2">≥98</td><td rowspan="3">3～4</td><td rowspan="2">≥97</td><td rowspan="3">2～3</td></tr>
<tr><td>中粒土</td></tr>
<tr><td>细粒土</td><td>—</td><td>≥95</td></tr>
<tr><td rowspan="3">底基层</td><td>粗粒土</td><td rowspan="2">≥96</td><td rowspan="3">≥2.0</td><td rowspan="2">≥95</td><td rowspan="3">≥1.5</td></tr>
<tr><td>中粒土</td></tr>
<tr><td>细粒土</td><td>≥95</td><td>≥93</td></tr>
<tr><td rowspan="6">石灰粉煤灰稳定类</td><td rowspan="3">基层</td><td>粗粒土</td><td rowspan="2">≥98</td><td rowspan="3">≥0.8</td><td rowspan="2">≥97</td><td rowspan="3">≥0.6</td></tr>
<tr><td>中粒土</td></tr>
<tr><td>细粒土</td><td>—</td><td>≥95</td></tr>
<tr><td rowspan="3">底基层</td><td>粗粒土</td><td rowspan="2">≥96</td><td rowspan="3">≥0.5</td><td rowspan="2">≥95</td><td rowspan="3">≥0.5</td></tr>
<tr><td>中粒土</td></tr>
<tr><td>细粒土</td><td>≥95</td><td>≥93</td></tr>
<tr><td rowspan="6">石灰稳定类</td><td rowspan="3">基层</td><td>粗粒土</td><td rowspan="2">—</td><td rowspan="3">—</td><td rowspan="2">≥97</td><td rowspan="3">0.8</td></tr>
<tr><td>中粒土</td></tr>
<tr><td>细粒土</td><td>—</td><td>≥95</td></tr>
<tr><td rowspan="3">底基层</td><td>粗粒土</td><td rowspan="2">≥96</td><td rowspan="3">≥0.8</td><td rowspan="2">≥95</td><td rowspan="3">0.5～0.7</td></tr>
<tr><td>中粒土</td></tr>
<tr><td>细粒土</td><td>≥95</td><td>≥93</td></tr>
</table>

2. 石灰工业废渣类混合料组合设计

（1）一般规定

① 无侧限抗压强度标准（表 6.1）

② 石灰煤渣(土)、二灰级配集料(土)针对不同的层位的石灰分别与煤渣、粉煤灰的比例。

③ 为提高石灰工业废渣的早期强度,可外加1%~2%的水泥。

(2) 原材料实验

颗粒分析,液限和塑性指数、相对密度、石料的压碎值、有机质含量、石灰的有效钙和氧化镁含量、粉煤灰的活性、细度、比表面积测定。

(3) 设计步骤

① 制备不同比例的石灰粉煤灰混合料,即确定石灰和粉煤灰比例。

② 制备4或5种不同配合比。

③ 最佳含水率和最大干密度。

④ 制件、养生进行无侧限抗压强度测试。

⑤ 判断强度能否满足要求。

基本与水泥稳定类混合料组合设计相同。

6.2 路面基层和基层材料

6.2.1 无机结料稳定材料组成设计方法

(1) 水泥剂量=水泥质量/干土质量。

(2) 混合料的设计步骤:

① 分别按5种水泥剂量配制同一种土样、不同水泥剂量的混合料。

② 确定各种混合料的最佳含水率和最大干密度。

③ 按规定的压实度分别计算不同水泥剂量的试件应有的干密度。

④ 按最佳含水率和计算得的干密度制备试件。

⑤ 保湿养生6 d,浸水24 h,进行无侧限抗压强度试验。

⑥ 计算试验结果。

⑦ 选定合适的水泥剂量。

6.2.2 有效氧化钙和氧化镁含量试验

1. 目的和适用范围

(1) 有效氧化钙的测试方法

该方法适合测定各种石灰的有效氧化钙含量,是评定石灰质量的主要指标。

原理:与盐酸反应。

关键:确定盐酸标准溶液的当量浓度和滴定时消耗盐酸的体积。

(2) 氧化镁的测试方法

该方法适合测定各种石灰的总氧化镁含量。

原理:EDTA-2Na标准溶液与氧化镁反应。

关键：确定 EDTA－2Na 标准溶液与氧化钙和氧化镁的关系。

(3) 有效氧化钙和氧化镁的简易测试方法

该方法适用于氧化镁含量在 5%以下的低镁石灰的测定。

2. 试剂

(1) 蔗糖(分析纯)。

(2) 酚酞指示剂：称取 0.5 g 酚酞溶于 50 mL 质量分数为 95%的乙醇中。

(3) 0.1%甲基橙水溶液：称取 0.05 g 甲基橙溶于 50 mL 蒸馏水中。

(4) 0.5 mol/L 盐酸标准溶液：将 42 mL 浓盐酸(相对密度 1.19)稀释至 1 L，标定其当量浓度后备用。

3. 准备试样

(1) 生石灰试样：将生石灰样品打碎，使颗粒不大于 1.18 mm。拌和均匀后用四分法缩减至 200 g 左右，放在瓷研钵中研细，再经四分法缩减几次至 20 g 左右。将研磨所得石灰样品通过 0.10 mm 的筛，从此细样中均匀挑取 10 余克，置于称量瓶中在 100℃下烘干 1 h，贮于干燥器中，供试验用。

(2) 消石灰试样：将消石灰样品用四分法缩减至 10 余克，如有大颗粒存在须在瓷研钵中磨细至无不均匀颗粒存在为止。将样品置于称量瓶中，在 105～110℃下烘干 1 h，贮于干燥器中，供试验用。

4. 试验步骤

称取约 0.5 g(用减量法称准至 0.000 5)试样放入干燥的 250 mL 具塞三角瓶中，取 5 g 蔗糖覆盖在试样表面，投入干玻璃珠 15 粒，迅速加入新煮沸并已冷却的蒸馏水 50 mL，立即加塞振荡 15 min(如有试样结块或黏于瓶壁现象，则应重新取样)。打开瓶塞，用水冲洗瓶塞及瓶壁，加入 2～3 滴酚酞指示剂，以 0.5 mol/L 盐酸标准溶液滴定(滴定速度以每秒 2～3 滴为宜)，至溶液的粉红色显著消失并在 30 s 内不再复现即为终点。

5. 计算

对同一石灰样品至少应做两个试样和进行两次测定，并取两次结果的平均值代表最终结果。

6.2.3　EDTA 滴定法试验

1. 目的和适用范围

(1) 本试验方法适用于在工地快速测定水泥和石灰稳定土中水泥和石灰的剂量，并可用以检查拌和的均匀性。用于稳定的土可以是细粒土，也可以是中粒土和粗粒土。本方法不受水泥和石灰稳定土龄期(7 d 以内)的影响。工地水泥和石灰稳定土含水率的少量变化(±2%)，实际上不影响测定结果。用本方法进行一次剂量测定，只需 10 min 左右。

(2) 本方法也可以用来测定水泥和石灰稳定土中结合料的剂量。

2. 试剂

(1) 0.1 mol/L 乙二胺四乙酸二钠(简称 EDTA－2Na)标准液：准确称取 EDTA－2Na(分析纯)37.226 g，用微热的无二氧化碳蒸馏水溶解，待全部溶解并冷至室温后定容至 1 000 mL。

(2) 10%氯化铵(NH_4Cl)溶液：将 5 mg 氯化铵(分析纯或化学纯)放在 10 L 聚乙烯桶

内，加蒸馏水 4 500 mL，充分振荡，使氯化铵完全溶解。也可以分批在 1 000 mL 的烧杯内配制，然后倒入塑料桶内摇匀。

(3) 1.8%氢氧化钠(内含三乙醇胺)溶液：用 100 g 架盘天平称 18 g 氢氧化钠(NaOH，分析纯)，放入洁净干燥的 1 000 mL 烧杯中，加入 1 000 mL 蒸馏水使其全部溶解，待溶液冷却至室温后，加入 2 mL 三乙醇胺(分析纯)，搅拌均匀后储于塑料桶中。

(4) 钙红指示剂：将 0.2 g 钙试剂羟酸钠(分子式 $C_{21}H_{13}O_7N_2SNa$，相对分子质量为 460.39)与20 g 预先在 105℃烘箱中烘 1 h 的硫酸钾混合，一起放入研钵中，研成极细粉末，储于棕色广口瓶中，以防吸潮。

3. 绘制标准曲线

(1) 取样：取工地用石灰和土，风干后用烘干法测其含水率(如为水泥可假定其含水率为 0%)。

(2) 混合料组成的计算：干料质量＝湿料质量/(1＋含水率)。

(3) 准备 5 种试样，每种 2 个样品(以水泥集料为例)，采用单份掺配方式备样，以最优剂量为中心，上下 2%的幅度浮动，确定 5 中试样的剂量，每种剂量取 2 份规定质量的试样(湿质量)，共 10 个试样。绘制的标准曲线必须保证现场的实际剂量能落在标准曲线所用剂量的中间。

(4) 取一个盛有试样的搪瓷杯，在杯内加 600 mL 10%氯化铵溶剂，用不锈钢搅拌棒充分搅拌 3 min(每分钟搅 110～120 次)。如水泥(或石灰)土混合料中的土是细粒土，则也可以用 1 000 mL 具塞三角瓶代替搪瓷杯，手握三角瓶(瓶口向上)用力振荡 3 min[每分钟(120±5)次]，以代替搅拌棒搅拌，放置沉淀 4 min[如 4 min 后得到的是混浊悬浮液，则应增加放置沉淀时间，直到变为澄清悬浮液为止，并记录所需的时间，以后所有该种水泥(或石灰)土混合料的试验，均应以同一时间为准]，然后将上部清液转移到 300 mL 烧杯内，搅匀，加盖表面皿待测。

(5) 用移液管吸取上层(液面下 1～2 cm)悬浮液 10.0 mL，放入 200 mL 的三角瓶内，用量筒量取 50 mL 1.8%氢氧化钠(内含三乙醇胺)倒入三角瓶中，此时溶液 pH 为 12.5～13.0(可用 pH12～pH14 精密试纸检验)，然后加入钙红指示剂(体积约为黄豆大小)，摇匀，溶剂呈玫瑰红色。用 EDTA - 2Na 标准液滴定到纯蓝色为终点，记录 EDTA - 2Na 的耗量(以 mL 计，读至 0.1 mL)。

(6)对其他几个搪瓷杯中的试样，用同样的方法进行试验，并记录各自 EDTA - 2Na 的耗量。

(7) 以同一水泥或石灰剂量混合料消耗 EDTA - 2Na 毫升数的平均值为纵坐标，以水泥或石灰剂量(%)为横坐标制图。两者的关系应是一根顺滑的曲线。如素集料、水泥或石灰改变，必须重做标准曲线。

4. 试验步骤

(1) 选取有代表性的水泥土或石灰上混合料，称 300 g 放在搪瓷杯中，用搅拌棒将结块搅散，加 600 mL 10%氯化铵溶液，然后如前述步骤那样进行试验。

(2) 利用所绘制的标准曲线，根据所消耗的 EDTA - 2Na 毫升数，确定混合料中的水泥或石灰剂量。

5. 注意事项

(1) 每个样品搅拌的时间、速度和方式应力求相同,以增加试验的精度。

(2) 做标准曲线时,如工地实际水泥剂量较大,素集料和低剂量水泥的试样可以不做,而直接用较高的剂量做试验,但应有两种剂量大于实用剂量,以及两种剂量小于实用剂量。

(3) 配制的氯化铵溶液最好当天用完,不要放置过久,以免影响试验的精度。

6.2.4 烘干法测含水率

1. 目的和适用范围

本方法适用于测定水泥、石灰、粉煤灰及无机结合料稳定材料的含水率。

2. 仪器设备

本试验用到的主要仪具包括烘箱、铝盒、电子天平、干燥器

3. 步骤

(1) 称铝盒重;取试样,及时盖上盒盖称重。

(2) 打开盒盖放入已达规定温度的烘箱中烘干。

(3) 取出铝盒,盖上盒盖冷却,称重。

(4) 计算。

(5) 结果整理(精确度、允许重复性误差)。

6.2.5 无侧限抗压强度试验方法

1. 目的和适用范围

本试验方法适用于测定无机结合料稳定土(包括稳定细粒土、中粒土和粗粒土)试件的无侧限抗压强度的测定,分为室内配合比设计试验及现场检测两种,本试验方法包括:按照预定干密度用静力压实法制备试件以及用锤击法制备试件,试件都是高∶直径=1∶1的圆柱体,应该尽可能用静力压实法制备等干密度的试件。

室内配合比设计试验和现场检测两者在试料准备上是不同的,前者根据设计配合比称取试料并拌和,按要求制备试件;后者则在工地现场取拌和的混合料作试料,并按要求制备试件。

2. 取样频率

在现场按规定频率取样,按工地预定达到的压实度制备试件。试件数量:每2 000 m^2或每工作班,无论是稳定细粒土、中粒土或粗粒土,当多次试验结果的偏差系数 $C_v \leqslant 10\%$ 时,均可为6个试件;$C_v = 10\% \sim 15\%$ 时,可为9个试件;$C_v > 15\%$ 时,则需13个试件。

3. 试件制备

(1) 试料准备

将具有代表性的风干试料(必要时,也可以在50℃烘箱内烘干)用木锤和木碾捣碎,应避免粒料以原粒径使用;将土过筛备用;在预定做试验的前一天,取有代表性的试料测定其风干含水率。

(2) 确定无机结合料混合料的最佳含水率和最大干密度。

(3) 配制混合料

① 对于同一无机结合料剂量的混合料，需要制备相同状态的试件数量(即平行试验的数量)与土类及操作的仔细程度有关。对于无机结合料稳定细粒土，至少应该制 6 个试件；对于无机结合料稳定中粒土，至少应制 9 个试件；对于无机结合料稳定粗粒土，至少应制 13 个试件。

② 称取一定数量的风干土并计算干土的质量。其数量随试件大小而变。对于 50 mm×50 mm 的试件，1 个试件需干土 180～210 g；对于 100 mm×100 mm 的试件，1 个试件需干土 1 700～1 900 g；对于 150 mm×150 mm 的试件，1 个试件需干土 5 700～6 000 g。

对于细粒土，可以一次称取 6 个试件的土；对于中粒土，可以一次称取 3 个试件的土；对于粗粒土，一次只称取一个试件的土。

③ 将称好的土放在长方盘(约 400 mm×600 mm×70 mm)内，向土中加水(对水泥稳定土应预留 3%的水)。将土和水拌和均匀后放在密闭容器内浸润备用。如为石灰稳定土和水泥、石灰综合稳定土，可将石灰和土一起拌匀后进行浸润(浸润时间：黏性土，12～24 h；粉性土，6～8 h；砂性土、砂砾土、红土砂砾、级配砂砾等，可以缩短到 4 h 左右；含土很少的未筛分碎石、砂砾及砂，可以缩短到 2 h)。

④ 在浸润过的试料中，加入预定数量的水泥或石灰并拌和均匀。在拌和过程中，应将预留的 3%的水(对于细粒土)加入土中，使混合料的含水率达到最佳含水率。拌和均匀的水泥稳定土应在 1 h 内制成试件。

⑤ 将试模的下压柱放入试模的下部，但外露 2 cm 左右，将称量的规定数量的稳定土混合料 m_1(g)分 2～3 次灌入试模中(利用漏斗)，每次灌入后用夯棒轻轻均匀插实。如制的是小试件，则可以将混合料一次倒入试模中，然后将上压柱放入试模内，应使上压柱也外露 2 cm 左右(即上下压柱露出试模外的部分应该相等)。

⑥ 将整个试模(边同上下压柱)放到反力框架内的千斤顶上(千斤顶下应放一扁球座)，加压直到上下压柱都压入试模为止。维持压力 1 min，解除压力后，取下试模，拿去上压柱，并放到脱模器上将试件顶出(利用千斤顶和下压柱)。称试件的质量 m_2，小试件准确到 1 g；中试件准确到 2 g；大试件准确到 5 g。然后用游标卡尺测量试件的高度 h，准确到 0.1 mm。

⑦ 用击锤制件步骤同前，不同的只是用击锤(可以利用作击实试件的锤，但压柱顶面需要垫一块牛皮或胶皮，以保护锤面和压柱顶面不受损伤)将上下压柱打入试模内。

4. 养生

试件从试模内脱出并称量后，应立即放到密封湿气箱和恒温室内进行保温保湿养生。有条件时，可用蜡封保温养生。养生时间视需要而定，用于工地控制时，通常只取 7 d。整个养生期间的温度：在北方地区保持(20±2)℃，在南方地区保持(25±2)℃。

养生期的最后一天，应该将试件浸泡在水中，水的深度应使水面在试件顶上约 2.5 m。在浸泡水前，应再次称量试件的质量 m_3。在养生期间，试件质量的损失应该符合下列规定：小试件不超过 1 g；中试件不超过 4 g；大试件不超过 10 g。质量损失超过此规定的试件，应该作废。

5. 试验步骤

(1) 选择合适量程的测力计或压力机(20%～80%)。

(2) 将已浸水一昼夜的试件从水中取出，用软的旧布吸试件表面的可见自由水，并称试件的质量 m_4。

(3) 用游标卡尺测量试件的高度 h_1，准确到 0.1 mm。

(4) 将试件放到路面材料强度试验仪的升降台上(台上先放一扁球座)，进行抗压试验。试验过程中，应使试件的形变等速增加，并保持速率约为 1 mm/min 记录试件破坏时的最大压力 P(N)。

从试件内部取有代表性的样品(经过打破)测定其含水率 w_1。

6. 计算试件的无侧限抗压强度 R_c。

若干次平行试验的偏差系数 C_v(%)应符合下列规定：

小试件 不大于 10%；

中试件 不大于 15%；

大试件 不大于 20%。

7. 评定要点

试件的平均强度 $\bar{R}$ 应满足式(6.2)要求：

$$\bar{R} \geqslant R_d/(1-Z_aC_V) \tag{6.2}$$

式中，R_d 为设计抗压强度；高速公路、一级公路保证率为 95%，$Z_a=1.645$；其他公路保证率为 90%，$Z_a=1.282$。

6.2.6 水泥或石灰剂量测定方法(EDTA 滴定法)

1. 目的和适用范围

本方法适用于在工地快速测定水泥和石灰稳定土中的水泥和石灰的剂量，并可以检查拌和的均匀性。

2. 试剂

0.1 mol/L 乙二胺四乙酸二钠(EDTA-2Na)、10%氯化铵溶液、1.8%氢氧化钠溶液、钙红指示剂。

3. 原理

EDTA-2Na 与石灰(水泥)反应。

4. 关键

绘制标准曲线。

5. 试验步骤

(1) 取样：取工地水泥和集料，过筛(2.0 mm)，确定含水率。

(2) 确定混合料的组成；确定土、水泥、水的组成。

(3) 配制种 5 不同水泥剂量的试样：分别是 2%、4%、6%、8%、10%的水泥土混合料试样。

(4) 取盛有试样的搪瓷杯，加入 10%氯化铵溶液，搅拌，放置一段时间，至出现澄清悬浮液为止。

(5) 取出部分澄清悬浮液，加入 1.8%的氢氧化钠溶液、钙红指示剂，摇匀，呈现玫瑰红色。加入 EDTA-2Na 标准液滴定到纯蓝色，记录 EDTA-2Na 标准液的消耗量。

(6) 依次记录不同剂量的试样消耗 EDTA-2Na 标准液的数量。

(7) 以水泥剂量为横坐标,以 EDTA－2Na 标准液消耗量为纵坐标,绘制标准曲线。

(8) 利用所绘制的标准曲线,根据所消耗的 EDTA－2Na 标准液的数量确定实际水泥剂量。

6. 注意事项

(1) 如果素集料或水泥改变以及同一次配制的 EDTA－2Na 标准液用完,则必须重做标准曲线。

(2) 氯化铵溶液最好当天用完。

6.2.7 含水率的测试方法

1. 目的和适用范围

用于测定无机结合料稳定土含水率的方法。

2. 试验步骤

与土工中测试土体含水率基本相同。

6.2.8 击实试验方法

1. 目的和适用范围

(1) 在规定的试筒(重型击实)内,对水泥稳定土、石灰稳定土及石灰(或水泥)粉煤灰稳定土进行击实试验,确定最佳含水率和最大干密度。

(2) 集料的最大粒径宜控制在 25 mm 以内,最大不得超过 40 mm。

2. 试验的要点

(1) 细粒土过 5 mm 筛,用甲法、乙法。

(2) 当粒径大于 25 mm 的颗粒含量多时,用丙法。试件尺寸不同、每层锤击次数也不同。

3. 试验步骤

(1) 将已筛分的试样用四分法逐次分小,至最后取约 10～15 kg,再用四分法将已取出的试料分成 5～6 份。

(2) 预定 5～6 个不同含水率(依次差 1%～2%)的试样,至少分别有 2 个试样的含水率大于和小于最佳含水率。

(3) 按预定含水率制备试件。将试料平铺在金属盘内,按预定含水率将试料拌匀,并进行闷料:黏性土,12～24 h;粉性土,6～8 h,砂砾、砂性土,4 h;未筛分碎石、砂砾,可缩短至 2 h。

(4) 将所需的稳定剂水泥加入浸润后的试料中,并拌和均匀,加入水泥的试样拌和后,在 1 h 内完成击实试验。

(5) 试筒套环与击实底板紧密连接。分 5 层装样,每层按规定击实后,并进行拉毛,最后一层试样击实后,试样高度超出试筒顶不得大于 6 mm。

(6) 用刮土刀对试筒内的土样进行刮平,并擦净试筒外壁,称取重量。

(7) 用脱模器推出试样,自试样内部从上至下取 2 个样品,测定含水率,含水率差异$<1\%$。

(8) 进行其他试样的含水率测试。

(9) 计算土体的干密度,绘制含水率和干密度曲线,确定最佳含水率和最大干密度。

6.2.9　间接抗拉强度试验方法

1. 目的和适用范围

本试验方法适用于测定无机结合料稳定土试件间接抗拉强度的测定。

2. 试验方法

按照预定干密度用静力压实法制备试件以及锤击法制备试件,试件的高∶直径＝1∶1的圆柱体。

3. 养生要点

(1) 水泥稳定土、水泥粉煤灰稳定土的养生时间 3 个月;石灰稳定土和石灰粉煤灰稳定土 6 个月。

(2) 温度:北方,(20±2)℃;南方,(25±2)℃。

(3) 养生最后 1 天,将试件浸泡水中。

4. 试件制备

(1) 备料。

(2) 制件:同无侧限抗压强度试验方法。

(3) 养生。

水泥稳定土、水泥粉煤灰稳定土的养生时间为 3 个月;石灰稳定土和石灰粉煤灰稳定土的养生时间为 6 个月。温度:北方,(20±2)℃;南方,(25±2)℃。养生最后 1 天,将试件浸泡水中。

5. 试验步骤

(1) 取出试样,吸干表面自由水,称试件质量。

(2) 量取试件高度。

(3) 在压力机的升降台上置一压条,将试件横置于压条上,试件的顶面也放置一压条,等速加载,记下破坏时的最大压力。

(4) 从试件中取代表的样品测含水率。

6.2.10　室内抗压方法回弹模量试验

1. 目的和适用范围

在室内对无机结合料稳定材料试件进行抗压回弹模量的试验。

2. 试件制备

(1) 试料准备同无侧限抗压强度试验方法。

(2) 按击实试验方法确定最佳含水率和最大干密度。

(3) 制件时,注意结合料的类型,对于水泥类制件成型前 1 h 加入拌和;其他结合料可与土体一起拌和。

(4) 养生同无侧限抗压强度试验方法。

3. 试验步骤

（1）试件端面处理；

（2）试件浸水一昼夜；

（3）安置千分表；

（4）预压；

（5）千分表归零，并记录初读数；

（6）逐级加载、卸载，读取并记录千分表读数。

6.2.11 承载比(CBR)试验法

1. 定义

指试料贯入量达到 2.5 mm 时，单位压力对标准碎石压入相同贯入量时标准强度的比值。

2. 目的和适用范围

本方法适用于在规定的试筒内制件后，对各种土和路面基层、底基层材料进行承载比试验。

3. 试验要点

（1）试件要浸泡 4 昼夜后，再进行承载比测试。

（2）如果贯入量为 5 mm 时的承载比大于 2.5 mm 的承载比，试验要重做；如果重做后结果仍然如此，采用 5 mm 时的承载比。

4. 试验步骤

（1）泡水测膨胀量

① 更换试件成型时的滤纸；

② 安装附有调节杆的多孔板，多孔板上加 4 块荷载板；

③ 试筒与多孔板放入试槽，安装百分表；

④ 读取初读数；

⑤ 向试槽放水；

⑥ 泡水终了，读取终读数。

（2）贯入试验

① 泡水终了试件放置在试验仪升降台上，调整球座使贯入杆与试件顶面全接触，在贯入杆周围放置 4 块荷载板；

② 贯入杆上加 45 N 荷载，使得百分表归零；

③ 加荷记录读数。

第7章　水泥的必试项目及试验检测

7.1　检测内容及方法

7.1.1　水泥细度检验方法(80 μm筛筛析法)

本标准是采用80 μm筛对水泥试样进行筛析试验，用筛网上所得筛余物的质量占试样原始质量的百分数来表示水泥样品的细度。

1. 仪器

(1) 试验筛(图7.1)；

(2) 负压筛析仪；

(3) 水筛架；

(4) 天平。

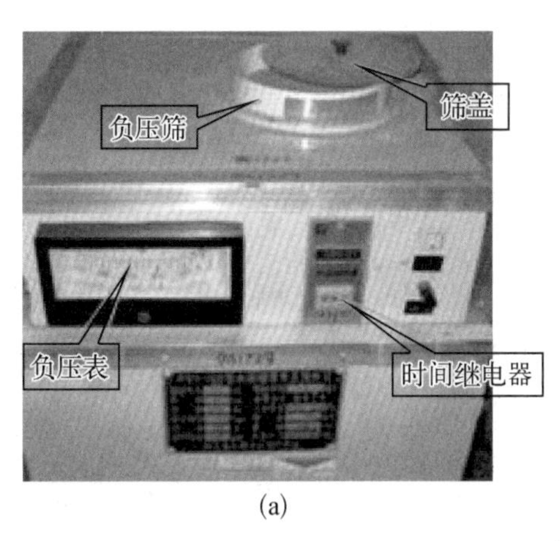

(a)

(b)

图7.1　试验筛实物图

2. 样品处理

水泥样品应充分拌匀，通过0.9 mm方孔筛，记录方孔筛余物情况，要防止过筛时混进其他水泥。

3. 操作程序

(1) 负压筛法

① 筛析试验前，应把负压筛放在筛座上，盖上筛盖，接通电源，检验控制系统，调节负压

至 4 000～6 000 Pa。

② 称取试样 25 g，置于洁净的负压筛中，盖上筛盖，放在筛座上，开动筛析仪连续筛析 2 min，在此期间如有试样附着在筛盖上，可轻轻地敲击，使试样落下。筛毕，用天平称量筛余物。

③ 当工作负压小于 4 000 Pa 时，应清理吸尘器内水泥，使负压恢复正常。

(2) 水筛法

① 调整好水压及水筛架位置，使其能正常运转，喷头底面和筛网之间距离为 35～75 mm。

② 称取水泥试样 50 g，置于洁净的水筛中，立即用洁净水冲洗至大部分细粉通过，再将筛子置于筛座上，用水压为(0.05±0.02)MPa 的喷头连续冲洗 3 min。

③ 筛毕取下，将筛余物冲至一边，用少量水把筛余物全部移至蒸发皿(或烘样盘)中，等水泥颗粒全部沉淀后将水倾出，置于(105±5)℃的烘箱中烘干，称其筛余物质量(g)。

(3) 手工干筛法

称取烘干试样 50 g 倒入筛内，一手执筛往复摇动，另一手轻轻拍打，拍打速度约为 120 次/min，其间每 40 次向同一方向转动 60°，使试样均匀分布在筛网上，直至每分钟通过量不超过 0.05 g 时为止，称取筛余物质量(g)。

4. 试验结果

(1) 水泥试样筛余百分数按式(7.1)计算

$$F(\%)=\frac{m_1}{m_2}\times 100\% \tag{7.1}$$

式中，F 为水泥试样的筛余百分数，%；m_1 为水泥余物的质量，g；m_2 为水泥试样的质量，g。计算结果精确至 0.1%。

(2) 筛余结果的修正

为使试验结果可比，应采用试验筛修正系数方法修正第(1)条的计算结果。修正系数的测定，按附录 B(补充件)进行。

(3) 负压筛法与水筛法或手工干筛法测定的结果发生争议时，以负压筛法为准。

7.1.2 水泥比表面积测定方法(勃氏法)

水泥比表面积是指单位质量的水泥粉末所具有的总表面积，单位为 m^2/kg。本方法主要根据一定量的空气通过具有一定空隙率和固定厚度的水泥层时，所受阻力不同而引起流速的变化来测定水泥的比表面积。在一定空隙率的水泥层中，孔隙的大小和数量是颗粒尺寸的函数，同时也决定了通过料层的气流速度。

1. 仪器

(1) 比表面积测定仪(图 7.2)；

(2) Blaine 透气仪；

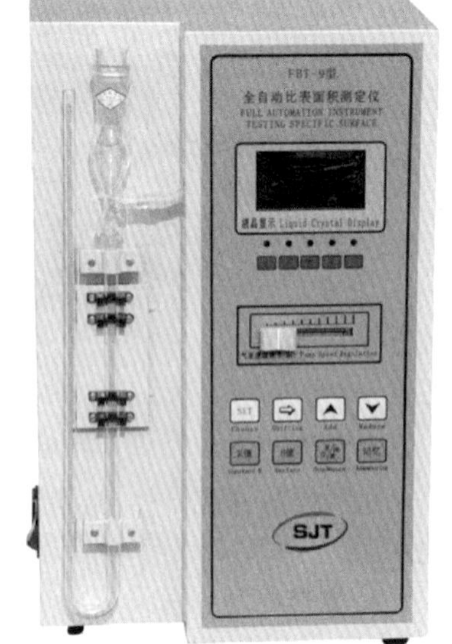

图 7.2 全自动比表面积测定仪

(3) 透气圆筒;
(4) 穿孔板;
(5) 捣器;
(6) 压力计;
(7) 抽气装置;
(8) 滤纸;
(9) 分析天平;
(10) 计时秒表;
(11) 烘干箱。

2. 试样准备

(1) 将在(110±5)℃下烘干并在干燥器中冷却到室温的标准试样,倒入100 mL的密闭瓶内,用力摇动2 min,将结块成团的试样振碎,使试样松散。静置2 min后,打开瓶盖,轻轻搅拌,使在松散过程中落到试样表面的细粉分布到整个试样中。

(2) 水泥试样应先通过0.9 mm方孔筛,再在(110±5)℃下烘干,并在干燥器中冷却至室温。

3. 确定试样量

校正试验用的标准试样量和被测定水泥的质量,应达到在制备的试料层中空隙率为0.500±0.005,计算式为

$$W=\rho V-(1-\varepsilon) \tag{7.2}$$

式中,W为需要的试样量,g;ρ为试样密度,g/cm³;V为按第4.2条测定的试料层体积,cm³;ε为试料层空隙率。

4. 透气试验

(1) 把装有试料层的透气圆筒连接到压力计上,要保证不漏气(为避免漏气,可先在圆筒下锥面涂一薄层活塞油脂,然后把它插入压力计顶端锥形磨口处,旋转二周),并不振动所制备的试料层。

(2) 打开微型电磁泵慢慢从压力计一臂中抽出空气,直到压力计内液面上升到扩大部下端时关闭阀门。当压力计内液体的凹月面下降到第一个刻线时开始计时,当液体的凹月面下降到第二条刻线时停止计时,记录液面从第一条刻度线到第二条刻度线所需的时间。以秒记录,并记下试验时的温度。

7.1.3 水泥标准稠度用水量试验

1. 实验目的与要求

通过试验获得水泥标准稠度用水量,为进行凝结时间和安定性试验做好准备;水泥凝结时间的控制是为了便于工程施工的顺利进行;水泥的细度影响水泥的凝结时间、强度和水化热,是水泥质量的主要控制指标;水泥胶砂强度的试验是为了确定水泥的强度等级或判定给定的水泥强度是否满足规定的等级要求。

2. 仪器

标准稠度仪(活动部分的总重量为)、试锥和锥模、水泥净浆搅拌机等(图7.3和图7.4)。

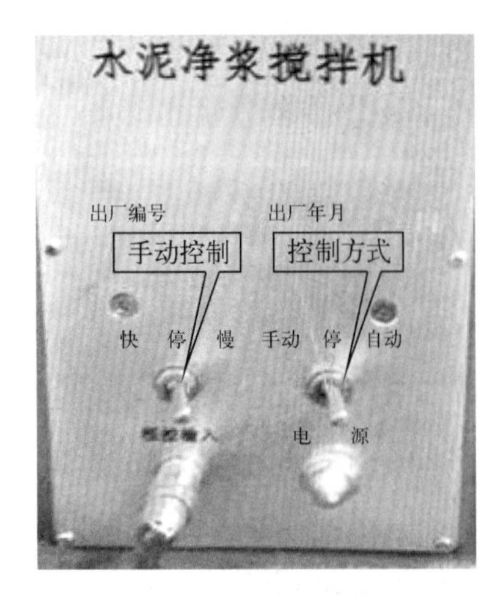

图 7.3　水泥净浆搅拌机

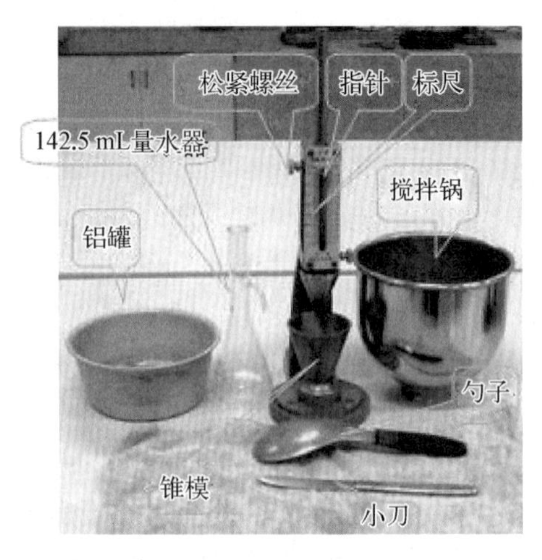

图 7.4　水泥标准稠度用水量试验用到的其他仪器

3. 实验步骤

(1) 水泥标准稠度用水量(固定用水量方法)

① 称取干净水 142.5 mL(g),水泥 500 g;② 用湿抹布擦抹搅拌锅及叶片,操作如图 7.5 所示。

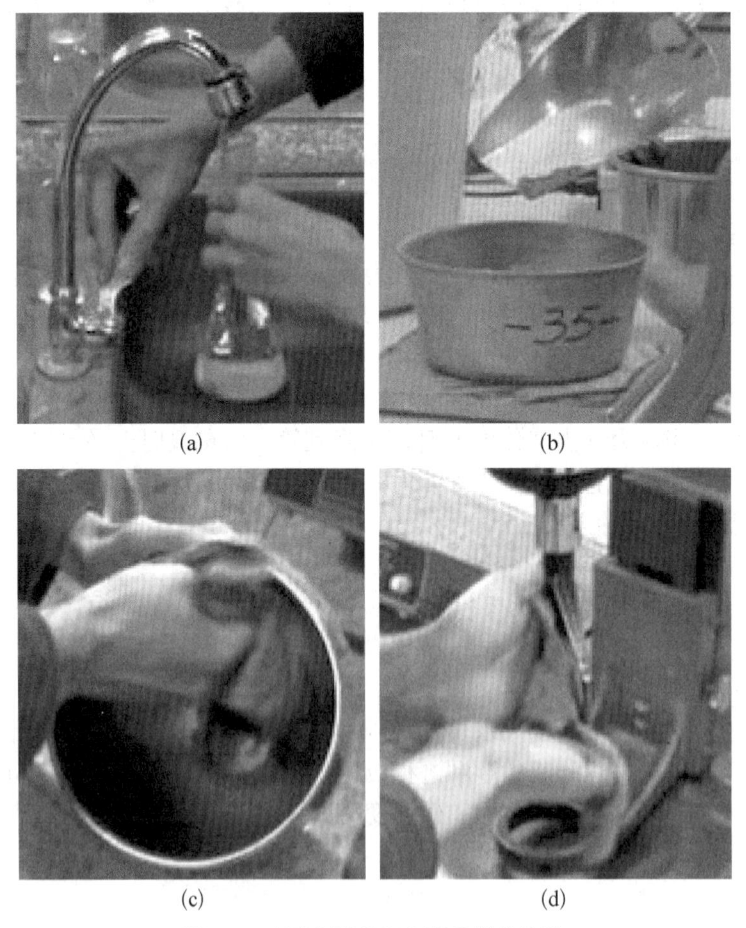

(a)　(b)　(c)　(d)

图 7.5　实验步骤①和步骤②操作照片

③ 将水加入搅拌锅中,再将水泥加入搅拌锅中,如图 7.6 所示。

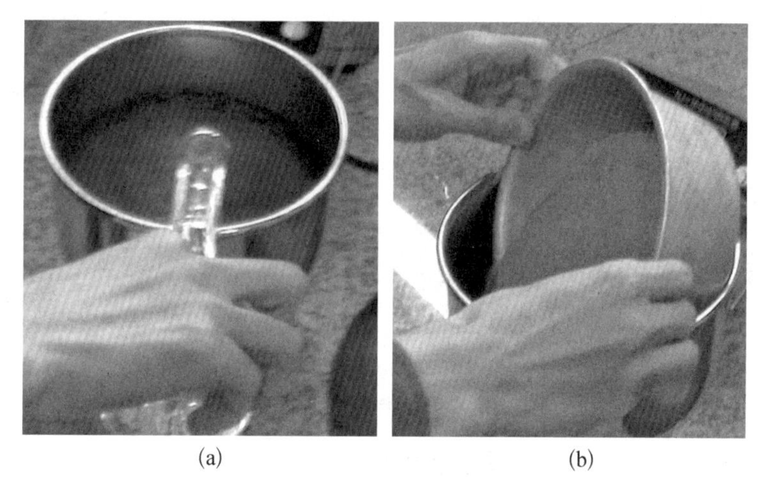

(a) (b)

图 7.6 实验步骤③操作照片

④ 按试验机操作要求搅拌,慢速搅拌 120 s,停拌 15 s,接着快速搅拌 120 s,如图 7.7 所示。

(a)

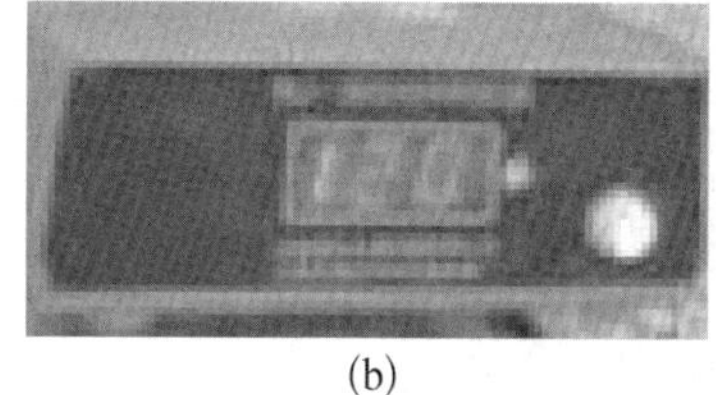

(b)

(c)

(d)

图 7.7 实验步骤④操作照片

⑤ 拌和完毕,将净浆装入锥模,用小刀插捣并轻轻振动数次,刮去多余净浆,抹平后迅速将其放到固定位置,将试锥锥尖恰好降至净浆表面时调整指针至标尺零点,突然放松,使试锥自由沉入净浆(图 7.8),试锥停止下沉或释放试锥 30 s 时,记录试锥下沉深度 S。

4. 数据处理

(1) 调整用水量方法结果的确定

调整用水量至试锥下沉深度 S 为(28±2)mm,此时的净浆为标准稠度净浆,拌和用水量即为水泥的标准稠度用水量。按下式计算标准稠度用水量 P(%),精确至 0.1%。

(2) 固定用水量方法结果的确定

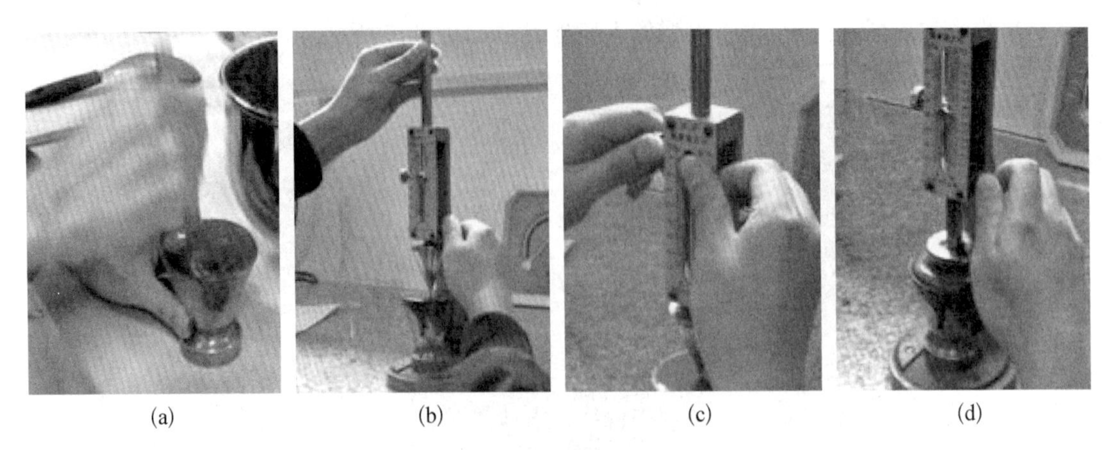

(a) (b) (c) (d)

图 7.8 实验步骤⑤操作照片

按下面的经验公式计算标准稠度用水量 P(%),精确至 0.1%。

$$P = 33.4 - 0.185S$$

7.1.4 水泥凝结时间试验

1. 仪器

凝结时间测定仪、试针和试模、净浆搅拌机等(图 7.9)。

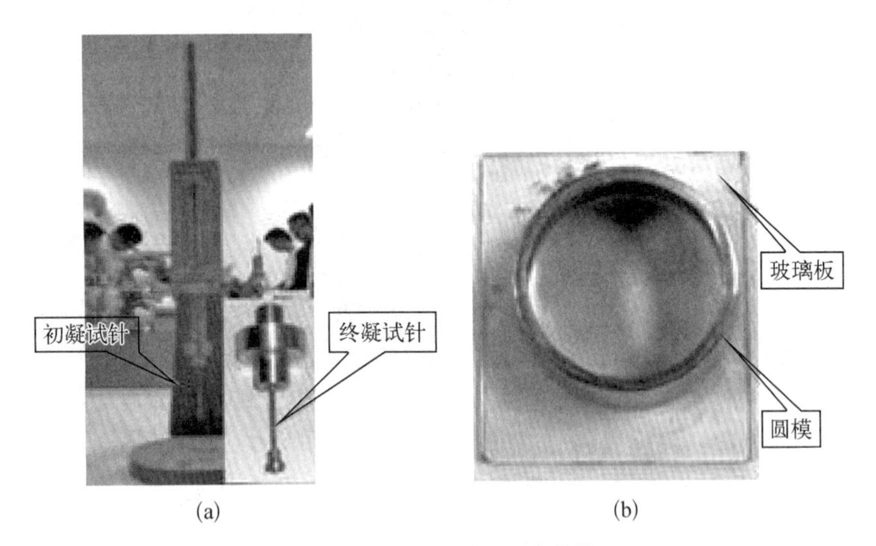

(a) (b)

图 7.9 水泥凝结时间测定仪器

2. 水泥凝结时间试验

按照标准稠度用水量拌制水泥净浆,装入圆模,振动数次后刮平,放入标准养护箱内,记录水泥全部加入水中的时间作为凝结时间的起始时间(图 7.10)。

3. 数据处理

(1) 初凝时间:自水泥全部加入水中时起,至初凝试针沉入净浆中距离底板(4±1)mm

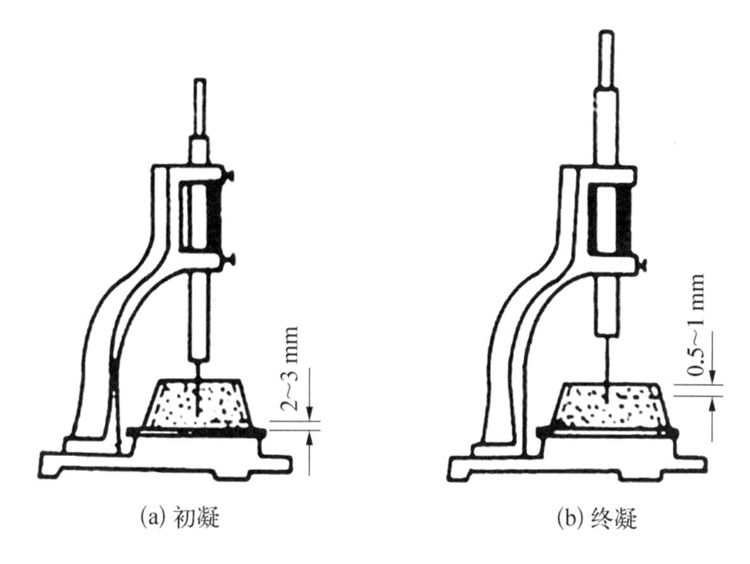

(a) 初凝　　(b) 终凝

图 7.10　水泥凝结时间的测定

时所需的时间。

(2) 终凝时间：自水泥全部加入水中时起，至终凝试针沉入净浆中 0.5 mm，且不留环型痕迹时所需的时间。

7.1.5　安定性试验

1. 实验目的与要求

通过试验获得水泥标准稠度用水量，为进行凝结时间和安定性试验作好准备；水泥凝结时间的控制是为了便于工程施工的顺利进行；水泥的细度影响水泥的凝结时间、强度和水化热，是水泥质量的主要控制指标；水泥胶砂强度的试验是为了确定水泥的强度等级或判定给定的水泥强度是否满足规定的等级要求。

2. 仪器

沸煮箱、雷氏夹、水泥净浆搅拌机、玻璃板等。

3. 实验操作

(1) 按照标准稠度用水量拌制水泥净浆

① 雷氏夹法制样：将净浆装入内表涂油的、置于玻璃板上的雷氏夹，用小刀插捣数次，抹平后盖上另一稍涂油的玻璃板，移至标准养护箱内养护(24±2)h。

② 试饼法制样：取净浆约 150 g，分成两等份，制成球形，放在涂过油的玻璃板上，轻振玻璃板，并小刀抹制成直径为 70～80 mm，中心厚约 10 mm 的试饼，放入标准养护箱内养护(24±2)h。

(2) 脱去玻璃板，取下试件

① 雷氏夹法：测量指针头端间的距离(A)，精确至 0.5 mm，将试件放入沸煮箱内。

② 试饼法：将试饼置于沸煮箱内的篦板上。

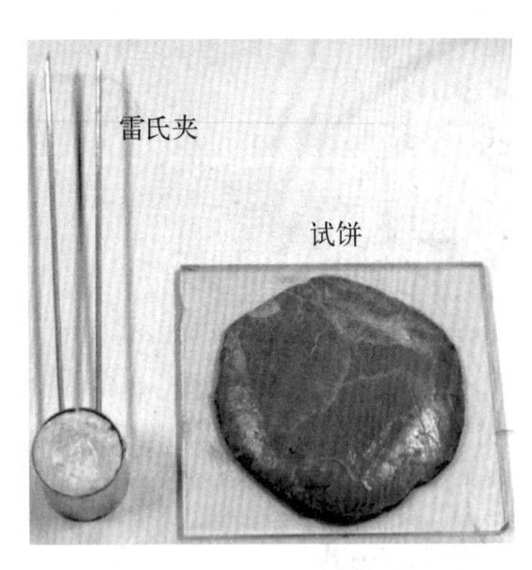

图 7.11　雷氏夹与试饼实物图

③ 恒沸(180±5)min,取出测量(检查)雷氏夹针头端间的距离(试饼),如图 7.11 所示。

4. 数据处理

(1) 雷氏夹法

测量水煮后指针头端间的距离(C),精确至 0.5 mm。当两个试件煮后增加距离($C-A$)的平均值不大于 5.0 mm 时,即安定性合格;反之不合格。两个平行试件的($C-A$)值相差不应超过 4 mm,否则需要重做。

(2) 试饼法

目测试饼,若未发现裂缝,再用钢直尺检查也没有弯曲时,则水泥安定性合格,反之为不合格。当两个试饼判别结果有矛盾时,为安定性不合格。

7.1.6　水泥胶砂强度成型,抗折、抗压强度试验

实验目的与要求

通过试验获得水泥标准稠度用水量,为进行凝结时间和安定性试验作好准备;水泥凝结时间的控制是为便于工程施工的顺利进行;水泥的细度影响水泥的凝结时间、强度和水化热,是水泥质量的主要控制指标;水泥胶砂强度的试验是为了确定水泥的强度等级或判定给定的水泥强度是否满足规定的等级要求。

1. 仪器

行星式水泥胶砂搅拌机、胶砂振实台、模套、试模(三联模,每联尺寸为 40 mm×40 mm×160 mm)、抗折试验机、抗压试验机、抗折与抗压夹具、刮平直尺等。

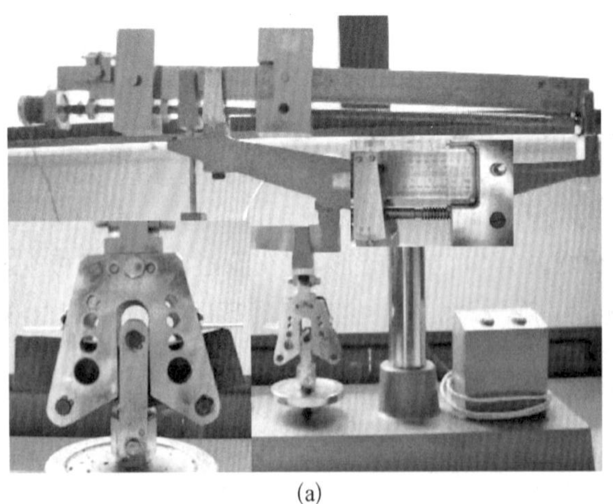

(a)

(b)

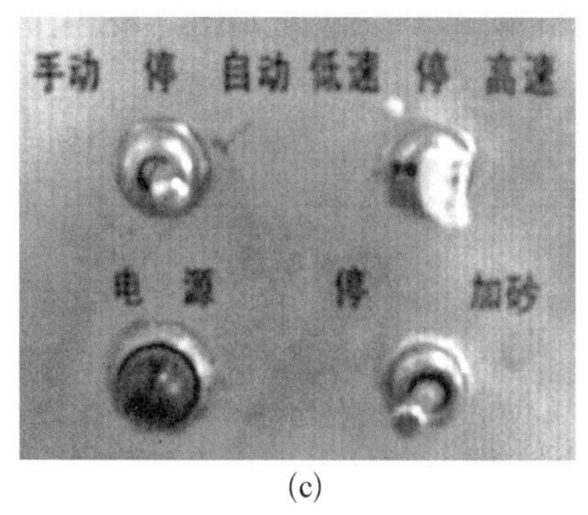

(c)

(d)

图 7.12

2. 实验操作

1）水泥胶砂试件成型

(1) 将试模内壁均匀刷一层薄机油。

(2) 称量水泥(450±2)g,水(225±1)mL,将一袋标准砂(1 350±5)g 加入漏斗。

图 7.13

(3) 把水加入锅里,再加入水泥,把锅固定后开机按照设定时间和方式搅拌(低速搅拌 30 s 后,在第二个 30 s 开始的同时均匀地将砂加入,高速搅拌 30 s;停拌 90 s,在第一个 15 s 内将叶片和锅壁上的胶砂刮入锅中间,再高速搅拌 60 s)。

(4) 将试模固定在振实台上,装第一层(约试模一半高度)时,用大拨料器垂直架在模套顶部沿每个模槽来回一次将料层拨平,振实 60 次。再装第二层胶砂,用小拨料器拨平,再振实 60 次。

(5) 取下试模,用一金属直尺以近 90°的角度以横向锯割动作将超过试模部分的胶砂刮去,并用直尺以近乎水平的角度将试体表面抹平。

图 7.14

图 7.15

(6) 在试模上作标记或加字条标明试件编号(班级和组号)和试件相对于振实台的位置。

(7) 试模水平放入养护室(箱),养护20~24 h后,取出脱模。脱模后放入(20±1)℃水槽中养护至规定龄期,如图 7.15 所示。

2) 水泥胶砂抗折、抗压强度

(1) 每龄期取 3 个试件,试验前须擦去试件表面水分和砂粒,清理夹具,使试件侧面与圆柱接触方向居中放于抗折夹具中。

(2) 根据强度调整横梁起翘角度,开机以(50±10) N/s 的速度加荷,直至试件折断,记录破坏荷载 (N)。

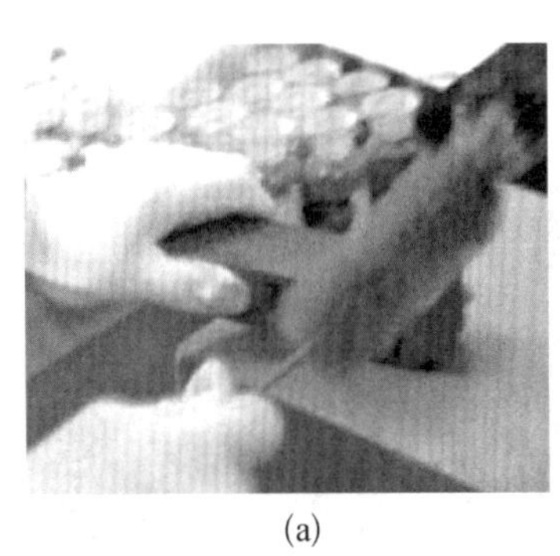

(a)

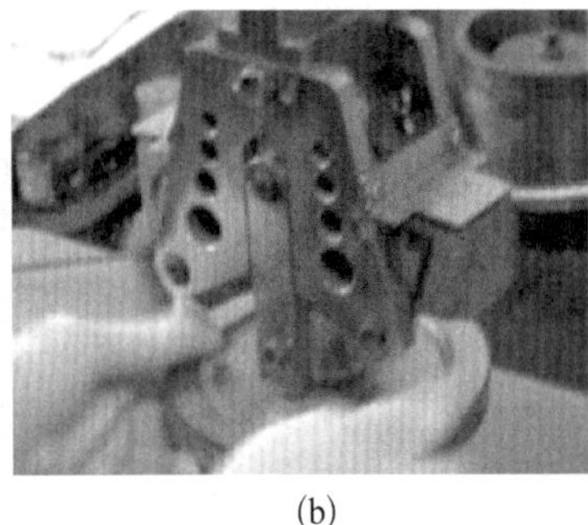

(b)

(c)

图 7.16

(3) 取抗折试验后的 6 个断块进行抗压试验,测定时采用夹具,试体受压面积为 40 mm×40 mm,试验前清除试体受压面与加压板间的砂粒或杂物,合理选用试验机量程;试验时,以试体的侧面为受压面。

(4) 开动试验机,以(2 400±200) N/s 的速度均匀地加荷至破坏。记录破坏荷载(N)。

(a)

(b)

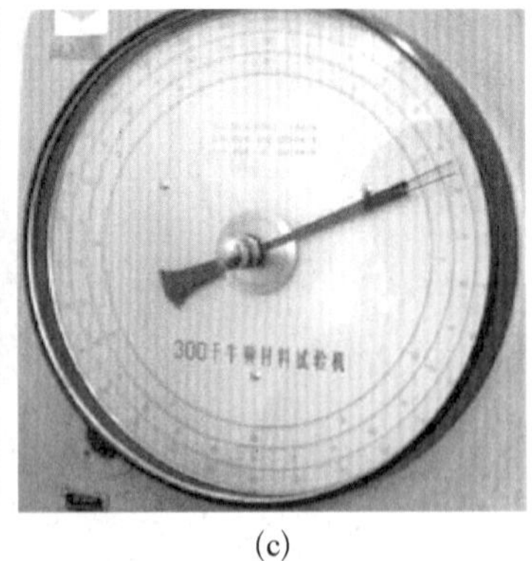

(c)

图 7.17

3. 计算

(1) 抗折强度

按式(7.3)计算抗折强度 R_f,精确至 0.1 MPa。

$$R_f = \frac{1.5F_f L}{b^3} \tag{7.3}$$

式中，L 为支撑圆柱中心距离(100 mm)；b、h 为试件断面的宽及高，均为 40 mm。

抗折强度结果取 3 个试件抗折强度的算术平均值，精确至 0.1 MPa；当 3 个强度值中有一个超过平均值的±10%时，应予以剔除，取其余两个的平均值；如有 2 个强度值超过平均值的 10%时，应重做试验。

(2) 抗压强度

抗压强度按式(7.4)计算 R_c，精确至 0.1 MPa。

$$R_c = \frac{F_c}{A} \tag{7.4}$$

式中，A 为受压面积，即 40 mm×40 mm，mm^2。

抗压强度结果取 6 个试件抗压强度的算术平均值，精确至 0.1 MPa；如 6 个测定值中有一个超出 6 个平均值的±10%，就应剔除这个结果，而以剩下 5 个的平均值作为结果；如果 5 个测定值中再有超过它们平均数±10%的，则此组结果作废。

7.2 水泥混凝土

7.2.1 影响水泥混凝土工作性的因素

影响水泥混凝土工作性的因素包括：

(1) 水泥浆的数量和稠度；

(2) 砂率；

(3) 时间和温度。

7.2.2 影响水泥混凝土强度的因素

(1) 组成材料和配合比：① 水泥的强度和水灰比；② 集料；③ 外加剂和掺合料；④ 浆集比。

(2) 养护条件的影响：① 养护温度和湿度；② 龄期。

(3) 试验条件的影响：① 试件的尺寸和形状；② 表面状况；③ 加荷速度。

7.2.3 水泥混凝土凝结时间测试

1. 目的与适用范围

本试验规定了测定混凝土拌和物凝结时间的方法，以控制现场施工流程。适用于各种水泥、外加剂以及不同混凝土配合比、不同气温环境下的混凝土拌和物。

2. 主要试验步骤注意

(1) 测定时，测针距试模边缘至少 25 mm，测针贯入砂浆各点间净距至少为所用测针直径的两倍。三个试模每次各测1～2点，取其算术平均值为该时间的贯入阻力值。

(2) 每个试样做贯入试验应不小于6次，最后一次的单位面积贯入阻力应不低于28 MPa。从加水拌和时算起，常温下普通混凝土3 h后开始测定，以后每次间隔为1 h；快硬混凝土或气温较高的情况下，则宜在2 h后开始测定，以后每隔0.5 h测一次；缓凝混凝土或低温情况下，可5 h后开始测定，以后每隔2 h测一次。

3. 试验结果计算

(1) 公式：$p = F/A$ (7.5)

式中，p为单位面积贯入阻力，MPa；F为测针灌入深度为25 mm时的贯入压力，N；A为贯入测针界面面积，mm^2。

(2) 凝结时间取平均值，初凝时间应不大于30 min，如三个数值中有一个数与平均值之差大于30，则取三个数的中值为结果；如果最大和最小值与平均值之差大于30 min，则试验重做。

(3) 以单位面积贯入阻力为纵坐标，测试时间为横坐标绘制单位面积贯入阻力与测试时间关系曲线。

(4) 经3.5 MPa及28 MPa画两条平行于横坐标的直线，则直线与曲线相交点的横坐标即为初凝和终凝时间。

7.2.4 水泥混凝土目标配合比设计步骤

1. 计算"初步配合比"

根据原始资料，按我国现行的配合比设计方法，计算初步配合比，即水泥∶水∶细集料∶粗集料$=m_{co}:m_{wo}:m_{so}:m_{go}$。

2. 提出"基准配合比"

根据初步配合比，采用施工实际材料，进行试拌，测定混凝土拌和物的工作性(坍落度或维勃稠度)，调整材料用量，提出一个满足工作性要求的"基准配合比"，即$m_{ca}:m_{wa}:m_{sa}:m_{ga}$。

3. 确定"试验室配合比"

以基准配合比为基础，增加和减少水灰比，拟定几组适合工作性要求的配合比，通过制备试块、测定强度，确定既符合强度和工作性要求，又较经济的试验室配合比，即$m_{cb}:m_{wb}:m_{sb}:m_{gb}$。

4. 换算"工地配合比"

根据工地现场材料的实际含水率，将试验室配合比换算为工地配合比，即$m_c:m_w:m_s:m_g$。或$1:\frac{m_w}{m_c}:\frac{m_s}{m_c}:\frac{m_g}{m_c}$。

7.2.5 水泥混凝土强度试验

1. 试验目的

通过混凝土抗压试验，确定混凝土强度等级，作为平定混凝土品质的重要指标。

2. 试验方法与步骤

(1) 将养护到指定龄期的混凝土试件取出，擦除边面水分。检查测量试件外观尺寸，看是否有几何形状变形。试件如有蜂窝缺陷，可以在试验前三天用水泥浆填补，但需在报告中加以说明。

（2）以成型时的侧面作为受压面，将混凝土至于压力机中心并使位置对中。施加荷载时，对于强度等级小于C30的混凝土，加载速度为0.3～0.5 MPa/s；强度等级≥C30，且<C60时，取0.5～0.8 MPa/s的加载速度；强度等级≥C60时，取0.8～1.0 MPa/s的加载速度。当试件接近破坏而开始迅速变形时，应停止调整试验机的油门，直到试件破坏，记录破坏时的极限荷载。

3. 试验结果计算

水泥混凝土抗压强度通过式(7.6)计算

$$f_{cu}=k\cdot(F_{max}/A_0) \tag{7.6}$$

式中，f_{cu}为水泥混凝土抗压强度，MPa；F_{max}为极限荷载，N；A_0为试件受压面积；k为尺寸换算系数。

7.2.6　坍落度试验

1. 试验目的

新拌混凝土的工作性是混凝土的一项重要指标，常用坍落度试验进行测定。坍落度试验适用于坍落度值大于10 mm、集料粒径不大于40 mm的混凝土。

2. 试验方法和步骤

（1）先用湿布抹湿坍落筒，铁锹，拌和板等用具。

（2）按配合比称量材料：先称取水泥和砂并倒在拌和板上搅拌均匀，再加入石子一起拌和。将料堆的中心扒开，倒入所需水的一半，仔细拌和均匀后，再倒入剩余的水，继续拌和至均匀，拌和时间为4～5 min。

（3）将漏斗放在坍落筒上，脚踩踏板，拌和物分三层注入筒内，每层装填的高度约占筒高的三分之一。每层用捣棒沿螺旋线由边缘至中心插捣25次，要求最底层插捣至底部，其他两层插捣至下层20～30 mm处。

（4）装填结束后，用镘刀刮去多余的拌和物，并抹平筒口，清除筒底周围的混凝土。随即提起坍落筒，操作过程在5～10 s内完成，且防止提筒时对装填的混凝土产生横向扭力作用。

（5）将坍落筒放在已坍落的拌和物一旁，筒顶平放一个朝向拌和物的直尺，用钢尺量出直尺底面到试样顶点的垂直距离，该距离定义为混凝土拌和物的坍落度值，以毫米为单位。结果精确至5 mm。以同一次拌和的混凝土测得的两次坍落度的平均值作为试验结果，如果两次结果相差20 mm以上则须做第三次，而第三次结果与前两次结果相差20 mm以上，则整个试验重做。

（6）通过采用侧向敲击，进一步观察混凝土坍落体的下沉变化。如混凝土拌和物在敲击下渐渐下沉，表示黏聚性较好；如拌和物突然折断坍落，或有石子离析现象，则表示黏聚性较差。

（7）另一方面查看拌和物均匀程度和水泥浆含钠状况，判断混凝土的保水性。如整个试验过程中有少量水泥浆从底部析出或从拌和物表面泌出，则表示混凝土拌和物的保水性良好；如果有较多的水泥浆从底部析出或从拌和物表面泌出，并引起拌和物的集料外露，则说明混凝土保水性不好。

第8章 石油沥青的技术性质及试验检测

8.1 概述

8.1.1 石油沥青的技术性质

1. 黏滞性(黏性)

(1) 概念：黏滞性反映石油沥青材料抵抗外力或自重作用下变形的能力。

(2) 评价指标：相对黏度和针入度。相对黏度越大或针入度越小，黏性越大。

(3) 测定方法：标准黏度计和针入度仪法。

(4) 影响因素

① 组成：地沥青质含量较高，油分含量较小但有少量树脂，则黏性大。

② 温度：在一定温度范围内，黏性随温度升高而降低，反之则随之增大。

(5) 沥青的针入度试验

针入度试验应在规定的荷载、时间和温度下进行，如图8.1所示。道路和建筑石油沥青的针入度等级如表8.1所示。

表8.1 针入度等级

道路石油沥青/(0.1 mm)	建筑石油沥青/(0.1 mm)
200～300	25～40
150～200	10～25
110～150	
80～100	
50～80	

2. 塑性和脆性

(1) 塑性

① 概念：塑性指石油沥青在外力作用时产生变形而不被破坏，除去外力后，则仍保持变形后的形状的性质，也反映了沥青的自愈合性能。

② 评价指标：延度(伸长度)，延度越大，塑性越好。

③ 测定方法：把沥青试样制成8字形标准试模(中间最小截面积1 cm^2)，在规定拉伸速度(5 cm/min)和规定温度(25℃、15℃、10℃)下拉断时的长度，即为延度，单位用厘米表示。

④ 影响因素：树脂含量较多、其他组分含量适当时，则塑性较大；温度升高，塑性增大；沥青膜层厚度越厚，则塑性愈大。

⑤ 延度试验，如图8.2所示。

(2) 脆性

沥青温度降低时会表现出明显的塑性下降，在较低温度下甚至表现为脆性。特别是在

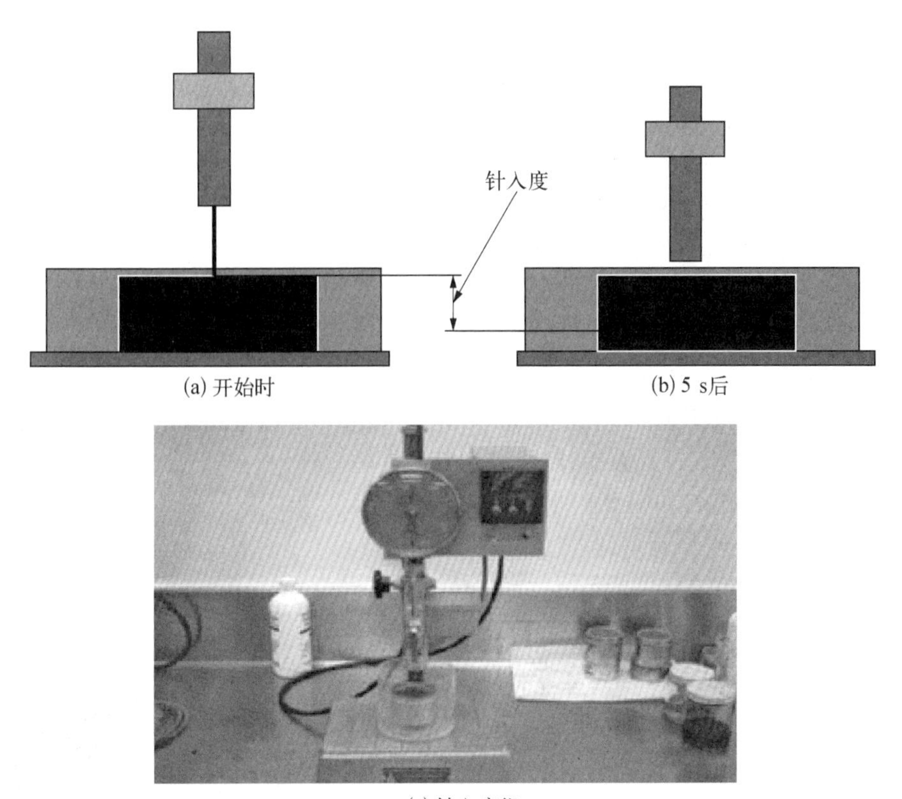

(c) 针入度仪

图 8.1　沥青的针入度试验

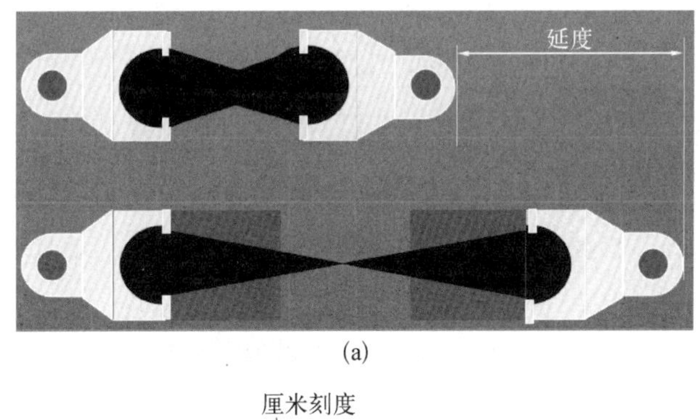

(a)

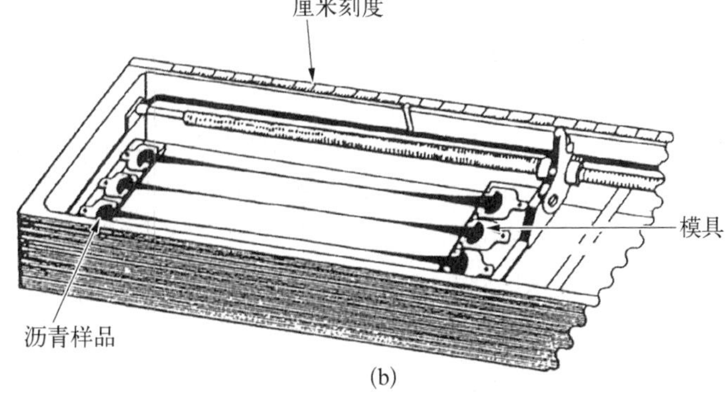

(b)

图 8.2　延度试验

冬季低温下，用于防水层或路面中的沥青由于温度降低时产生的体积收缩，很容易导致沥青材料的开裂。显然，低温脆性反映了沥青抗低温的能力。

低温脆性主要取决于沥青的组分，当树脂含量较多、树脂成分的低温柔性较好时，其抗低温能力就较强；当沥青中含有较多石蜡时，其抗低温能力就较差。

3. 温度稳定性(温度敏感性)

(1) 概念：温度稳定性是指石油沥青的黏性和塑性随温度升降而改变的程度。

(2) 评价指标：软化点，它是沥青材料由固态转变为黏流态时的温度。

(3) 测定方法：环球法。

(4) 影响因素

地沥青质含量高，软化点高，温度敏感性减小；沥青中蜡含量高，增大其温度敏感性；加入矿物粉末填料(滑石粉、石灰石粉等)可减小其温度敏感性。

(5) 沥青软化点测量，如图 8.3 所示。

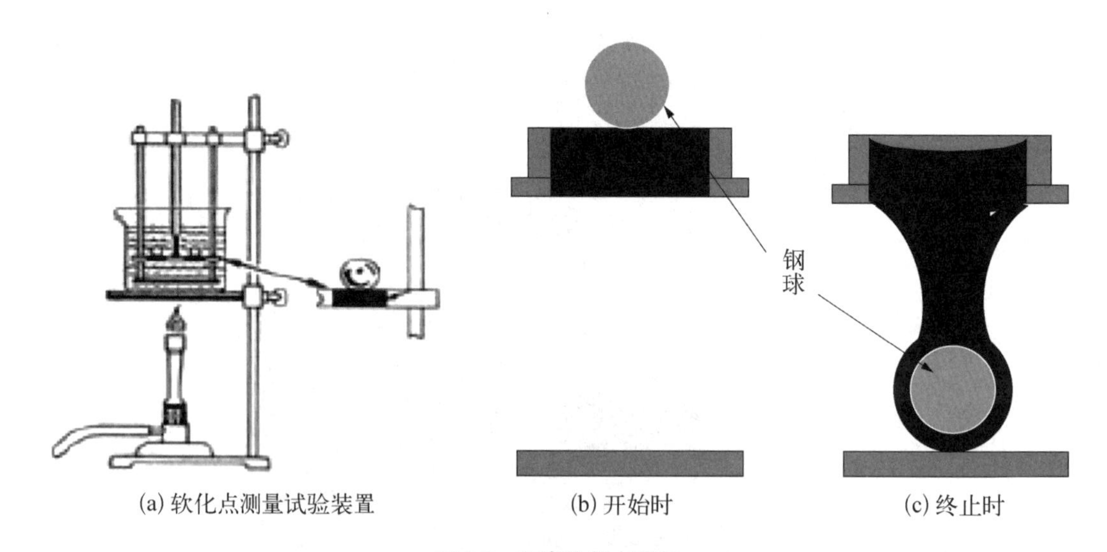

图 8.3　沥青软化点测量

此外，沥青的温度敏感性也可用沥青的针入度随温度的变化来评价。

4. 大气稳定性

(1) 概念：大气稳定性指石油沥青在热、光、氧和潮湿等因素长期作用下，抵抗老化使其性能稳定的程度。

(2) 老化现象：在上述因素的作用下，沥青各组分发生递变，油分和树脂含量逐渐减小，而地沥青质含量逐渐增多，流动性和塑性降低，硬脆性增大的过程。

(3) 评价指标：蒸发后的质量损失或蒸发后的针入度比，蒸发损失愈小或蒸发后针入度比愈大，则大气稳定性愈好，“老化”愈慢。

(4) 测定方法：测量在 160℃下蒸发 5 h 后，沥青的针入度与蒸发前针入度比值的百分数，即为蒸发后针入度比，蒸发试验装置如图 8.4 所示。

(5) 影响因素：石油沥青中油分含量高，则大气稳定性差。

外观

图 8.4　蒸发试验装置

8.1.2　沥青的三大技术指标

1. 试验目的与要求

通过针入度的测定确定石油沥青的稠度，划分沥青标号；通过延度试验获得沥青的塑性；通过软化点测试得到沥青的温度敏感性，为沥青的工程应用提供技术保证。

2. 实验仪器

沥青针入度仪、沥青延度仪、沥青软化点仪(环球法)等，如图 8.5 所示。

3. 实验步骤

(1) 针入度试验

① 加热沥青至流动，将其注入试样皿内，放置于 15～30℃的空气中冷却 1～1.5 h(小试样皿)或 1.5～2.0 h(大试样皿)。再将试样皿浸入(25±0.1)℃的水浴恒温(小皿恒温 1～1.5 h，大皿恒温 1.5～2.0 h)，水面高于试样表面 10 mm 以上；

② 用溶剂将标准针擦干净，然后将针插入连杆中固定；

③ 取出恒温的试样皿，置于水温为 25℃的平底保温皿中，试样以上的水层高度大于 10 mm，再将保温皿置于转盘上。

④ 调节针尖与试样表面恰好接触，移动齿杆与连杆顶端接触时，将度盘指标调至“0”。

⑤ 用手紧压按钮，同时开动秒表，使针自由针入试样，经 5 s，放开按钮使针停止下沉。

⑥ 移动滑杆，使其与连杆顶端接触，读出百分表“$A2$”，将“$A2$～$A1$”记录至 1/10 mm 即为本次试样的针入度；

⑦ 在试样的不同点重复试验 3 次，测点间及与金属皿边缘的距离不小于 10 mm；每次试验用溶剂将针尖端的沥青擦净。

(2) 延度试验

① 将隔离剂涂于金属板上及侧模的内侧面，然后将试模在金属垫板上卡紧；加热沥青至流动，将其从模一端至另一端往返注入，沥青略高出模具；使试件在常温中冷却 30～

(a) 沥青针入度仪

(b) 沥青软化点仪(环球法)

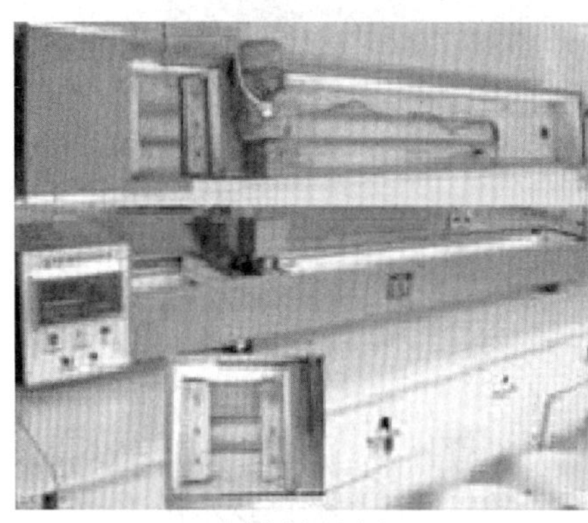

(c) 沥青延度仪

(d) 模具及配件

图 8.5 沥青的三大技术指标试验所需的仪具

40 min,将试件及模具置于温度为(25±0.5)℃的水浴 30 min,取出后用热刀将多余沥青刮去,至与模齐平;再将试件及模具放入水浴中恒温 85～95 min[图 8.6(a)]。

② 去除底板和侧模,将试件装在延度仪上。试件距水面和水底的距离不小于 2.5 cm。

③ 调整延度计水温至(25±0.5)℃,开机,观察沥青的延伸情况。

④ 试件拉断时,读取指针所指读数,即为试样的延度(mm)。

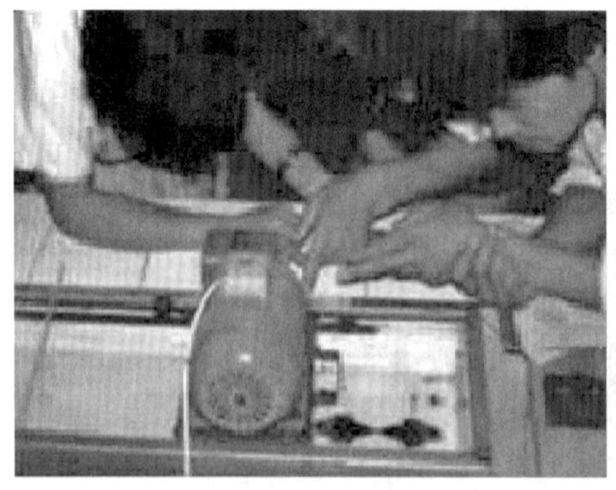

(a) 沥青延度试验

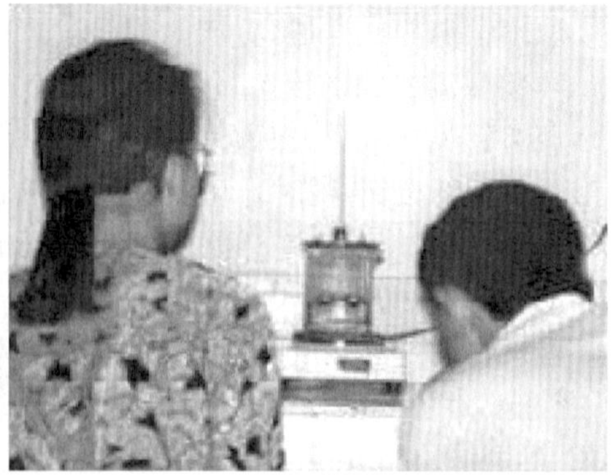

(b) 沥青软化点试验

图 8.6 沥青延度和软化点试验

（3）软化点试验

① 将沥青加热至流动，注入铜环内至略高出环面；在空气中冷却 30 min 后，用热刀刮去多余的沥青至环面齐平；将铜环安在环架中层板的圆孔内，与钢球一起放在水温为(5±0.5)℃的烧杯中，恒温 15 min；烧杯内重新注入新煮沸约 95℃的蒸馏水，使水面略低于连接杆上的深度标记[图 8.6(b)]。

② 放上钢球并套上定位器。调整水面至标记，插入温度计，使水银球与铜环下齐平。

③ 将烧杯移至软化点仪底座上，以(5±0.5)℃/min 的上升速度加热。

④ 试样软化下坠，当与下层底面接触时的温度，为试样的软化点，精确至 0.5℃。

4. 数据处理方法

（1）针入度

以 3 次试验结果的算术平均值为该沥青的针入度，取至整数。3 次试验所测得的针入度的最大值与最小值之差不应超过表 8.2 中的规定，否则应重测。

表 8.2　石油沥青针入度测定值的最大允许差值

针入度/(0.1 mm)	0～49	50～149	150～249	250～350
允许最大差值/mm	2	4	6	8

（2）延度值

取三个平行试样的测定结果的算术平均值作为该试样的延度值。如最大值或最小值有一个超过平均值的 5%，则去除该值取余下两个数的平均值；如两个值均超过平均值的 5%，则须重做。

（3）软化点

取两个平行试样测定结果的平均值为试验结果。两个数的差值不得大于 1℃。

8.1.3　试验规范

1. 试验规程(JTG E20—2011)

2011 年 9 月，交通运输部科学研究院修订并发布了《公路工程沥青及沥青混合料试验规程》(JTG E20—2011)，本规程自 2012 年 12 月 1 日起实施，对公路工程沥青及其混合料试验进行了进一步的规范和完善。

2. 沥青取样与试样准备(T 0601—2011)

1）沥青取样方法

（1）适用范围：本方法适用于生产厂、储存或交货验收地点为检查沥青产品质量而采集各种沥青材料的样品。

（2）取样数量：常规检验的取样如下所示，非常规取样应根据实际确定。

黏稠或固体沥青＞4.0 kg（原规程 1.5 kg）
液体沥青　　　＞1 L
沥青乳液　　　＞4 L

（3）取样仪具与材料

① 盛样器：根据沥青品种选择。

② 沥青取样器：金属制、带塞、塞上有金属长柄提手。

(4) 取样方法和步骤

① 取样器和盛样器应干净、干燥，应检查盖子是否配合严密。

② 仲裁样应采用未使用过的新容器存放，且由供需双方人员共同取样。

③ 取样后双方在密封条上签字盖章。

(5) 储油罐中取样

① 按液面上、中、下位置各取规定数量(液面高各为 1/3 等分处，但距罐底不得低于总液面高度的 1/6)，1～4 L 样品。

② 将取出的 3 个样品混合后取 4.0 kg 数量样品作为试样。

(6) 从槽车、罐车、沥青油布车中取样

① 旋开取样阀，待流出 4 kg 或 4 L 时取样。

② 仅有放料阀时，放出全部沥青的一半时取样。

③ 在装料或卸料过程取样，按时间间隔均匀取样，至少等 3 个规定数量混匀再取规定试样。

(7) 从沥青储存池中取样

分间隔每锅至少取 3 个样品，混匀后再取 4 kg 作为试样。

(8) 从沥青运输船取样

每个舱从不同的部位取 3 个样品，混匀后再取 4 kg 作为一个舱的沥青样品，供检验用。

(9) 从沥青桶中取样

当能确定是同一批生产的产品时，可随机取样。选取沥青样品桶数如表 8.3 所示。

表 8.3　选取沥青样品桶数

沥青桶总数/个	选取桶样/个	沥青桶总数/个	选取桶样/个
2～8	2	217～343	7
9～27	3	344～512	8
28～64	4	513～729	9
65～125	5	730～1 000	10
126～216	6	1 001～1 331	11

2) 沥青试样制备方法(T 0602—2011)

(1) 目的与适用范围

① 目的：为沥青的各项试验做准备，以确保试验结果的代表性和准确性。

② 适用范围：道路石油沥青、煤沥青、聚合物改性沥青等需要加热后才能进行试验的沥青样品；也适用于对乳化沥青试样进行各项性能测试，每个样品的数量根据需要确定，常规测定不宜少于 600 g。

(2) 试验仪具

① 烘箱：200℃(有温度控制调节器)。

② 加热炉具：电炉、燃气炉。

③ 石棉垫：不小于炉具加热面积。

④ 滤筛：筛孔孔径为 0.6 mm。

⑤ 烧杯：1 000 mL。

⑥ 乳化剂。

⑦ 天平：称量2000 g感量不大于1 g，称量100 g感量不大于0.1 g。

⑧ 温度计：0～100℃及200℃分度0.1℃。

⑨ 沥青盛样器皿。

⑩ 其他仪具：玻璃棒、溶剂、洗油、棉纱等。

(3) 方法与步骤

① 放入烘箱(温度为软化点以上90℃，通常为135℃)脱水，过0.6 mm筛。

② 当石油沥青试样中含有水分时，将盛样器皿放在可控温的砂浴、油浴、电热套上加热脱水；不得已采用电炉、燃气炉加热脱水时，必须加放石棉垫。

③ 在沥青温度不超过100℃的条件下，仔细脱水至无泡沫为止，最后的加热温度不宜超过软化点以上100℃(石油沥青)或50℃(煤沥青)。

3. 沥青的标号划分

1) 道路石油沥青

(1) 道路石油沥青的适用范围应符合表8.4的规定。

表8.4　路道石油沥青的适用范围

沥青等级	适　用　范　围
A级	各个等级的道路，适用于任何场合和层次
B级	① 快速路、主干道沥青下面层及以下的层次，次干道及其他等级道路的各个层次； ② 用作改性沥青、乳化沥青、改性乳化沥青、稀释沥青的基质沥青。
C级	市政道路不使用

(2) 道路石油沥青的标号为：160号，130号，110号，90号，70号，50号，30号。

(3) 当缺乏所需标号的沥青时可参配，但质量应符合表8.5的要求。

(4) 道路石油沥青的主要技术要求如表8.5所示。

表8.5　道路石油沥青的主要技术要求

试　验　项　目		70(A)	50(A)
针入度(25℃，100 g，5 s)/(0.1 mm)		60～80	40～60
延度(5 cm/min，15℃)/cm		≥100	≥100
软化点(环球法)/℃		>46	>49
闪点(COC)/℃		≥260	
含蜡量(蒸馏法)/%		<2.0	
密度(15℃)/(g/cm^3)		实测记录	
溶解度(三氯乙烯)/%		≥99.5	
薄膜加热试验(163℃，5 h)	质量损失/%	<0.8	<0.8
	针入度比/%	≥61	≥63
	延度(10℃)/cm	≥6	≥4

2）道路用乳化石油沥青

道路用乳化石油沥青标号为：

PC-1,PC-2,PC-3,BC-1,BC-2,BC-3,PA-1,PA-2,PA-3,BA-1,BA-2,BA-3。其中,PC为洒布型阳离子;BC为洒布型阴离子;PA为拌和型阳离子;BA为拌和型阴离子。道路用乳化石油沥青的技术要求见表8.6。

表8.6 道路用乳化石油沥青的技术要求

项目		PC-3,PA-3	PC-2,PA-2
		黏层用	透层用
筛上剩余量	不大于/%	0.1	0.1
电荷		阳离子带正电(+) 阴离子带负电(-)	阳离子带正电(+) 阴离子带负电(-)
破乳速度试验		快裂	慢裂
黏度	沥青标准黏度计 C25,3(s)	8~20	8~20
	恩格拉度 E25	1~6	1~6
蒸发残留物含量	不小于/%	50	50
蒸发残留物性质	针入度(100 g, 25℃, 5 s)/(0.1 mm)	45~150	50~300
	残留延度比(25℃)不小于/%	40	40
	溶解度(三氯乙烯)不小于/%	97.5	97.5
贮存稳定性	5 d不大于/%	5	5
	1 d不大于/%	1	1
与矿料的黏附性	裹覆面积不小于	2/3	2/3 日
低温贮存稳定度(-5℃)		无粗颗粒或结块	无粗颗粒或结块

黏层用改性乳化沥青,一般采用SBR胶乳进行改性,应符合表8.7的技术要求。

表8.7 黏层用改性乳化沥青技术要求

指标		要求	试验方法
1.18 mm筛上剩余量/%		<0.3	JTG E20—2011
贮存稳定性(5 d,CH5)/%		<5	
黏度(沥青标准黏度计 C25,3)/s		≥16	
蒸发残留含量/%		≥55	
蒸发	针入度(100 g, 25℃, 5 s)/(0.1 mm)	40~100	
残留	延度(15℃)/cm	> 50	
物理性质	延度(5℃)/cm	> 10	
	软化点 TR&B/℃	> 50	

3）道路用液体石油沥青

表 8.8

快　凝	中　凝	慢　凝
AL-(R)1～2	AL-(M)1～6	AL-(S)1～6

液体石油沥青技术指标要求见表 8.9。

表 8.9　液体石油沥青技术指标要求

试　验　项　目	慢裂 AL(S)-3	试 验 方 法
黏度 C60,5/s	16～25	T 0621—1993
蒸馏体积,360℃前/%	<25	T 0632—1993
蒸馏后残留物,浮漂度,5℃/s	<30	T 0631—1993
闪点,TOC 法/℃	>100	T 0633—1993
含水率(不大于)/%	2	T 0612—1993

4）道路用煤沥青

4. 沥青的试验

1）针入度

本方法适用于测定道路石油沥青、改性沥青以及液体石油沥青、乳化沥青蒸发后残留物的针入度；本方法测定聚合物改性沥青的改性效果时，仅适用于融混均匀样品；针入度指数 *PI* 用于描述沥青的温度敏感性，宜用 15℃、25℃、30℃ 3 个温度条件测定；然后按规定的方法计算得到，若 30℃时的针入度值过大，可采用 5℃代替。当量软化点 T_{800} 是相当于沥青针入度为 800(0.1 mm)时的温度，用以评价沥青的高温稳定性；当量脆点 $T_{1.2}$ 是相当于沥青针入度为 1.2(0.1 mm)时的温度，用以评价沥青的低温抗裂性。

(1) 针入度试验的三次关键性条件

① 温度(25℃)；② 时间(5 s)；③ 荷重(100 g)。

(2) 试验精密度或允许差

针入度为 0～49(0.1 mm)，允许差值为 2(0.1 mm)；

针入度为 50～149(0.1 mm)，允许差值为 4(0.1 mm)。

(3) 试验仪具

① 针入度仪：为提高测试精度，针入度试验宜采用能够自动计时的针入度仪进行测定，要求针和针连杆必须在明显的摩擦下垂直运动，针的贯入深度必须准确至 0.1 mm。

② 标准针：由硬化回火的不锈钢制成，洛氏硬度 *HRC* 为 54～60，表面粗糙度 *Ra* 为 0.2～0.3 μm，针及针杆的质量为(2.5±0.05) g，针杆应打印号码标志。每根针必须附有计量部门的检验单，并定期进行检验。

(4) 注意事项

① 将试样注入盛样器皿中，试样高度应超过预计针入度值 10 mm，并盖上盛样皿，以防落入灰尘。盛有试样的盛样皿在 15～30℃室温中冷却不少于 1.5 h(小盛样皿)、2 h(大盛样

皿)或3 h(特殊盛样皿)后,应移入保持规定试验温度±0.1℃的恒温水槽中,并应保温不少于1.5 h(小盛样皿)、2 h(大试样皿)或2.5 h(特殊盛样皿)。

② 同一试样平行试验至少3次,各测试点之间及盛样皿边缘的距离不应小于10 mm。

③ 测定针入度大于200的沥青试样时,至少用3支标准针,每次试验后将针留在试样中,直至3次平行试验完成后,才能将标准针取出。

④ 测定针入度指数PI时,按同样的方法在15℃、25℃、30℃(或5℃)3个或3个以上(必要增加10℃、20℃等)温度条件下分别测定沥青的针入度,但用于仲裁试验的温度条件应为5个。

2) 软化点

环与球软化点法适用于测定道路石油沥青、煤沥青的软化点,也适用于测定液体石油沥青经蒸馏或乳化沥青破乳蒸发后残留物的软化点。

(1) 试验步骤

① 当沥青的软化点为80℃以下时,应将装有试样的试样环连同试样底样置于装有(5±0.5)℃水的恒温水槽中至少15 min。用新煮沸冷却至5℃的蒸馏水在3 min以内维持每分钟上升(5±0.5)℃的速度测定软化点。

② 当沥青的软化点为80℃以上时,应将装有试样的试样环连同试样底样置于装有(32±1)℃水的恒温水槽中至少15 min。用(32±1)℃甘油以每分钟上升(5±0.5)℃的速度调节温度,测定软化点。

(2) 试验精密度或允许差

① 软化点小于80℃时,允许差值为1℃,准确度为0.5℃;

② 软化点大于80℃时,允许差值为2℃,准确度为0.5℃。

3) 延度试验

本方法适用于测定道路石油沥青、液体沥青蒸发残留物和乳化沥青蒸发残留物等材料的延度。通常采用的试验温度为25℃、15℃、10℃或5℃。

试验步骤

① 试件在室温下冷却不少于1.5 h,然后用热刮刀刮除高出试模的沥青,使沥青面与试模面齐平。沥青的刮法应自试模的中间刮向两端,且表面应刮得平滑。将试模连同底板再放入规定试验温度的水槽中保温1.5 h。

② 检查延度仪延伸速度是否符合规定要求,然后移动滑板使其指针正对标尺的零点。将延度仪注水,并保温达到试验温度±0.1℃。

③ 拉伸延度为(5±0.25) cm/min,当低温时为(1±0.05) cm/min;试验结果小于100 cm时,允许差值为平均值的20%。

④ 取3个测定结果的平均值的整数作为延度试验结果。

4) 密度与相对密度

本方法为沥青混合料配合比设计和沥青原材料质量与体积之间换算提供必要的参数;测定沥青密度的标准温度为15℃;不能采用温度修正方法,即取消原规程中沥青与水的相对密度(25℃/25℃)=沥青的密度(15℃)×0.996。

(1) 试验仪具

① 比重瓶:比重瓶的容积为20~30 mL,质量不超过40 g。

② 温度计：量程为0～50℃，分度值为0.1℃。

(2) 注意事项

① 使恒温水槽及烧杯中的蒸馏水达到规定的试验温度±0.1℃。

② 沥青密度试验结果准确至3位小数，对石油沥青及液体沥青重复性试验的允许差为0.003 g/cm^3；对固体沥青重复性试验的允许差为0.01 g/cm^3。

(3) 比重瓶水值的测定步骤

① 将比重瓶及瓶塞放入恒温水槽中的烧杯里，烧杯底浸没水中的深度应不少于100 mm，烧杯口露出水面，并用夹具将其固牢。

② 待烧杯中水温再次达到规定温度并保温30 min后，将瓶塞塞入瓶口，使多余的水由瓶塞上的毛细孔中挤出。此时比重瓶内不得有气泡。

③ 将烧杯从水槽中取出，再从烧杯中取出比重瓶，立即用干净软布将瓶塞顶部探试一次，再迅速擦干比重瓶外面的水分，称其质量，准确至1 mg。瓶塞顶部只能擦拭一次，即使由于膨胀瓶塞上有小水滴也不能再擦拭。

注：比重瓶的水值应经常校正，一般每年至少进行一次。

5) 闪点与燃点(克利夫兰开口杯法)

本方法适用于克利夫兰开口杯(简称COC)测定黏稠石油沥青、聚合物改性沥青及闪点在79℃以上的液体石油沥青的闪点和燃点，以评定施工的安全性。燃点是施工安全的一项参数性指标。温度计量程为0～360℃，分度值为2℃。

试验步骤：

① 开始加热试样，升温速度迅速地达到14～17℃/min。

② 继续加热，保持试样升温速度为(5.5±0.5)℃/min，并按上述操作要求用点火器点火试验。

③ 预期闪点前28℃能使升温速度控制在(5.5±0.5)℃/min；试样温度达到预期闪点前28℃时开始，每隔2℃将点火器的试焰沿试验杯口中心以150 mm半径作弧水平扫过1次；当试样液面上最初出现一瞬即灭的蓝色火焰时，立即从温度计上读记温度，作为试验的闪点；当试样接触火焰立即着火，并能继续燃烧不小于5 s时，停止加热，并读记温度计上的温度，即为燃点。

精密度或允许差：闪点，8℃；燃点，8℃。

6) 溶解度

本方法适用于测定石油沥青、液体石油沥青或乳化沥青蒸发后残留物的溶解度；溶剂为三氯乙烯(化学纯)。

同一试样至少平行试验2次，取其平均值作为试验结果，当2次试验结果之差大于0.1%时，对于溶解度大于99%的试验结果，准确至0.01%；对于小于或等于99%的试验结果，准确至0.1%。

7) 蜡含量(蒸馏法)

本方法适用于裂解蒸馏法测定道路石油沥青的蜡含量；蜡的存在对石油沥青的路用性质造成极为不利的影响，确切掌握沥青中的蜡含量对了解沥青品质非常重要。

(1) 沥青含蜡量的试验过程

① 裂解分馏；

② 脱蜡；

③ 回收蜡。

(2) 试验仪具

① 自动制冷装置：冷浴槽可容纳3套蜡冷却过滤装置，冷却温度能达到−30℃，并且能控制在(−30±0.1)℃。冷却液介质可采用工业酒精或乙二醇的水溶液等。

② 立式可调高温炉：炉温为(550±10)℃。

③ 温度计：量程为(−30±60)℃，分度值为0.5℃。

(3) 试验步骤

① 将高温炉预加热并控制炉内恒温(550±10)℃。

② 向蒸馏烧瓶中装入沥青试样，质量为(50±1) g，准确至0.1 g。

③ 设定制冷温度，使其冷浴温度保持在(−20±0.5)℃。把温度计浸没在冷浴150 mm深处。

石油沥青中的蜡含量测定是个比较复杂的问题，它是以蒸馏法馏出油分后，使蜡在规定的溶剂及低温下结晶析出，蜡含量以质量百分率表示。

8) 老化试验

测定沥青的质量变化、针入度比、延度、软化点等性质的变化，以评定沥青的老化性能。

(1) 沥青蒸发损失试验

试验条件：温度为163℃；总时间不小于5 h，不超过5.25 h，适用于B级(中、轻交通)道路石油沥青。

(2) 薄膜加热试验(标准法)

试验条件：温度为(163±0.1)℃；总时间不小于5 h，不超过5.25 h；适用于A级(重交通)道路石油沥青。

(3) 旋转薄膜加热试验

试验条件：温度(163±0.5)℃；总时间为75 min，若10 min内达不到试验温度，试验终止；适用于A级(重交通)道路石油沥青。

9) 其他性能

(1) 沥青运动黏度试验(毛细管法)(T 0619—2011)

本方法采用毛细管黏度计测定黏稠石油沥青、液体石油沥青及其蒸馏后残留物的运动黏度试验温度为135℃(黏稠石油沥青)及60℃(液体石油沥青)。

(2) 沥青动力黏度试验(T 0620—2000)

本方法适用于采用真空减压毛细管黏度计测定黏稠石油沥青的动力黏度，非经注明，试验温度为60℃，真空度为40 kPa。

(3) 沥青标准黏度试验(T 0621—1993)

本方法适用于采用道路沥青标准黏度计测定液体石油沥青、煤沥青、乳化沥青等材料流动状态时的黏度。应注明温度及流孔孔径，以 $C t.d$ 表示(t 为试验温度，℃；d 为孔径，mm)。

(4) 沥青赛波特黏度试验(赛波特重质油黏度计法)(T 0623—1993)

本方法采用赛波特重质油黏度计测定较高温度时的黏稠石油沥青、乳化沥青、液体石油沥青等的条件黏度，并用于确定沥青的施工温度。通常情况下，黏稠石油沥青的测定温度为120～180℃，乳化沥青及液体石油沥青的标准试验温度为25℃及50℃。

(5) 沥青旋转黏度试验(布洛克菲尔德黏度计法)(T 0625—2011)

本方法测定的不同温度的黏度曲线,用于确定各种沥青混合料的拌和温度和压实温度。

(6) 乳化沥青筛上剩余量试验(T 0652—1993)

本方法适用于测定各类乳化沥青筛上剩余物含量,评定沥青乳液的质量。

滤筛筛孔为 1.18 mm。

(7) 乳化沥青微粒离子电荷试验(T 0653—1993)

本方法适用于测定各类乳化沥青微粒离子的电荷性质,即阳、阴离子的类型。

(8) 乳化沥青储存稳定性试验(T 0655—1993)

本方法适用于测定各类乳化沥青的储存稳定性。非经注明,乳化的储存温度为乳液制造时的室温,储存时间为 5 d,根据需要也可以为 1 d。

5. 改性沥青的技术性能、试验及标号划分

1) 概念

基质沥青加入改性剂,用于改善结合料性能。

改性剂:在沥青或沥青混合料中加入天然或人工的有机或无机材料,可熔融、分散在沥青中,用以改善和提高沥青路面性能的材料。

2) 改性剂分类

(1) 无机:抗剥落剂、抗老化剂、矿物添加剂(如硫黄、炭黑、石棉)。

(2) 有机:苯乙烯-丁二烯-苯乙烯嵌段共聚物(SBS)——热塑性弹性体类(Ⅰ)、丁苯橡胶(SBR)——橡胶类(Ⅱ)、聚乙烯(PE)、乙烯-醋酸乙烯共聚物(EVA)——热塑性树脂类(Ⅲ)。

3) 改性沥青的目的

(1) 防止和减轻沥青路面出现早期损坏。

(2) 提高路面的适用性能,减少维护费用。

(3) 减少维修养护对交通的影响,延长使用寿命。

4) 技术性能与试验

(1) 针入度、针入度指数、延度、软化点、运动黏度、闪点。

(2) 溶解度、离析,软化点差、弹性恢复、黏韧性、韧性。

(3) 旋转薄膜烘箱加热(简称 RTFOT)后残留物。

(4) 质量损失(%)、针入度比、延度。

(5) 黏温曲线:普通沥青结合料的施工温度宜通过在 135℃及 175℃条件下测定的黏度—温度曲线按表 8.10 的规定确定。

在黏温曲线上,黏度为(0.17±0.02) Pa・s 时的温度为拌和温度范围,黏度为(0.28±0.03) Pa・s 时的温度范围为压实成型温度。

表 8.10　沥青混合料拌和及成型的适宜温度相应的黏度

黏　度	适宜于拌和的沥青结合料黏度	适宜于成型的沥青结合料黏度	测 定 方 法
表观黏度	(0.17±0.02)Pa・s	(0.28±0.03)Pa・s	T 0625—2011
运动黏度	(170±20)mm^2/s	(280±30)mm^2/s	T 0619—2011
赛波特黏度	(85±10)s	(140±15)s	T 0623—1993

缺乏黏温曲线数据时,沥青混合料拌制工艺及拌和温度应符合表 8.11 的要求。

表 8.11　沥青混合料拌制工艺及拌和温度要求

项　　目	热拌沥青混合料(普通石油沥青)		改性沥青混合料		
集料加热温度	165～180℃		180～200℃		
拌和阶段	加集料和结合料	加矿粉后	加集料和纤维	加结合料	加矿粉后
拌和时间/s	15	20	15	15	20
拌和温度/℃	150～160		165～175		
出料温度/℃	150～160		160～175		
沥青加热温度/℃	150～160		160～175		
试件制作温度/℃	145～155		160～175		

注：SBS 改性沥青加热温度为 170～175℃,SBR 改性沥青加热温度为 160～165℃。

按本规程测定沥青的黏度,绘制黏温曲线。按表 8.10 的要求确定适合沥青混合料拌和及压实的等黏温度。

当缺乏沥青黏度测定条件时,试件的拌和与压实温度可按表 8.11 选用,并根据沥青品种和标号作适当调整。针入度小、稠度大的沥青取高限;针入度大、稠度小的沥青取低限;一般取中值。

对改性沥青,应根据实践经验,改性剂的品种和用量,适当提高混合料的拌和与压实温度;对大部聚合物改性沥青,通常在普通沥青的基础上提高 10～20℃;掺加纤维时,尚需再提高 10℃左右。

5）标号划分

根据改性剂划分为三类

(1) SBS(Ⅰ)：Ⅰ-A；Ⅰ-B；Ⅰ-C；Ⅰ-D。

(2) SBR(Ⅱ)：Ⅱ-A；Ⅱ-B；Ⅱ-C。

(3) EVA,PE(Ⅲ)：Ⅲ-A；Ⅲ-B；Ⅲ-C；Ⅲ-D。

6）改性沥青使用注意事项

(1) 基质沥青应与改性剂有良好的配伍性。

(2) 天然沥青与石油沥青混合使用,或与其他改性沥青混融后使用。

(3) 用作改性剂的 SBS 胶乳中的固体物含量≥45%。

(4) 改性沥青的剂量以改性剂占改性沥青总量的百分数计算。

(5) 改性沥青的加工温度不宜超过 180℃。

(6) 现场制造的改性沥青宜随配随用,需短时间保存。

7）改性沥青的质量要求

聚合物 SBS 改性沥青技术要求如表 8.12 所示。

表 8.12　SBS 改性沥青技术要求

技　术　指　标		SBS 改性剂(Ⅰ-D)
针入度(25℃,100 g,5 s)/(0.1 mm)	最小	30～60
针入度指数 *PI*	最小	0

续　表

技　术　指　标			SBS改性剂(I-D)
延度 5℃，5 cm/min/cm		最小	20
软化点 TR&B/℃		最小	60
运动黏度(135℃)/(Pa・s)		最大	3
闪点/℃		最小	230
溶解度/%		最小	99.5
离析，软化点差/℃		最大	2.0
弹性恢复(25℃)/%		最小	75
RTFOT后残留物	质量损失/%	最大	±1.0
	针入度比(25℃)/%	最小	65
	延度(5℃)/cm	最小	15

8）聚合物改性沥青离析试验(T 0661—2011)

试验用标准筛：0.3 mm。

烘箱：能保温(163±5)℃或(135±5)℃。

将改性沥青用0.3 mm筛过筛，然后加热至能充分浇灌，稍加搅拌并徐徐注入竖立的盛样管中，数量约为50 g。

9）沥青弹性恢复试验(T 0662—2000)

本试验适用于评价热塑性橡胶聚合物改性沥青的弹性恢复性能，即用延度试验仪拉长一定长度后的可恢复变形的百分率。非经注明，试验温度为25℃，拉伸速率为(5±0.25) cm/min。

10）沥青抗剥落剂性能评价试验(T 0663—2000)

本方法适用于评价沥青在掺加抗剥落剂后与集料的黏附性及沥青混合料的水稳定性。

8.2　集料的技术性能

8.2.1　概述

沥青混合料的集料可分为粗集料和细集料，是在混合料中起骨架和填充作用的粒料。在沥青混合料中，粗集料和细集料是以2.36 mm筛孔为界定。SMA-13(细粒式沥青混凝土)以上的混合料以4.75 mm以上的颗料作为粗集料。

1. 集料的特性

(1) 资源特性：反映材料来源，包括密度、压碎值、磨光值、磨耗值。

(2) 加工特性：反映加工水平，包括级配组成、针片状颗粒、破碎砾石、菱角性、含泥量、砂当量、亚甲蓝值、细粉含量。

2. 岩石矿物成分

(1) 二氧化硅(SiO_2)：酸性>66%，碱性<55%，中性55%～66%。

(2) 常用的岩石有：花岗岩、辉绿岩、玄武岩、安山岩、石灰岩。

花岗岩：酸性岩石，与沥青黏附性差、强度高、组织均匀较密、密度平均。

辉绿岩：碱性岩石，是修建沥青路面的优良材料。

玄武岩：碱性岩石，是拌制沥青混合料的理想材料，物理性能与辉绿岩相似。

安山岩：中性岩石。

石灰岩：是典型的碱性岩石与沥青有很好的黏附性能。

8.2.2 粗集料

1. 筛分级配

集料的最大粒径有两个定义，一是指 100%通过的最小的标准筛筛孔尺寸；二是指保留在最大尺寸的标准筛上的颗粒含量不超过 10%的标准筛尺寸。

检测方法及目的：采用水筛法检测，目的是使 0.075 mm 筛的通过率更加准确，使级配更加准确。

2. 压碎值

测定粗集料抵抗压碎的能力，间接评价其相应的承载能力和强度，水泥砼和沥青混合料的压碎值测定方法有所不同。

表 8.13 混凝土集料和沥青混凝土集料对比

	试样规格/mm	荷载/kN	加荷时间/min	稳压时间/s	筛孔/mm	平行试验/次
混凝土集料	10～20	200	3～5	5	2(圆)	2
沥青混凝土集料	9.5～13.2	400	10	5	2.36	3

另外压碎值试筒规格不同，确定试样数量的方法也不同，混凝土集料分两层，用颠击法密实，试样总厚度为 10 cm，沥青混凝土集料用量筒确定试样总量，分三层，用插捣法密实。

3. 磨耗值

磨耗值用于评价规定条件下粗集料抵抗摩擦、撞击的能力，是沥青混合料的重要指标。

磨光值是利用加速磨光机磨光集料，用摆式摩擦系数测定的集料经磨光后的摩擦系数值，以 *PSV* 表示。加速磨光试验机和摆式摩擦系数测定仪结构如图 8.7 和 8.8 所示。

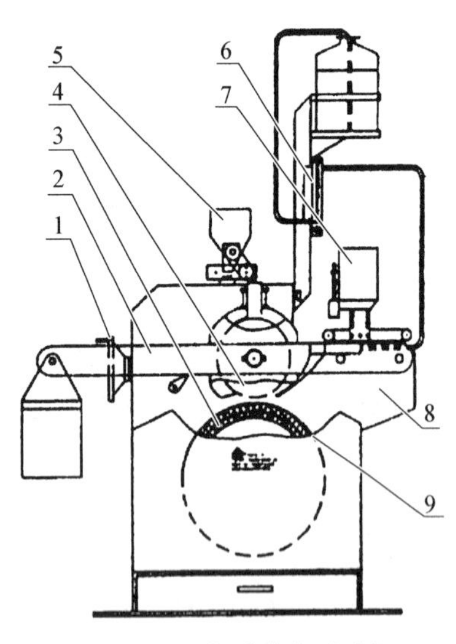

图 8.7 加速磨光试验机

1—荷载调整系统；2—调整臂(配重)；3—道路轮；4—橡胶轮；5—细粒贮砂斗；6—供水系统；7—粗料贮砂斗；8—机体；9—试件(14 块)

4. 密度

密度包括表观相对密度、表干相对密度、毛体积相对密度。

表观相对密度 γ_a、表干相对密度 γ_s、毛体积相对密度 γ_b、按式(8.1)、式(8.2)、式(8.3)计算结果精确至小数点后 3 位。

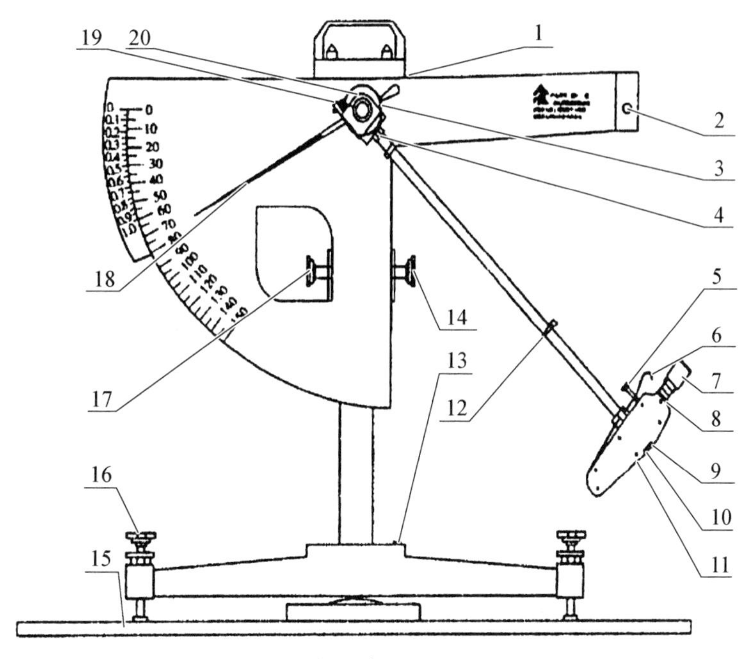

图8.8 摆式摩擦系数测定仪

1—紧固把手；2—释放开关；3—针簧片或毡垫；4—连接螺母；5—定位螺丝；6—举升柄；7—平衡锤；8—并紧螺母；9—滑溜块；10—橡胶片；11—止滑螺丝；12—卡环；13—水准泡；14、17—升降把手；15—底座；16—调平螺栓；18—指针；19—转向节螺盖；20—调节螺母

$$\gamma_a = \frac{m_a}{m_a - m_w} \tag{8.1}$$

$$\gamma_s = \frac{m_f}{m_f - m_w} \tag{8.2}$$

$$\gamma_b = \frac{m_a}{m_f - m_w} \tag{8.3}$$

式中，γ_a 为集料的表观相对密度（无量纲）；γ_s 为集料的表干相对密度（无量纲）；γ_b 为集料的毛体积相对密度（无量纲）；m_a 为集料的烘干质量，g；m_f 为集料的表干质量，g；m_w 为集料的水中质量，g。

粗集料的表观密度（视密度）ρ_a、表干密度 ρ_s、毛体积密度 ρ_b 按式(8.4)、式(8.5)、式(8.6)计算，准确至小数点后3位。不同水温条件下测量的粗集料表观密度需进行水温修正，不同试验温度下水的密度 ρ_T 及水的温度修正系数 α_T 按附录B选用。

$$\rho_a = \gamma_a \times \rho_T \quad 或\ \rho_a = (\gamma_a - \alpha_T) \times \rho_w \tag{8.4}$$

$$\rho_s = \gamma_s \times \rho_T \quad 或\ \rho_s = (\gamma_s - \alpha_T) \times \rho_w \tag{8.5}$$

$$\rho_b = \gamma_b \times \rho_T \quad 或\ \rho_b = (\gamma_b - \alpha_T) \times \rho_w \tag{8.6}$$

式中，ρ_a 为粗集料的表观密度，g/cm^3；ρ_s 为粗集料的表干密度，g/cm^3；ρ_b 为粗集料的毛体积密度，g/cm^3；ρ_T 为试验温度 T 时水的密度，g/cm^3；α_T 为试验温度 T 时的水温修正系数；ρ_w 为水在4℃时的密度（1.000 g/cm^3）。

5. 吸水率

集料的吸水率以烘干试样为基准，按式(8.7)计算，精准至0.01%。

$$W_X = \frac{m_f - m_a}{m_a} \times 100\% \tag{8.7}$$

式中，W_X 为粗集料的吸水率，%。

6. 黏附性

(1) 沥青路面的水损坏、破坏；

(2) 提高沥青与酸性石料黏附性措施；

(3) 重视集料质量、提高沥青与集料的黏附性，沥青与集料的黏附性等级如表8.14所示；

表8.14 沥青与集料的黏附性等级

试验后石料表面上沥青膜剥落情况	黏附性等级
沥青膜完全保存，剥离面积百分率接近于0	5
沥青膜少部为水所移动，厚度不均匀，剥离面积百分率小于10%	4
沥青膜局部明显地为水所移动，基本保留在石料表面上，剥离面积百分率小于30%	3
沥青膜大部分为水所移动，局部保留在石料表面上，剥离面积百分率大于30%	2
沥青膜完全为水所移动，石料基本裸露，沥青全浮于水面上	1

(4) 抗剥落剂的性能必须确认其长期效果；

(5) 黏附性能的试验方法：水煮法(图8.9)、水浸法；

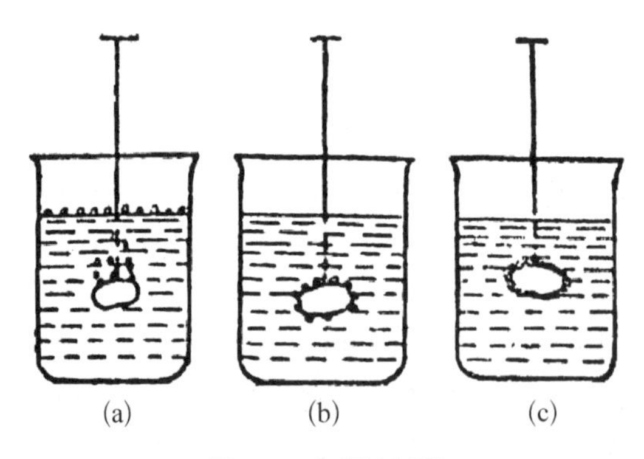

图8.9 水煮法试验

(6) 试验的目的：检验沥青与粗集料表面的黏附性及评定粗集料的抗水剥离能力，主要用于确定粗集料的适用性。

7. 细长扁平颗粒含量

(1) 集料的形状；

(2) 针片状含量；

(3) 耐久性能；

(4) 试验方法：游标卡尺法。

按图 8.10 所示的方法将欲测量的颗粒放在桌面上成一稳定的状态，图中颗粒平面方向的最大长度为 L，侧面厚度的最大尺寸为 t，颗粒最大宽度为 w $(t<w<L)$，用卡尺逐颗测量石料的 L 及 t，将 $L/t\geqslant 3$ 的颗粒(即最大长度方向与最大厚度方向的尺寸之比大于 3 的颗粒)分别挑出作为针片状颗粒。称取针片状颗粒的质量 m_1，准确至 1 g。

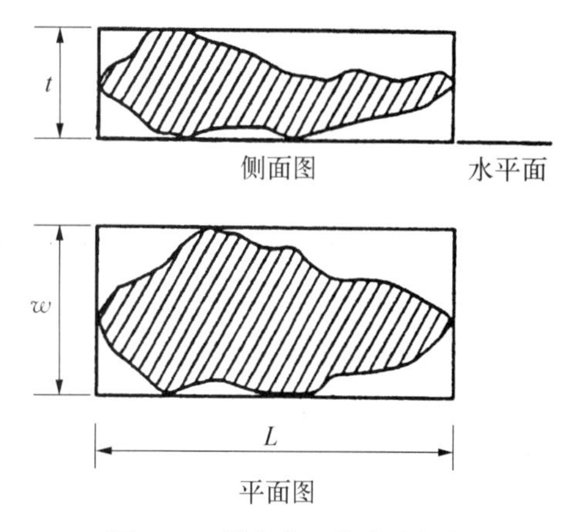

图 8.10　针片状颗粒稳定状态

注： 稳定状态是指平放的状态，不是直立状态，侧面厚度的最大尺寸 t 为图中状态的颗粒顶部至平台的厚度，是在最薄的一个面上测量的，但并非颗粒中最薄部位的厚度。

按公式(8.8)计算针片状颗粒含量。

$$Q_e=\frac{m_1}{m_0}\times 100\% \tag{8.8}$$

式中，Q_e 为针片状颗粒含量，%；m_0 为试验用的集料总质量，g；m_1 为针片状颗粒的质量，g。

8. 粒径小于 0.075 mm 颗粒含量

沥青面层用粗集料质量技术要求如表 8.15 所示。

表 8.15　沥青面层粗集料质量技术要求

<table>
<tr><th>指　　标</th><th>主 干 路</th><th>次 干 路</th></tr>
<tr><td>石料压碎值/%</td><td>≤26</td><td>≤28</td></tr>
<tr><td>洛杉矶磨耗损失/%</td><td>≤28</td><td>≤30</td></tr>
<tr><td>表观相对密度</td><td>≥2.60</td><td>≥2.50</td></tr>
<tr><td>吸水率/%</td><td>≤2.0</td><td>≤3.0</td></tr>
<tr><td>对沥青的黏附性能</td><td>≥4</td><td>≥3</td></tr>
<tr><td>坚固性/%</td><td>≤12</td><td>—</td></tr>
<tr><td>细长扁平颗粒含量/%</td><td>≤15</td><td>≤20</td></tr>
<tr><td>水洗法<0.074 mm 颗粒含量/%</td><td colspan="2">≤1</td></tr>
<tr><td>软石含量/%</td><td>≤3</td><td>≤5</td></tr>
<tr><td>石料磨光值</td><td colspan="2">≥42</td></tr>
<tr><td>石料冲击值/%</td><td colspan="2">≤28</td></tr>
</table>

8.2.3　细集料

(1) 级配；

(2) 密度；

(3) 坚固性;

(4) 砂当量。

沥青面层用细集料质量要求如表 8.16 所示。

表 8.16　沥青面层用细集料质量要求

指　　　标	主 干 路	次 干 路
表观相对密度(不小于)	2.50	2.45
坚固性(>0.3 mm 部分)(不大于)/%	12	—
砂当量(不小于)/%	60	50

8.2.4　填料

在沥青混合料中填料通常是指矿粉,其主要特性如下。

(1) 密度;

(2) 含水率;

(3) 颗粒范围;

(4) 外观;

(5) 亲水系数。沥青面层用矿粉质量要求如表 8.17 所示。

表 8.17　沥青面层用矿粉质量要求

<table>
<tr><th colspan="2">指　　　标</th><th>主干路、次干路</th></tr>
<tr><td colspan="2">表观密度/(t/m³)</td><td>≥2.50</td></tr>
<tr><td colspan="2">含水率/%</td><td>≤1</td></tr>
<tr><td rowspan="3">粒度范围</td><td><0.6 mm/%</td><td>100</td></tr>
<tr><td><0.15 mm/%</td><td>90～100</td></tr>
<tr><td><0.075 mm/%</td><td>75～100
70～100</td></tr>
<tr><td colspan="2">外　　观</td><td>无团粒结块</td></tr>
<tr><td colspan="2">亲水系数</td><td><1</td></tr>
<tr><td colspan="2">塑性指数</td><td><4</td></tr>
</table>

8.2.5　添加剂

添加剂主要包括木质素纤维、矿物纤维等。

纤维的作用:分散、吸附沥青、稳定、增黏。

抗剥落剂:当采用酸性石料时,应参加抗剥落剂。

沥青面层用纤维稳定剂质量要求如表 8.18 所示。

表8.18　沥青面层用纤维稳定剂质量要求

项目 单位	指标	试验方法
纤维长度/mm	≤6	水溶液用显微镜观测
灰分含量/%	18±5%，无挥发物	高温590～650℃燃烧后，测定残留物
pH	7.5±1.0	水溶液用pH试纸或pH计测定
吸油率	不小于纤维质量的5倍	用煤油浸泡后放在筛上，经振敲后称量
含水率(以质量计)/%	≤5	105℃烘箱烘2 h后，冷却称量

8.3　沥青混合料的概念和分类

8.3.1　沥青混合料的强度构成因素

(1) 矿料的嵌挤磨阻力；
(2) 沥青的黏聚力。

8.3.2　沥青混合料的概念

沥青混合料是矿料按一定的级配、一定的比例和一定用量的沥青按一定的工艺拌制而成的混合料。它包括沥青碎石和沥青混凝土，是沥青碎石和沥青混凝土的统称。

8.3.3　沥青混合料的分类

1. 沥青碎石

沥青碎石是由适当比例的粗集料、细集料和矿粉(也可不加矿粉)与一定用量的沥青在规定条件下拌制成的沥青混合料，用AM来表示，为半开级配，按集料公称最大粒径分为如表8.19所示的几个等级。

表8.19　沥青碎石粒径等级划分

等级	型号
特粗	AM-40
粗粒	AM-30、AM-25
中粒	AM-20、AM-16
细粒	AM-13、AM-10

以上几种沥青碎石的孔隙率为6%～12%。

2. 沥青混凝土

沥青混凝土是指适当比例的粗集料、细集料和矿粉与一定用量的沥青在一定条件下拌制成的沥青混合料。它与沥青碎石的区别在于矿粉的添加，沥青碎石矿粉可以不加，而沥青混凝土则一定要加矿粉。沥青混凝土用 AC 表示，为连续式密级配，按集料公称粒径分类如表 8.20 所示。

表 8.20　沥青混凝土粒径等级划分

粗粒	AC－30、AC－25
中粒	AC－20、AC－16
细粒	AC－13、AC－10、AC－5

根据公路新规范设计孔隙率为 3%～5%，并根据道路等级、气候及交通条件选择采用粗型（C 型）或细型（F 型）混合料，但关键性筛孔通过率应符合表 8.21 要求。

表 8.21　粗型和细型密级配沥青混凝土的关键性筛孔通过率

混合料类型	公称最大粒径/mm	用以分类的关键性筛孔/mm	粗型密级配		细型密级配	
			名　称	关键性筛孔通过率/%	名　称	关键性筛孔通过率/%
AC－25	26.5	4.75	AC－25C	＜40	AC－25F	＞40
AC－20	19	4.75	AC－20C	＜45	AC－20F	＞45
AC－16	16	2.36	AC－16C	＜38	AC－16F	＞38
AC－13	13.2	2.36	AC－13C	＜40	AC－13F	＞40
AC－10	9.5	2.36	AC－10C	＜45	AC－10F	＞45

AC－Ⅰ　沥青混凝土的剩余孔隙率为 3%～6%。

AC－Ⅱ　沥青混凝土的剩余孔隙率为 4%～10%。

开级配抗滑磨耗层（OGFC）沥青混合料的剩余孔隙率大于 18%。

3. 新型沥青混凝土

（1）SMA 沥青混凝土：间断骨架型结构。其特点是具有良好的高温稳定性、耐久性及表面性能，但成本高。

（2）大粒径 LSAM 沥青混凝土：一般指含有 25～63 mm 的热拌混合料，用在表面下层，路面厚度一般为 9.5～10 cm。其特点是可以抵抗大的塑性变形，减少沥青用量，降低成本，一次摊铺厚度大，施工快。

（3）SAC 多碎石沥青混凝土：其性能位于 AC－Ⅰ与 AC－Ⅱ之间，用以调整纹理深度。

（4）纤维加筋沥青混凝土：用以改善沥青混凝土的技术性能，如疲劳、抗裂、高温等，但成本高。

（5）土工合成材料沥青混凝土：可改善沥青混凝土的技术性能，成本高。

8.3.4　沥青混合料组成结构类型

（1）悬浮-密实结构

连续式密级配混合料，黏聚力较高、内摩阻角较低、高温稳定性差。

（2）骨架-空隙结构

连续式开级配混合料，黏聚力较低、内摩阻角较高。

（3）密实-骨架结构

间断式密级配混合料，黏聚力较高、内摩阻角较高。

三种类型混合料级配曲线图如图8.11所示。

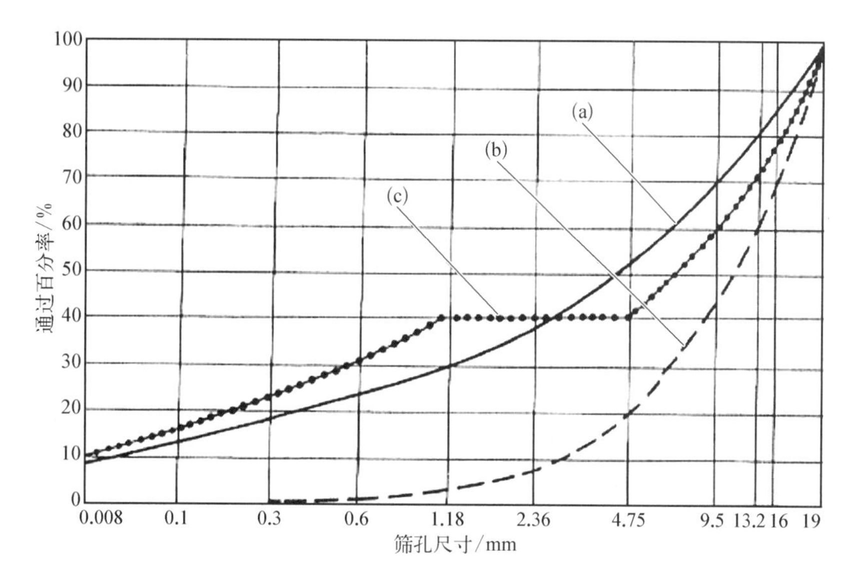

图8.11　三种类型矿质混合料级配曲线

（a）连续式密级配；（b）连续式开级配；（c）间断式密级配

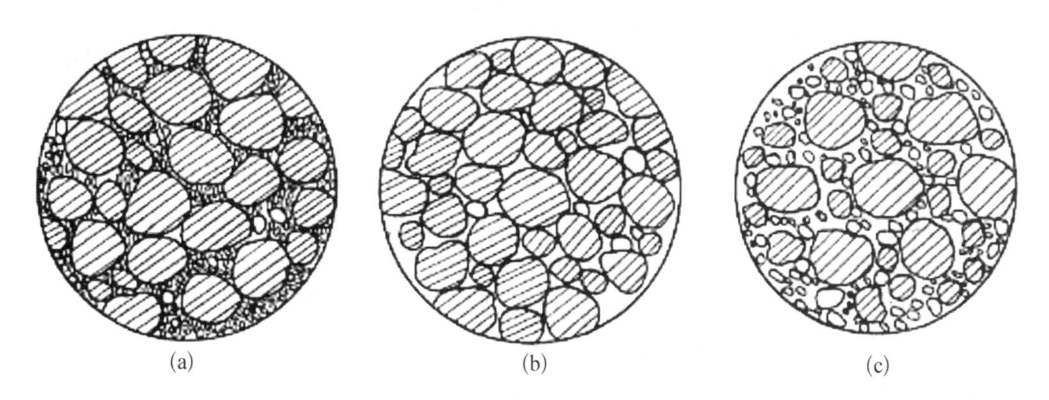

图8.12　三种典型沥青混合料结构组成示意图

（a）悬浮-密实结构；（b）骨架-空隙结构；（c）密实-骨架结构

8.4　沥青混合料的路用性能

1. 高温抗车辙性能

试验：马歇尔稳定度试验、车辙试验。

影响高温稳定性的主要因素：沥青用量、黏度、矿料级配和尺寸、形状。

2. 低温抗开裂。

3. 耐久性：空隙率和沥青饱和度、残留稳定度(浸水试验)。

4. 抗滑性能：构造深度、抗磨光性、颗粒形状与尺寸。

5. 施工和易性：影响因素是材料组成和施工条件控制。

8.4.1 沥青混合料取样法

1. 试验目的

本方法用于在拌和厂及道路施工现场采集热拌沥青混合料或常温沥青混合料试样，供施工过程中的质量检验或在试验室测定沥青混合料的各项物理力学性质。

2. 仪器与材料

(1) 铁锹。

(2) 手铲。

(3) 搪瓷盘。

(4) 温度计(分度值 1℃)。宜采用有金属插杆的插入式数显温度计，金属插杆的长度不小于 150 mm(原规程要求不小于 300 mm)，量程为 0～300℃。

3. 试验方法与步骤

(1) 确定试样数量

试样数量由试验目的决定，取样数量不大于试样量的 2 倍，如表 8.22 所示。

表 8.22 试样量和取样量的确定要求

试 验 项 目	目 的	最少试样量/kg	取样量/kg
马歇尔试验、抽提筛分	施工质量检验	12	20
车辙试验	高温稳定性检验	40	60
浸水马歇尔试验	水稳定性检验	12	20
冻融劈裂试验	水稳定性检验	12	20
弯曲试验	低温性能检验	15	25

取消原规程沥青混合料集料公称最大颗粒，取样应不少于下列数量。

细粒式沥青混合料，不少于 4 kg；

中粒式沥青混合料，不少于 8 kg；

粗粒式沥青混合料，不少于 12 kg；

特粗式沥青混合料，不少于 16 kg。

取样材料用于仲裁试验时，取样数量除应满足本取样方法规定外，还应保留 1 份有代表性的试样，直到仲裁结束。

(2) 取样方法

沥青混合料取样应是随机的，并具有充分的代表性。从拌和机一次放料的下方或提升斗中取样，不得多次取样后混合使用。对热拌沥青混合料每次取样时，都必须用温度计测量温度，准确至 1℃。

① 在沥青混合料拌和厂取样

在拌和机卸料斗下方，每取一次料就取一次样，连续几次取样，混合均匀，按四分法取样至足够数量。

② 在沥青混合料运料车上取样

从不同方向的 3 个不同高度处取样，宜从 3 辆不同的车上取样混合使用。

③ 在道路施工现场取样

应在摊铺后、未碾压前于摊铺宽度的两侧 1/2～1/3 位置处取样。

注： 应在常温条件下取样。

(3) 试样的保存与处理

热拌热铺的沥青混合料试样需送至中心试验室或质量检测机构做质量评定时(车辙试验)，由于二次加热会影响试验结果，因而必须在取样后趁高温立即装入保温桶内，送到试验室后立即成型试件，试件成型温度不得低于规定要求。

在进行沥青混合料质量检验或进行物理力学性质试验时，通常加热时间不宜超过 4 h，且只容许加热一次，不得重复加热。

热混合料需要存放，宜低温保存，应防止潮湿、淋雨等，且时间不要太长。

修订后的规程对温度计要求采用有金属插杆的插入式数显温度计。对取样试样的数量取消了原来按细粒式、粗粒式、特粗粒式等分类的取样方法，要求应该根据取样目的和试验的需要确定取样数量。本试验方法中的取样数量仅作为参考，实际上这个数量的试样供试验往往是不够用的。对沥青混合料取样后应该立即使用，工地试验室取样进行马歇尔试验后应该立即击实成型。制件过程中余下试样应放在烘箱中保温，防止温度下降影响击实效果。

8.4.2　沥青混合料试件制作方法

沥青混合料试件制作方法包括击实法、轮碾法、静压法。

1. 击实法

1) 击实法试验目的

标准击实法适用于标准马歇尔试验、间接抗拉试验(劈裂法)等所使用的 ϕ101.6 mm×63.5 mm 圆柱体试件的成型。大型击实法适用于大型马歇尔试验和 ϕ152.4 mm×95.3 mm 大型圆柱体试件的成型。

当集料公称最大粒径小于或等于 26.5 mm 时，采用标准击实法。一组试件的数量不少于 4 个；当集料公称粒径大于 26.5 mm 时，宜采用大型击实法。一组试件数量不少于 6 个。

2) 试验仪器与材料

(1) 实验室用沥青混合料拌和机：容量不少于 10 L。

(2) 击实仪。

① 标准击实仪：由击实锤、ϕ(98.5±0.5) mm 平圆形压实头及带手柄的导向棒组成。

② 大型击实仪：由击实锤、ϕ(149.4±0.1) mm 平圆形压实头及带手柄的导向棒组成。

(3) 试模：内径(101.6±0.2) mm，高 87 mm 的圆柱形金属筒。

(4) 脱模器。

(5) 烘箱：大中型各一台，要有温度调节器。

(6) 天平或电子秤：用于称量沥青时，感量不大于 0.1 g；用于称量矿料时，感量不大于 0.5 g。

(7) 温度计：分度为 1℃。宜采用有金属插杆的插入式数显温度计，金属插杆的长度不小于 150 mm，量程为 0～300℃。

3) 试验方法与步骤

(1) 试件直径应不少于集料公称最大粒径的 4 倍，厚度不小于集料公称最大粒径的 1～1.5 倍。

(2) 确定制作沥青混合料试件的拌和与压实温度。

4) 成型操作

(1) 将拌和均匀的沥青混合料称取一个试件所需的用量(标准马歇尔试件约 1 200 g，大马歇尔试件约 4 050 g)。

(2) 从烘箱中取出预热的试模及套筒，将试模装在底座上，垫一张圆形的吸油性小的纸，用插刀或大螺丝刀沿周围插捣 15 次，中间 10 次。然后在装好的混合料上面垫一张吸油性小的圆纸，将装有击实锤及导向棒的压实头插入试模中，开启电动机或人工将击实锤从 457 mm 的高度自由落下，击实 75 次或 50 次。

(3) 试件击实一面后，取下套筒，将试模掉头，装上套筒，然后以同样的方法和次数击实另一面。

(4) 试件击实结束后，立即用镊子取掉上下面的纸，用卡尺量取试件离试模上口的保证高度为(63.5±1.3) mm(标准试件)。

(5) 卸去套筒和底座，将装有试件的试模侧向放置，冷却至室温后(不少于 12 h)，置脱模机上脱出试件，逐一编号。

(6) 确定制作沥青混合料试件的拌和温度与压实温度。

5) 沥青混合料的制作条件

在人工配制沥青混合料，进行配合比设计时，宜对每个试件分别备料。常温沥青混合料的矿料不应加热。按规程 T 0601—2000 采取沥青试样，并用烘箱加热至规定的沥青混合料拌和温度，但不得超过 175℃。

6) 沥青混合料的拌制

(1) 用蘸有少许黄油的棉纱擦净试模、套筒及击实座等，置于 100℃左右烘箱中加热 1 h 备用。常温沥青混合料用试模不加热。

(2) 将沥青混合料拌和机提前预热至拌和温度±10℃左右。

(3) 将加热的粗细集料置于拌和机中，开动拌和机，一边搅拌一边使拌和机叶片插入混合料中拌和 1～1.5 min；暂停拌和，加入加热的矿粉，继续拌和至均匀为止，并使沥青混合料保持在要求的拌和温度范围内。标准的总拌和时间为 3 min。

7) 液体石油沥青混合料

将每组(或每个)试件的矿粉置于已加热至 55～100℃的沥青混合料拌和机中，注入要求数量的液体沥青，并将混合料边加热边拌和，使液体沥青中的溶剂挥发至 50%以下。

2. 轮碾法(T 0703—2011)

轮碾法适用于 300 mm(长)×300 mm(宽)×(50～100 mm)(厚，取消了 40 mm)的板块

状试件的成型。成型试件的密度应符合马歇尔标准击实试样密度100%±1%的要求。

沥青混合料试件制作时的试件厚度可根据集料粒径大小及工程需要进行选择。对于集料公称最大粒径小于或等于19 mm的沥青混合料，宜采用300 mm(长)×300 mm(宽)×50 mm(厚)的板块试模成型；对于集料公称粒径大于或等于6.5 mm的沥青混合料，宜采用300 mm(长)×300 mm(宽)×(80～100 mm)(厚)的板块试模成型。

1) 试验仪器

(1) 轮碾成型机：具有与钢筒式压路机相似的圆弧形碾压轮，轮宽300 mm，压实线荷载为300 N/cm，碾压行程等于试件长度，经碾压后的板块状试件可达到马歇尔试验标准击实密度的100%±1%。

(2) 试验室用沥青混合料拌和机：宜采用容量大于30 L的大型沥青混合料拌和机，也可采用容量大于10 L的小型拌和机。

试验室制作车辙试验板块状试件的标准试模，内部平面尺寸为300 mm(长)×300 mm(宽)×(50～100 mm)(厚)。

将金属试模及小型击实锤等置于100℃左右烘箱中加热1 h备用。

2) 轮碾成型方法

(1) 成型前将碾压轮预热至100℃左右；然后，将盛有沥青混合料的试模置于轮碾机的平台上，轻轻放下碾压轮，调整总荷载为9 kN(线荷载300 N/cm)。

(2) 启动轮碾机，先在一个方向碾压2个往返(4次)；卸载；再抬起碾压轮，将试件调转方向；再加相同荷载碾压至马歇尔标准密实度为100%±1%为止。

(3) 对普通沥青混合料，一般12个往返(24次)左右可达要求(试件厚为50 mm)。

(4) 将盛有压实试件的试模置于室温下冷却，至少12 h后方可脱模。

(5) 碾压成型：在工地上可用小型振动压路机或其他适宜的压路机碾压，在规定的压实温度下，每一遍碾压3～4 s，约25次往返，使沥青混合料压实密度达到马歇尔标准密度100%±1%。

(6) 如将工地取样的沥青混合料送往试验室成型时，混合料必须放在保温桶内，不使其温度下降，且在抵达试验室后立即成型；如温度低于要求，可适当加热至压实温度后，用轮碾成型机成型。

将完全好的试件放在玻璃板上，试件之间留有10 mm以上的间隙，试件下垫一层滤纸，并经常挪动位置，使其完全风干。如急需使用，可用电风扇或冷风机吹干，每隔1～2 h挪动试件一次，使试件加速风干，风干时间宜不少于24 h。在风干过程中，试件的上下方向及排序不得搞错。

条文说明：考虑到目前我国沥青面层都比较厚，沥青稳定碎石及大粒径沥青碎石也在大面积使用，修订规程去掉了300 mm(长)×300 mm(宽)×40 mm(厚)的试件。

本次修订强调对碾压成型应经试压，测定密度后，确定碾压次数。对普通沥青混合料，厚50 mm的试件可按照规程要求的成型次数进行。

3. 静压法(T 0704—2011)

压力机或带压力表的千斤顶：不小于300 kN。

将试件竖立在平台上，室温下冷却24 h，测定试件密度、空隙率，不符要求的应予以废弃。

8.4.3 压实沥青混合料密度试验

(1) 表干法：判定吸水率小于或等于2%的混合料试件[检测时标准温度为(25±0.5)℃]。

(2) 水中重法：吸水率小于0.5%，原规程要求几乎不吸水[检测时标准温度为(25±0.5)℃]。

(3) 蜡封法：吸水率大于2%[检测时标准温度为(25±0.5)℃]。

(4) 体积法：透水性。

沥青混合料的密度，从计算混合料的空隙率、矿料间隙率、饱和度等各项体积参数的角度讲，需要按表干法测得的毛体积密度或毛体积相对密度。但是由于沥青混合料类型的多样性，空隙率大小差别很大，这使表干法的使用受到限制，因此，就派生出其他的试验方法，这些方法在各自的适用范围内对解决问题带来一定的方便和可能。因此，沥青混合料的类型、密实情况不同，密度的试验方法也不同。密度试验方法包括表干法、水中重法、蜡封法和体积法。各方法的适用条件如表8.23所示。

表8.23 密度试验方法适用范围参考表

方法名称	混合料类型	吸水性	密度名称	用途
表干法	密级配混合料、SMA混合料	吸水率小于等于2%	毛体积密度、毛体积相对密度	用毛体积相对密度计算试件空隙率、矿料间隙率
水中重法	密级配混合料、SMA混合料	吸水率小于0.5%	表观密度、表观相对密度	用表现相对密度代替表干法的毛体积相对密度计算试件空隙率、矿料间隙率
蜡封法	半开、开级配沥青碎石	吸水率大于2%	毛体积密度、毛体积相对密度	用毛体积相对密度计算试件空隙率、矿料间隙率
体积法	半开、开级配沥青碎石	透水性	毛体积密度、毛体积相对密度	用毛体积相对密度计算试件空隙率、矿料间隙率

1. 表干法——沥青混合料毛体积密度测定

本方法用于测定沥青混合料试件的毛体积相对密度和毛体积密度，标准温度为(25±0.5)℃(原规程无此温度)。

1) 试验目的与适用范围

本方法用于测定吸水率不大于2%的各种沥青混合料试件的毛体积相对密度或毛体积密度，并以此为基础计算沥青混合料试件的空隙率、饱和度和矿料间隙率等各项体积指标。

2) 试验仪具与材料

(1) 浸水天平或电子秤：最大称量在3 kg以下，感量不大于0.1 g。

(2) 秒表、毛巾、电风扇或烘箱。

3) 试验方法与步骤

(1) 除去试件表面的浮粒，在适宜的天平或电子秤上称取干燥试件的空中质量(m_a)，准确至 0.1 g、0.5 g 或 5 g。

(2) 将溢流水箱水温保持在(25±0.5)℃。挂上网篮，浸入溢流水箱中，调节水位，将天平调平并复零，把试件置于网篮中浸入水中 3～5 min(注意不要晃动水)，称取水中质量(m_w)。

(3) 从水中取出试件，用洁净柔软的拧干湿毛巾轻轻擦去试件的表面水，称取试件的表干质量(m_f)。从试件拿出水面到擦拭结束不宜超过 5 s。称量过程中流出的水不得再擦拭。

4) 试验结果计算

(1) 计算试件的吸水率，计算结果准确至小数点后 1 位。

(2) 计算试件的毛体积相对密度和毛体积密度，计算结果准确至小数点后 3 位。

试件毛体积密度试验重复性的允许误差为 0.020 g/cm^3。试件毛体积相对密度试验重复性的允许误差为 0.020。

5) 四种测试方法的简单比较

(1) 水中重法测定的孔隙率＝试件的空中质量/混合料体积＋试件内部的闭口孔隙(开口孔隙几乎可忽略)；

(2) 表干法测定的孔隙率＝试件的空中质量/混合料体积＋试件内部的闭口孔隙＋连通表面的开口孔隙；

(3) 蜡封法测定的孔隙率＝试件的空中质量/混合料体积＋试件内部的闭口孔隙＋连通表面的开口孔隙；

(4) 体积法测定的孔隙率＝试件的空中质量/混合料体积＋试件内部的闭口孔隙＋连通表面的开口孔隙＋表面凹陷。

2. 水中重法——沥青混合料表观密度的测定

1) 试验目的与适用范围

本方法适用于测定吸水率小于 0.5%(原规程几乎不吸水)的密度沥青混合料试件的表观相对密度或表观密度，标准温度为(25±0.5)℃。

条文说明：修订后的规程规定该方法适用于吸水率小于 0.5%的、特别致密的沥青混合料。在施工质量检验时，允许采用水中重法测定的表观相对密度作为标准密度，钻孔试件也采用相同方法测定密度。但配合比设计时不得采用此方法，本方法统一了试验温度，规定在水温(25±0.5)℃下测定试件的表观相对密度或表观密度。

对从路上钻取的非干燥试件，可先称取水中质量(m_w)，然后用电风扇将试件吹干至恒重，再称取空中质量(m_a)。

2) 试验结果计算

计算试件的表观密度，计算结果精确至小数点后 3 位。

3. 蜡封法——沥青混合料毛体积密度的测定

1) 试验目的与适用范围

本方法用于测定吸水率大于 2%的沥青混凝土或沥青碎石混合料试件的毛体积相对密度或毛体积密度，标准温度为(25±0.5)℃。

2) 试验仪器与材料

(1) 熔点已知的石蜡。

(2) 冰箱。

(3) 铅或铁块等重物。

(4) 滑石粉、秒表、电风扇、电炉或燃气炉。

(5) 其他同表干试验法。

3) 试验方法与步骤

(1) 除去试件表面的浮粒，在适宜的天平或电子秤上称取干燥试件的空中质量(m_a)。

(2) 将试件置于冰箱中，在 4～5℃条件下冷却不少于 30 min。石蜡熔化至其熔点以上(5.5±0.5)℃。从冰箱中取出试件立即浸入石蜡液中，至表面全部被石蜡封住后迅速取出试件，在常温下放 30 min，称取蜡封试件的空中质量(m_p)。

(3) 挂上网篮，浸入溢流水箱中，调节水位，将天平调平或复零，读取水中质量(m_c)。

(4) 用蜡封法测定时，应测石蜡对水的相对密度。

(5) 测定重物在水温(25±0.5)℃时的水中质量(m_g)。

4. 压实沥青混合料密度试验(体积法)

本方法仅适用于不能用表干法、蜡封法测定的、空隙率较大的沥青碎石混合料及大空隙透水性开级配沥青混合料(OGFC)等。

8.4.4 沥青混合料理论最大密度测定

(1) 真空法：水温(25±0.5)℃，不适用于吸水率大于 3%的多孔性集料沥青混合料。

(2) 溶剂法：不适用吸水率大于 1.5%的沥青混合料。

(3) 计算法：用于改性沥青 SMA 混合料。

1. 真空法试验目的与适用范围

真空法用于测定沥青混合料的理论最大相对密度，供沥青混合料配合比设计、路况调查或路面施工质量管理时计算空隙率、压实度等使用。本方法适用于集料的吸水率不大于 3%的非改性沥青混合料。

2. 仪器与材料

(1) 真空泵：应使负压容器内产生(3.7±0.3) kPa[(27.5±2.5) mmHg]的负压；真空表分度值不得大于 2 kPa。

(2) 压力表：应经过标定，能够测定 0～4 kPa(0～30 mmHg)的负压。当采用水银压力表时，分度值为 1 mmHg，示值误差为 2 mmHg；非水分压力表分度值为 0.1 kPa，示值误差为 0.2 kPa。压力表不得直接与真空装置连接，应单独与负压容器相接。

(3) 负压容器：应经过标定。

3. 试验方法与步骤

(1) 将沥青混合料试样仔细分散，使粗集料不破碎，细集料团块分散到小于 6.4 mm 的筛下。

(2) 负压容器的标定：

① 将沥青混合料试样装入干燥的负压容器中，称量总质量 m_1。

② 在负压容器中注入(25±0.5)℃的水，将混合料全部浸没，并较混合料顶面高出约 2 cm。

③ 将负压容器放到试验仪上，与真空泵、压力表等连接，开动真空泵，使负压容器内负

压在2 min内达到(3.7±0.3) kPa[(27.5±2.5) mmHg],此时开始计时,同时开动振动装置和抽真空,持续(15±2) min。

为使气泡容易除去,试验前可在水中加0.01%浓度的表面活性剂(如每100 mL水中加0.01 g洗涤灵)。

④ 当抽真空结束后,关闭真空装置和振动装置,卸压,卸压速度不得大于8 kPa/s。

⑤ 当负压容器采用A类容器时,将盛试样的容器浸入保温至(25±0.5)℃的恒温水槽中,恒温(10±1) min后,称取负压容器与沥青混合料的水中质量(m_2)。

条文说明:现场钻取芯样或切割的试样可能会产生粗集料破碎,使破碎面没有裹覆沥青;当沥青与集料拌和不均匀时,部分集料没有完全裹覆沥青等。

4. 试验数量

根据本节的试验方法选取有代表性的沥青混合料试样,其试验数量应满足如下要求(表8.24)。

表8.24　沥青混合料试样的试验数量要求

沥青混合料中集料公称最大粒径/mm	最小试验数量/g
37.5	4 000
31.5	3 000
26.5	2 500
19.0	2 000
13.2或16.0	1 500
9.5	1 000
4.75	500

5. 计算

同一试件至少平行进行两次试验,取平均值作为试验结果,计算结果精确至小数点后3位。

重复性试验的精度:平行试验容许误差0.011,标准偏差0.004 0。

复现性试验的精度:平行试验容许误差0.019,标准偏差0.006 4。

6. 计算法所采用集料相对密度规定

粗集料宜采用与沥青混合料同一种相对密度,即混合料采用表干法、蜡封法或体积法测定的毛体积相对密度时,粗集料也采用毛体积相对密度;当混合料采用水中重法测定表观相对密度代替时,粗集料也应采用表观相对密度。细集料(砂、石屑)和矿粉均采用表观相对密度。

8.4.5　沥青混合料马歇尔稳定度试验

(1) 标准(保温30~40 min)。

(2) 浸水(保温48 h)。

(3) 真空吸水。

1. 目的与适用范围

本方法用于马歇尔稳定度试验和浸水马歇尔稳定度试验,以进行沥青混合料的配合比设计或沥青路面施工质量检验。浸水马歇尔稳定度试验供检验沥青混合料受水损害时抗剥落的能力时使用，通过测试其水稳定性检验配合比设计的可行性。

2. 仪器与材料

（1）沥青混合料马歇尔试验仪。

（2）恒温水槽。

（3）烘箱。

（4）天平：感量不大于 0.1 g。

（5）温度计：分度为 1℃。

（6）卡尺。

3. 试验方法与步骤

（1）准备工作：制备符合要求的马歇尔试件，一组试件的数量最少不得少于 4 个。测量试件的直径及高度。将恒温水槽调节至要求的试验温度(60±1)℃。

（2）将试件置于已达规定温度的恒温水槽中保温，保温时间：标准马歇尔试件为 30～40 min，大型马歇尔试件为 46～60 min。试件之间应有间隔，底下应垫起，距水槽底部不小于 5 cm。

（3）采用自动马歇尔试验仪。试验荷载达到最大值的瞬间，取下流值计。

（4）从恒温水槽中取出试件至测出最大荷载值的时间不得超过 30 s。

浸水马歇尔试验方法与标准马歇尔试验方法的不同之处在于，试件在已达规定温度恒温水槽中的保温时间为 48 h，其余均与标准马歇尔试验方法相同。

4. 说明与注意问题

（1）从恒温水槽中取出试件至测出最大荷载值的时间不得超过 30 s。

（2）当一组测定值中某个测定值与平均值之差大于标准差的 k 倍时，该测定值应予以舍弃，并以其余测定值的平均值作为试验结果。当试件项目 n 为 3、4、5、6 时，k 值分别为 1.15、1.46、1.67、1.82。

条文说明：为区别试验时浸水条件的不同，将其分别称为标准马歇尔试验、浸水马歇尔试验及真空饱水马歇尔试验。应注意的是在试验室制作试件还是从现场钻取试件。现场钻取试件的高度不可能相同，故规定了可做高度修正。试验室制作试件的高度应该控制好，不符高度者应舍弃。

当最大公称粒径小于或等于 26.5 mm 时，宜采用 ϕ101.6 mm×63.5 mm 标准马歇尔试件；当集料公称最大粒径大于 26.5 mm 时，宜采用 ϕ152.4 mm×95.3 mm 大型马歇尔试件。

规定允许用电风扇吹冷或冷水浸泡脱模，这种做法在配合比设计时是不允许的，应引起注意。

马歇尔试验是沥青混合料配合比设计及沥青路面施工质量控制的重要试验项目，数据的真实性十分重要。规程规定用于调整公路和一级公路的沥青混合料，宜采用计算机或 $X-Y$ 记录仪自动测定的自动马歇尔试验仪进行试验，在出具报告时附上荷载—变形曲线原件或自动打印结果。

8.4.6 沥青路面芯样马歇尔试验

1. 目的与适用范围

本方法用于对沥青路面钻取的芯样进行马歇尔试验，以及评定沥青路面施工质量是否符合设计要求或进行路况调查。标准芯样钻孔试件的直径为100 mm,适用的试件高度为30~80 mm。

2. 仪器与材料

本方法所用的仪器与沥青混合料马歇尔稳定度试验所用的仪器相同。

3. 试验方法与步骤

(1) 按现行《公路路基路面现场测试规程》的方法用钻孔机钻取压实沥青混合料路面芯样试件。若地面凹凸不平严重,则应用锯石机将其锯平。

(2) 用卡尺测定试件的直径,取两个方向的平均值。

(3) 测定试件的高度,取4个对称位置的平均值,准确至0.1 mm。

试验前必须将芯样试件黏附的黏层油、透层油和松散颗粒等清理干净。多层沥青混合料联结的芯样宜采用以下方法进行分离:

(1) 在芯样上对不同沥青混合料层间画线做标记,然后将芯样在0℃以下冷却20~25 min。

(2) 取出芯样,用宽5 cm以上的凿子对准层间画线标记处,用锤子敲打凿子,在敲打过程中不断旋转试件,直到试件分开。

8.4.7 沥青混合料车辙试验

车辙是评价沥青混合料高温性能的指标,以动稳定度表示,指沥青混合料在60℃条件下,在车轮长期重复作用下,不出现车辙、波浪、推移等病患。其表示标准试件在一定条件下每变形1 mm,车轮所走的次数,单位为次/mm。

本方法用于测定沥青混合料的高温抗车辙能力,供沥青混合料配合比设计的高温稳定性检验使用,也可用于现场沥青混合料的高温稳定性检验。试验基本要求是在规定温度条件下(通常为60℃),用一块碾压成型的板块试件[通常尺寸为300 mm×300 mm×(50~100 mm)],以轮压为0.7 MPa的实心橡胶轮胎在其上往复碾压行走,测定试件在变形稳定期时,每增加1 mm变形需要碾压行走的次数,以此作为沥青混合料车辙试验结果。

车辙试验的温度与轮压(试验轮与试件的接触压强)可根据有关规定和需要选用,非经注明,试验温度为60℃,轮压为0.7 MPa。根据需要,在寒冷的地区试验温度可采用45℃,在高温条件下试验温度可采用70℃。对重载交通的轮压可增加至1.4 MPa,但应在报告中注明。计算动稳定度的时间原则上为试验开始后的45~60 min。

试验轮:橡胶制的实心轮胎,外径200 mm,轮宽50 mm,橡胶层厚15 mm。在20℃时橡胶硬度(国际标准硬度)为84±4,60℃时为78±2。试验轮行走距离为(230±10) mm,往返碾压速度为(42±1)次/min(21次/min)。

试件变形测量装置:自动采集车辙变形并记录曲线的装置,通常用位移传感器(LVDT)或非接触位移计。位移测量范围为0~130 mm,精度为±0.01 mm。

温度检测装置:自动检测并记录试件表面温度、恒温及室内温度的温度传感器,精度为±0.5℃。

不得将混合料放冷后二次加热重塑制作试件。重塑制件的试验结果仅供参考,不得用于评定配合比设计检验是否合格。

如需要，将试件脱模按规程规定的方法测定密度及空隙率等各项物理指标。

将试件连同试模一起，置于已达到试验温度为(60±1)℃的恒温室中，保温不少于5 h，也不得超过12 h(原规程24 h)。在试件的试验轮不行走的部门上，粘贴一个热电偶温度计(也可在试件制作时预先将热电偶导线埋入试件一角)，控制试件温度为(60±0.5)℃。

修订后的规程强调恒温室应具备足够空间，用于保温试件和进行试验。试件的保温应不少于5 h，也不得超过12 h。

本试验方法作为沥青混合料配合比设计高温稳定性检验指标，试验时有一点很重要，即试件必须是新拌混合料配制的，在现场取样时必须在尚未冷却时即制模，不允许将混合料冷却后再二次加热重塑制作。

1. 仪器与材料

(1) 车辙试验机。

(2) 恒温室。

(3) 台秤：量程15 kg，感量不大于5 g。

2. 试验方法与步骤

(1) 将试件连同试模一起，置于已达到试验温度[(60±1)℃]的恒温室中，保温不少于5 h，也不得多于24 h。

(2) 将试件连同试模移置于轮辙试验机的试验台上，使试验轮往返行走，持续约1 h，或最大变形达到25 mm时为止。

3. 计算

动稳定度D_S按式(8.9)计算：

$$D_S=[(t_2-t_1)\times 42]/[(d_2-d_1)\times c_1\times c_2] \tag{8.9}$$

式中，D_S为动稳定度，次/毫米；d_1为时间t_1的变形量(45 min)，mm；d_2为时间t_2的变形量(60 min)，mm；42为试验轮每分钟走的次数，次/分钟；c_1为试验机类型修正系数。曲柄驱动为1.0；链驱动为1.5；c_2为试件系数。室内试件宽为300 mm时c_2为1；路面所取试件为150 mm时c_2为0.8。

同一沥青混合料或同一路段的路面，至少平行试验3个试件，当3个试件动稳定度变异系数不小20%时，取其平均值作为试验结果。变异系数大于20%时应分析原因，并追加试验。如计算动稳定度值大于6 000次/mm时，记作：>6 000次/mm。

8.4.8 沥青混合料中沥青含量试验

1. 离心分离法

1) 试验目的与适用范围

沥青混合料中沥青含量的测定是公路工程施工过程中一项常规试验项目，它对沥青路面施工质量控制有着重要意义。该试验既可用于热拌热铺沥青混合料路面施工时的沥青用量检测，以评定拌和厂产品质量，也适用于旧路调查时检测沥青混合料的沥青用量，用此抽提的沥青溶液可用于回收沥青，评定沥青的老化性质。

试验仪器：离心抽提仪。

2）试验方法与步骤

(1) 用大烧杯取混合料试样质量为1 000～1 500 g，准确至0.1 g。

(2) 向装有试样的烧杯中注入三氯乙烯溶剂，将其浸没，浸泡30 min。称取洁净的圆环形滤纸质量，准确至0.01 g。将滤纸垫在分离器边缘上，加盖紧固。开动离心机，转速逐渐增至3 000 r/min，沥青溶液通过排出口注入收回瓶中，待流出停止后停机。从上盖的孔中加入新溶剂，数量大体相同，稍停3～5 min后。卸下上盖，取下圆环形滤纸，然后放入105℃±5℃的烘箱中干燥，称取质量，其增重部分(m_2)为矿粉的一部分。

2. 射线法(T 0721—1993)

沥青含量测定仪测定时的放置条件应与标定时相同。若挪动测定地点，应重新标定。测定时沥青混合料数量应与标定时相同，混合料温度应接近标定温度，显示的数据是沥青含量还是油石比，应与标定用的相同。

3. 燃烧炉法(T 0735—2011)

(1) 适用范围

本方法适用于测定沥青混合料中的沥青含量，也适合对燃烧后的沥青混合料进行筛分分析。

本方法适用于热拌沥青混合料以及从路面取样的沥青混合料在生产、施工过程中的质量控制。

(2) 试验仪器

燃烧炉：具有数据自动采集系统，在试验过程中可以实时检测，并且显示质量，有一套内置的计算机程序来计算试样篮质量的变化，能够输入集料损失的修正系数，进行自动计算，显示试验结果，并可以将试验结果打印出来。

试样篮：可以使试样均匀地摊放在篮里。通常情况下网孔的尺寸最大为2.36 mm，最小为0.6 mm。

烘箱：温度应控制在设定值±5℃。

天平：满足称量试样篮以及试样的质量，感量不大于0.1 g。

防护装置：防护眼镜、隔热面罩、隔热手套、可以耐高温650℃的隔热罩，试验结束后试样篮应该放在隔热罩内冷却。

(3) 试验步骤

① 取样。当用钻孔法或切割法从路面上取得试样时，应用电风扇吹风使其完全干燥，但不得用锤击，以防集料破碎；然后置于(125±5)℃的烘箱内加热成松散状态，并至恒重；适当拌和后，称取试样质量，准确至0.1 g。

② 按照沥青混合料配合比设计步骤，取代表性各档集料，将各档集料放入(105±5)℃烘箱内加热至恒重，冷却后按配合比配出5份集料混合料(含矿粉)。

③ 分别称量3份集料混合料质量为m_{B1}，准确至0.1 g。在配合比设计时，按照成型试件的相同条件拌制沥青混合料，如沥青的加热温度，集料的加热温度与拌和温度等。

④ 在拌制2份标定试样前，先将1份沥青混合料进行洗锅，其沥青用量宜比目标沥青用量P_b多0.3%～0.5%，目的是使拌和锅的内侧先附着一些沥青和粉料，这样可以防止在拌制标定用的试样过程中拌和入锅黏料，导致试验误差。

⑤ 预热燃烧炉，将燃烧温度设定为(538±5)℃，设定修正系数为0。

当沥青用量的修正系数 C_f 大于 0.5%时，设定 482℃±5℃燃烧温度按照上述步骤重新标定，得到 482℃的沥青用量的修正系数 C_f。如果 482℃与 538℃得到的沥青用量的修正系数差值在 0.1%以内，则仍以 538℃的沥青用量作为最终的修正系数 C_f；如果修正系数差值大于 0.1%，则以 482℃的沥青用量作为最终修正系数 C_f。

⑥ 确保试样在燃烧室得到完全燃烧。如果试样燃烧后仍然有发黑等物质，说明没有完全燃烧干净。如果沥青混合料试样的数量超过了设备的试验能力，或者一次试样质量太多，燃烧不够彻底时，可将试样分成两等份分别测定，再合并计算沥青含量。不宜人为延长燃烧时间。

⑦ 级配筛分。用最终沥青用量修正系数 C_f 所对应的 2 份试样的残留物，进行筛分，取筛分平均值为燃烧后沥青混合料各筛孔的通过率 P_{Bi}。燃烧前、后各筛孔通过率差值均符合表 8.25 的范围时，则取各筛孔的通过百分率修正系数 $C_{Pi}=0$，否则应按式(8.10)进行燃烧后混合料级配修正。

$$C_{Pi}=P'_{Bi}-P_{Bi} \tag{8.10}$$

式中，P'_{Bi} 为燃烧后沥青混合料各筛孔的通过率，%；P_{Bi} 为燃烧前的各档筛孔通过率，%。

表 8.25　燃烧前后混合料级配允许差值

筛孔/mm	≥2.36	0.15～1.18	0.075
允许差值	±5%	±3%	±0.5%

⑧ 按照标定步骤程序进行燃烧，连续 3 min 试样质量每分钟损失率小于 0.01%时结束，燃烧炉控制程序自动计算试样损失质量 m_4，准确到 0.1 g。

允许误差：沥青用量的重复性试验允许误差为 0.11%，再现性试验的允许误差为 0.17%。

⑨ 报告：同一沥青混合料试样至少平行测定两次，取平均值作为试验结果。报告内容应包括燃烧炉类型、试验温度、沥青用量的修正系数、试验前后试样质量和测定的沥青用量试验结果，并将标定和测定时的试验结果打印，附到报告中。当需要进行筛分试验时，还应包括混合料的筛分结果。

8.4.9　沥青混合料的矿料级配检验方法

1. 目的与适用范围

用于测定沥青路面施工过程中沥青混合料的矿料级配，供评定沥青路面的施工质量时使用。

2. 仪器与材料

(1) 标准筛：方孔筛，在尺寸为 53.0 mm、37.5 mm、31.5 mm、26.5 mm、19.0 mm、16.0 mm、13.2 mm、9.5 mm、4.75 mm、2.36 mm、1.18 mm、0.6 mm、0.3 mm、0.15 mm、0.075 mm 的标准筛系列中，根据沥青混合料级配选用相应的筛号，标准筛必须有密封圈、盖和底。

(2) 天平：感量不大于 0.1 g。

(3) 摇筛机。

(4) 烘箱。

3. 试验方法与步骤

(1) 将抽提后的全部矿料试样称量,准确至0.1 g。

(2) 将标准筛带筛底置于摇筛机上并将矿质混合料置于筛内,改好筛盖后,扣紧摇筛机,开动摇筛机筛分10 min。

(3) 称量各筛上筛余颗粒的质量,准确至0.1 g。

条文说明:沥青混合料的矿料级配检验是沥青路面施工时重要的质量检查项目。它用于沥青混合料抽提沥青含量后的回收矿料的筛分试验,以检验其组成是否符合设计要求。本试验方法是参照集料筛分试验并根据现场使用的实际情况制定的。

本方法规定必须有0.075 mm、2.36 mm、4.75 mm及集料最大粒径等筛孔。

8.4.10 水稳性试验

由水引起的沥青路面损坏称为水损坏,在沥青混合料配合比试验阶段,对其抗水损害能力应给予充分的考虑。沥青混合料的水稳性有如下两个评价指标。

1. 残留稳定度

残留稳定度表示沥青混合料的水稳性能,指在常温常压下马歇尔试件在60℃时保温48 h的稳定度M_{s1}与保温40 min的稳定度M_s的百分比。即

$$残留稳定度=(M_{s1}/M_s)\times 100\% \tag{8.11}$$

真空饱水残留稳定度是指马歇尔试件在真空干燥器中(真空度97.3 kPa,即730 mmHg)放置15 min,然后负压进水,全部泡入水中15 min,恢复正常后取出试件放入60℃水中48 h后,测定马歇尔稳定度M_{s2},则有

$$真空饱水残留稳定度=(M_{s2}/M_s)\times 100\% \tag{8.12}$$

2. 冻融劈裂强度比

冻融劈裂也表示沥青混合料的水稳性能,指沥青混合料试件在不同温度条件下测定的劈裂强度的比值。一组试件在25℃保温2 h测定劈裂强度R_1,另一组试件先在25℃保温20 min,再在0.09 MPa真空条件下浸水15 min后恢复常压,−18℃冰箱恒温16 h,60℃水中再恒定24 h,25℃水中泡2 h后测定劈裂强度R_2,则

$$残留强度 R_0=(R_2/R_1)\times 100\%。 \tag{8.13}$$

1) 沥青混合料冻融劈裂试验

(1) 目的与适用范围

本方法适用于在规定条件下对沥青混合料进行冻融循环,测定混合料试件在受到水损害前后劈裂破坏的强度比,以评价沥青混合料水稳定性。

采用马歇尔击实法成型的圆柱体试件,集料公称最大粒径不得大于26.5 mm。

(2) 试验步骤

① 用马歇尔击实仪双面击实各50次,试件数目不少于8个。

② 测定试件的直径及高度，准确至 0.1 mm。

③ 测定试件的密度、空隙率等各项物理指标。

④ 将试件随机分成两组，每组不少于 4 个，第一组在室温下保存备用。第二组真空饱水在水中放置 0.5 h。

⑤ 将试件放入恒温冰箱，冷冻温度为(−18±2)℃，保持(16±1) h。

⑥ 保温为(60±0.5)℃的恒温水槽中保温 24 h。

⑦ 将第一组与第二组全部试件浸入温度为(25±0.5)℃的恒温水槽中不少于 2 h。

⑧ 取出试件立即用 50 mm/min 的加载速率进行劈裂试验得到试验的最大荷载。

(3) 报告

每个试验温度下，一组试验的有效试件不得少于 3 个，取其平均值作为结果，计算原则同马歇尔试验。

2) 沥青混合料劈裂试验(T 0716—2011)

试验温度与加载速率可由当地气候条件根据试验目的或有关规定选用，但试验温度不得高于 30℃。宜采用的试验温度为(15±0.5)℃，加载速率为 50 mm/min。当用于评价沥青混合料低温抗裂性能时，宜采用的试验温度为(−10±0.5)℃，加载速率为 1 mm/min。

荷载由传感器测定，应满足最大测定荷载不超过其量程的 80%，且不小于其量程的 20%的要求，宜采用 40 kN 或 60 kN 传感器，分辨率为 10 N。

位移传感器：可采用线性可变差动变压器(Linear Variable Differential Transformer, LVDT)或电测百分表。水平变形宜用非接触式位移传感器测定，其量程应大于预计最大变形的 1.2 倍，通常不小于 5 mm。测定垂直变形精密度不低于 0.01 mm，测定水平变形的精密度不低于 0.005 mm。

试验时，使恒温水槽达到要求的试验温度±0.5℃。将试件浸入恒温水槽保温不少于 1.5 h。当为恒温空气箱时，保温不少于 6 h，直至试件内部温度达到试验温度±0.5℃为止。保温时试件之间的距离不少于 10 mm。

条文说明：沥青混合料的劈裂试验是对规定尺寸的圆柱体试件，通过一定宽度的圆弧形压条施加荷载，将试件劈裂直至破坏的试验。

静载劈裂求取间接抗拉强度，目的在于评价高温抗车辙能力及低温抗裂性能。

劈裂试验在国外有两种目的：一是采用动载或冲击法求取设计参数回弹模量；二是用静载试验评价沥青混合料的性质

3) 沥青混合料谢伦堡沥青析漏试验(T 0732—2011)

本方法用以检测沥青结合料在高温状态下从沥青混合料中析出多余的自由沥青的数量，供检测沥青玛蹄脂碎石混合料(Stone Matrix Asphalt, SMA)、排水式大的空隙沥青混合料(如开级配抗滑磨耗层，Open Graded Friction Course, OGFC)或沥青碎石。

根据实际使用的沥青混合料的配合比，对集料、矿粉、沥青、纤维稳定剂等按击实法用小型沥青混合料拌和机拌和混合料。拌和时纤维稳定剂应在加入粗细集料后加入，并适当干拌分散，再加入沥青拌和均匀。每次只能拌和一个试件。一组试件分别拌和 4 份，每 1 份约 1 kg。第 1 锅拌和后即废弃不用，使拌和锅黏附一定量的沥青结合料，以免影响后面 3 锅油石比的准确性。当为施工质量检验时，应直接从拌和机取样使用。

在烧杯上加玻璃盖，放入(170±2)℃烘箱中，当为改性沥青 SMA 时，宜为 185℃，持续

(60±1) min。

报告：至少应平行试验3次，取平均值作为试验结果。

4) 沥青混合料肯塔堡飞散试验(T 0733—2011)

(1) 目的与适用范围

本方法用以评价由于沥青用量或黏结性不足，在交通荷载作用下，路面表面集料脱落而散失的程度，以马歇尔试件在洛杉矶磨耗试验机中旋转撞击规定的次数，沥青混合料试件散落材料的质量的百分率表示。

标准飞散试验可用于确定沥青路面表面层使用的沥青玛蹄脂碎石混合料(SMA)、排水式大空隙沥青混合料、抗滑表层混合料、沥青碎石或乳化碎石混合料所需的最少沥青用量。

浸水飞散试验用以评价沥青混合料的水稳性。

(2) 试验仪器

恒温水槽：水温控制在(20±0.5)℃。

温度计：分度值为1℃。宜采用有金属插杆的插入式数显温度计，金属插杆的长度不小于150 mm。量程为0～300℃。

(3) 试验步骤

试验时，将恒温水槽调节至要求的试验温度。标准飞散试验的试验温度为(20±0.5)℃；浸水飞散试验的试验温度为(60±0.5)℃。

5) 热拌沥青混合料加速老化方法(T 0734—2000)

(1) 目的

本方法用于模拟沥青混合料的短期老化及长期老化过程，试件在进行长期老化试验前必须先经过短期老化。

(2) 试验步骤

① 将沥青混合料均匀摊铺在搪瓷盘中，松铺厚度为21～22 kg/m^2，将混合料放入135℃±3℃的烘箱中，在强制通风条件下加热4 h±5 min，每小时用铲在试样盘中翻拌混合料1次。

② 将试件置于试样架上，送入(85±3)℃的烘箱中，在强制通风条件下连续加热5 d[(120±0.5) h]。注意在恒温过程中直至冷却前不得触摸试件和移动试件。

③ 5 d后关闭烘箱，打开烘箱门，经自然冷却不少于16 h，至室温。取出试件，供试验使用。

6) 沥青混合料旋转压实试件制作方法(SGC方法)(T 0736—2011)

(1) 适用范围

本方法适用于旋转压实法成型ϕ150 mm或ϕ100 mm沥青混合料圆柱体试件，以供试验室进行沥青混合料物理力学性质试验使用。本方法也适合于在试件成型过程中测量剪切应力的变化，用于分析沥青混合料性能。

(2) 试验仪器

旋转压实仪：主要由反力架、加载装置、旋转基座、计算机控制系统、内旋转角测量装置、试模、锤头(上压盘)和底座(下压盘)、测力装置和压力传感器等组成。必要时可配置剪切应力测试系统和压头加热系统。

（3）试验步骤

① 确定试验条件，加载装置垂直压力为(600±18) kPa，压实转速为(30±0.5) r/min。

② 检测内旋转角有加热和室温两种方式。通常情况下宜选择加热方式，即开始检测前将试模置于(150±5)℃的烘箱中加热不少于 45 min，内旋转角测量装置无须加热。室温检测时试模不须加热。

③ 开始旋转压实，使试模和内旋转角测量装置一起做旋转运动，旋转时宜符合以下条件：产生的偏心距 e 为 22 mm，力矩 M(即 $e \times F$)为(166.5±10) N·m。

④ 旋转到设定次数后，停止压实，待旋转压实仪上压头上升至一定高度后，从试模中取出内旋转角测量装置。记录测定结果，精确至 0.01°。

⑤ 设定旋转压实仪旋转角、垂直压力和旋转速率。不同的设计方法和体系，旋转角、垂直压力和旋转速度可能不同，因此参数的设定需根据混合料设计方法要求选定[如 Superpave 设计方法要求有效内旋转角为 1.16°±0.02°，垂直压力为(600±18) kPa，旋转速率为(30±0.5) r/min]。

⑥ 将拌和好的沥青混合料，均匀称取一个试件所需的混合料质量 m，混合料的质量应使成型后的试件高度达到试验所需高度±3 mm。

⑦ 刚成型好的热试件不宜马上脱模，需在室温下适当冷却。当为了缩短试验时间，可以采用电风扇降温约 510 min 后再进行脱模。对于需要继续进行性能试验的试件，同时空隙又较大(如大于 7%)时，冷却时间宜延长 15 min 以上。脱模后揭去垫在试件底面和顶面的圆形纸片。

⑧ 报告：报告应该包括旋转压实仪的有效内旋转角(包括标定方法)、垂直压力、旋转速率、拌和与压实温度等参数。

试件毛体积相对密度试验重复性的允许误差：当集料公称最大粒径小于或等于 13.2 mm 时，应为平均值的 0.9%，集料公称最大粒径大于或等于 13.2 mm 时，为平均值的 1.4%。试件毛体积相对密度试验再现性的允许误差为平均值的 1.7%。

8.4.11 耐久性试验

1. 目的与适用范围

耐久性一般以疲劳表示。

疲劳的试验方法用于小梁试件，需根据要求确定条件，进行弯拉的反复作用试验，建立疲劳方程，计算疲劳次数。

沥青混凝土路面长期受自然因素的作用。为保证路面具有较长的适用年限，要求沥青混合料必须具有较好的耐久性。耐久性试验主要包括空隙率、饱和度、渗水系数、沥青混合料渗水试验等。

本方法适合用路面渗水仪测定碾压成型的沥青混合料试件的渗水系数，以检验沥青混合料的配合比设计。

2. 仪具与材料

路面渗水仪、水桶及大漏斗、秒表。

3. 试验方法与步骤

(1) 将试件放置于坚实的平面上,将渗水试验仪底座用力压在试件密封材料圈上,再加上铁圈压重压住仪器底座,以防压力水从底座与试件表面间流出。

(2) 向仪器上方的量筒中注入淡红色的水至满,总量为 600 mL。

(3) 迅速将开关全部打开,待水面下降 100 mL 时,立即开动秒表,每间隔 60 s 读记仪器管的刻度一次,至水面下降 500 mL 时为止。

(4) 按以上步骤对同一种材料制作 3 块试件,并测定渗水系数,取其平均值,作为检测结果。

4. 计算

$$c_{w}=\frac{v_{2}-v_{1}}{t_{2}-t_{1}}\times 60 \tag{8.14}$$

式中,c_w为沥青混合料试件的渗水系数,mL/min;v_1为第一次读数时的水量(通常为 100 mL),mL;v_2为第二次读数时的水量(通常为 500 mL),mL;t_1为第一次读数时的时间,s;t_2为第二次读数时的时间,s。

5. 报告

报告每个试件的渗水系数及 3 个试件的平均值。

8.4.12 SMA 及 OGFC 混合料试验——谢伦堡沥青析漏试验

1. 目的与适用范围

本方法用于检测沥青结合料在高温状态下沥青混合料析出并沥干后多余的、游离的数量,供检验沥青玛蹄脂碎石混合料(SMA)、排水式大空隙沥青混合料(OGFC)或沥青碎石类混合料的最大沥青用量使用。

2. 仪具与材料

(1) 烧杯:800 mL。

(2) 烘箱。

(3) 小型沥青混合料拌和机或人工炒锅。

(4) 玻璃板。

3. 试验步骤

(1) 根据实际使用的沥青混合料的配合比,用小型沥青混合料拌和机拌和混合料。一组试件分别拌和 4 份,每 1 份为 1 kg。

(2) 洗净烧杯,干燥,称取烧杯质量 m_0。

(3) 将拌和好的 1 kg 混合料倒入 800 mL 烧杯中,称量烧杯及混合料的总质量 m_1。

(4) 在烧杯上加玻璃板盖,放入(170±2)℃烘箱中,持续(60±1) min。

(5) 取出烧杯,不加任何冲击或振动,将混合料向下扣倒在玻璃板上,称取烧杯以及黏附在上的沥青结合料、细集料、玛蹄脂等的总质量 m_2,准确到 0.1 g。

4. 计算

沥青析漏损失按式(8.15)计算。

$$\Delta m=\frac{m_2-m_0}{m_1-m_0}\times 100\% \tag{8.15}$$

式中，m_0为烧杯质量，g；m_1为烧杯及试验用沥青混合料总质量，g；m_2为烧杯以及黏附在上的沥青结合料、细集料、玛蹄脂等的总质量，g；Δm 为沥青析漏损失，%。

5. 报告

试验至少应平行 3 次，取平均值作为试验结果。

8.4.13　沥青混合料表面构造深度试验

1. 目的与适用范围

本方法适用于测定碾压成型的沥青混合料试件的表面构造深度，用以检验沥青混合料的配合比设计。

2. 仪具与材料

人工铺砂仪、量砂筒。

3. 试验步骤

(1) 应用小铲沿筒壁向圆筒中装满砂，手提圆筒上方，在地面上轻轻地叩打 3 次，使砂密实，补足砂面用钢尺一次刮平。

(2) 将砂倒在试件表面，用底面粘有橡胶片的推平板，由里向外重复作摊铺运动。

(3) 用钢板尺测量所构成圆的两个垂直方向的直径，取其平均值，读数至 1 mm。

(4) 按以上方法，同一种材料平行测定不少于 3 个试件。

4. 计算

沥青混合料表面构造深度按式(8.16)计算，结果精确至 0.01 mm。

$$TD=\frac{1\,000V}{4\pi D^2} \tag{8.16}$$

式中，TD 为沥青混合料表面构造深度，mm；V 为砂的体积，25 cm^3；D 为摊平砂的平均直径，mm。

5. 报告

取 3 个试件的表面构造深度的测定结果的平均值作为试验结果。当平均值小于 0.2 mm 时，试验结果以<0.2 mm 表示。

8.5　沥青混合料配合比设计

沥青混合料配合比设计程序图如图 8.13 所示。

好的设计是具有良好的使用性能和施工操作性、变异性小、易压实，以确保沥青路面不产生损坏。

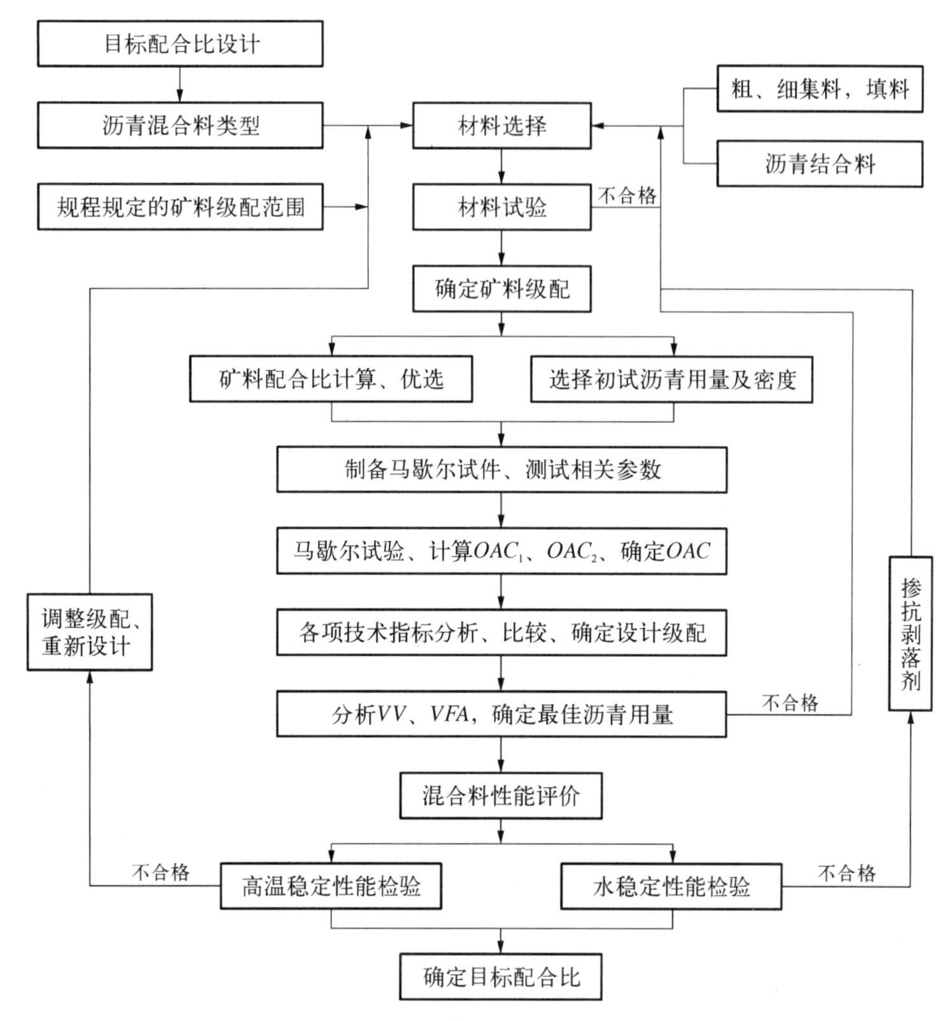

图 8.13　沥青混合料配合比设计程序图

8.5.1　沥青混合料的三阶段配合比设计

1. 目标配比设计

(1) 选择材料。

(2) 根据工程级配范围确定矿料比例，矿料级配组成范围和优化级配范围如表 8.26 和表 8.27 所示。

表 8.26　沥青面层材料的矿料级配组成范围(方孔筛)

筛孔/mm	不同级配类型的沥青混凝土通过筛孔的重量百分率/%			
	AC-25	AC-20	AC-16	AC-13
31.5	100	—	—	—
26.5	95～100	100	—	—

续 表

筛孔/mm	不同级配类型的沥青混凝土通过筛孔的重量百分率/%			
	AC-25	AC-20	AC-16	AC-13
19	77～85	95～100	100	—
16	67～75	75～80	95～100	100
13.2	50～65	62～68	65～80	95～100
9.5	47～55	52～58	50～60	60～80
4.75	30～37	35～40	28～40	28～42
2.36	24～30	28～34	24～32	23～30
1.18	15～19	20～24	18～22	18～23
0.6	13～15	15～19	14～18	14～19
0.3	10～13	10～14	10～14	10～13
0.15	6～10	6～10	7～10	7～10
0.075	4～6	5～7	5～7	5～7

表 8.27　沥青混合料优化级配范围

筛孔/mm	AC-25/%	AC-20/%	AC-16/%	AC-13/%	SMA16/%	SMA13/%	SMA10/%	SMA5/%
31.5	100	—	—	—	—	—	—	—
26.5	95～100	100	—	—	—	—	—	—
19	77～85	95～97	100	—	100	—	—	—
16	67～75	75～80	95～100	100	90～100	100	—	—
13.2	50～65	62～68	65～80	95～100	65～85	95～100	100	—
9.5	47～55	52～68	50～60	60～80	40～65	50～75	90～100	100
4.75	30～37	35～40	28～40	30～42	20～32	25～33	27～36	60～80
2.36	24～30	28～34	24～35	24～30	16～26	24～28	20～30	25～35
1.18	15～19	20～24	18～22	18～23	14～22	19～23	14～23	21～26
0.6	13～15	15～19	14～18	14～19	12～18	15～19	13～20	16～25
0.3	10～13	10～14	10～14	10～13	11～16	13～15	12～16	13～22
0.15	6～10	6～10	7～10	7～10	10～15	10～13	10～15	12～18
0.075	4～6	5～7	5～7	5～7	8～12	8～10	8～12	10～13
木质素纤维用量	—	—	—	—	0.2～0.4	0.3～0.5	0.2～0.4	0.2～0.4

(3) 确定沥青用量。

(4) 写报告。报告内容包括：

① 采用的规范；

② 设计的标准；

③ 组成材料的技术性能；

④ 组成矿料的筛分和设计后的比例，包括表和级配曲线图；

⑤ 马歇尔试验的资料，包括一个沥青用量和汇总的结果；

⑥ 沥青用量和有关技术指标的关系图；

⑦ 确定沥青用量的有关计算；

⑧ 用确定的沥青用量在关系图上的技术指标要与结果相符；

⑨ 混合料验证报告(车辙、渗水、最大理论密度等)。

2. 生产配比设计

(1) 热料仓各规格的料进行筛分并重新矿料配比设计以确定各热料仓的比例。

(2) 测定热料仓的各规格料的密度。

(3) 以目标配比确定的最佳沥青用量为中值，以±0.3%为间隔做 3～5 组马歇尔试验，确定最佳沥青用量。

(4) 根据拌和炉的生产量确定各料仓比例及沥青用量，计算出每盘混合料的用量，提供给拌和炉的机手。

(5) 报告和资料整理同目标配比。

3. 试拌试铺验证

按生产配比进行试拌试铺。根据现场观察人员的意见、混合料取样的试验结果和试验段的技术指标检测结果，经过汇总对生产配比做出修改与否的意见。根据意见对生产配比进行修改，报项目部批准后方可正式施工。

8.5.2　沥青混合料目标配比设计过程

1. 气候分区

气候分区由一、二、三级区划组合而成，每个分区用三个数字表示。

第一个数字：高温分区(1、2、3)；

第二个数字：低温分区(1、2、3、4)；

第三个数字：雨量分区(1、2、3、4)。

某省属于 1－4－1 区，即为夏炎、冬温、潮湿区。沥青路面使用性能气候分区如表 8.28 所示。

表 8.28　沥青路面使用性能气候分区表

气候分区指标		气候分区			
按照高温指标	高温气候区	1	2	3	
	气候区名称	夏炎热区	夏热区	夏凉区	
	七月平均最高温度/℃	＞30	20～30	＜20	
按照低温指标	高温气候区	1	2	3	4
	气候区名称	冬严寒区	冬寒区	冬冷区	冬温区
	极端最低气温/℃	＜－37.5	－37.5～－21.5	－21.5～－9.0	＞－9.0
按照雨量指标	雨量气候区	1	2	3	4
	气候区名称	潮湿区	湿润区	半干区	干旱区
	年降雨量/mm	＞1 000	1 000～500	500～250	＜250

2. 材料选择

组成材料的技术性能试验

（1）沥青结合料技术指标要求

（2）集料的技术指标要求

3. 矿料级配设计

1）混合料类型调整

福建省标准 DBJ/T 13—69—2013 取消了Ⅰ、Ⅱ型，规定矿料按密级配的粗级配配置。

（1）配合比矿料级配设计含有三个层次：

第一层次为规范级配范围（国标 GB 50092—96）；

第二层次为工程设计级配范围（省标 DBJ/T 13—69—2013）；

第三层次施工质量允许波动范围（省标 DBJ 13—98—2008）。

（2）根据工程级配范围确定组成材料比例：主要方法有图解法、试算法、电算法（人机对话）。

2）图解法

（1）求各种规格的集料通过百分率；

（2）画矩形坐标图；

（3）确定纵坐标，从左下向右上引对面线，根据合成级配中值与对面线交汇点引出直线，来确定各筛孔在横坐标的位置；

（4）将各规格集料筛分结果以折线形式描绘在矩形图上（图 8.14）；

（5）确定各种集料用量。

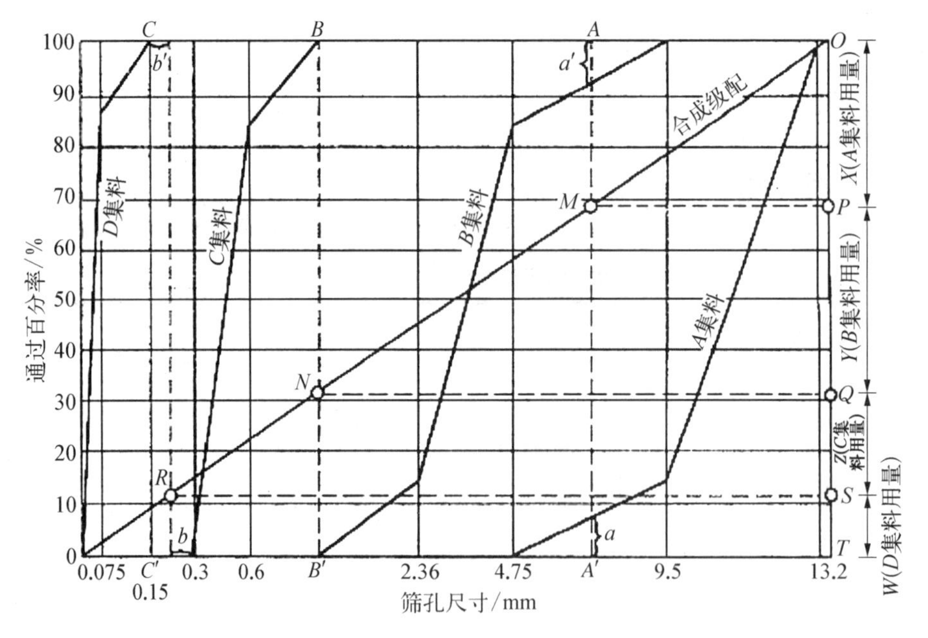

图 8.14　混合料配合比计算图

3）验算合成级配（图 8.15）

注意：孔径为 4.75 mm、2.36 mm、0.075 mm。

4. 沥青用量设计—马歇尔试验

（1）马歇尔试件的制备；

（2）物理指标的测定；

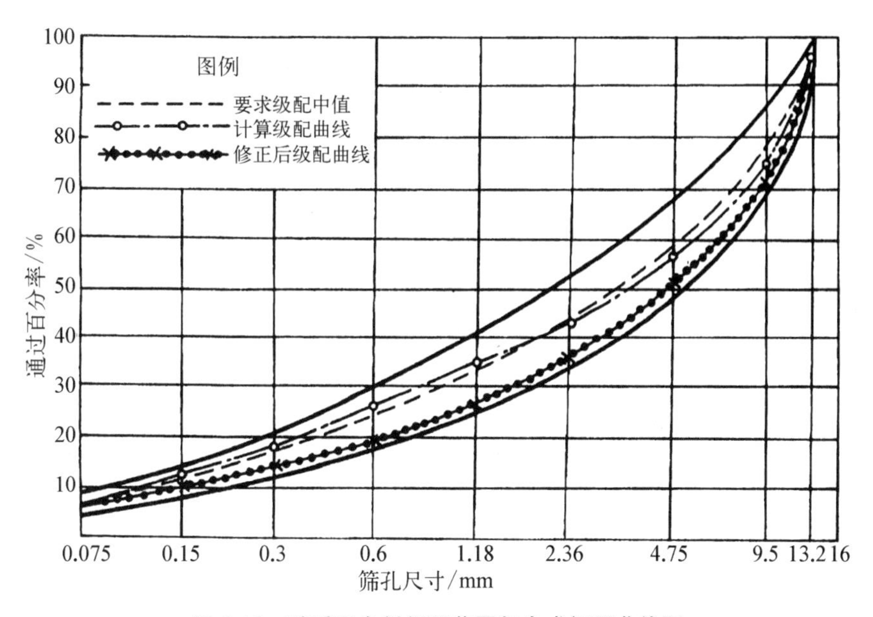

图 8.15　矿质混合料级配范围与合成级配曲线图

(3) 稳定度和流值的测定;

(4) 沥青最佳用量确定。

5. 标准稳定度—马歇尔试验

(1) 根据设计的结构类型和确定的设计级配做马歇尔试验,测定 5 个试件的沥青含量,以 0.5%为一个间隔。

(2) 烘干矿料(170℃左右),加热沥青(用砂浴)。

(3) 按设计好的组成矿料比例计算每个试件的各种矿料用量和任一沥青含量的沥青用量(每个试件按 1 200 g 混合料计算备料)。

(4) 配料: 按一个试件配料,拌和(矿粉单独烘干,最后加入)、装模击实成型。

(5) 测量高度: $h=(63.5\pm1.3)$ m。

(6) 高度调整: 高度不符合要求时,应进行调整,使得

调整高度=要求高度×原有混合料重/试验的试件高度

(7) 待制备完全部试件,24 h 后脱模并编号。

沥青混合料马歇尔试验技术指标如表 8.29 所示。

表 8.29　沥青混合料马歇尔试验技术指标

试 验 项 目	沥青混合料类型	主干路、次干路
击实次数/次	沥青混凝土	两面各 75
稳定度/kN	沥青混凝土	>8.0
流值/(0.1 mm)	沥青混凝土	20～40/50(改性沥青)
空隙率/%	沥青混凝土	3～5
沥青饱和度/%	沥青混凝土	60～75
残留稳定度/%	沥青混凝土	>80

表 8.30

试验项目		沥青混合料		SMA 混合料		试验方法
		普通	改性	非改性	改性	
马歇尔试验	击实次数(上面)/次	75		50		T 0702—2011
	稳定度(不小于)/kN	8		5.5	6.0	T 0709—2011
	流值/mm	2～4		2～5	—	T 0709—2011
	空隙率 *VV*/%	3～6		3.0～4.5		T 0705—2011
	饱和度 *VFA*/%	60～75		75～85		T 0705—2011
	矿料间隙率 VMA(不小于)/%	见注		17.0		T 0705—2011
	48 h 残留稳定度(大于)/%	80		80		T 0709—2011
冻融劈裂试验的残留稳定度(不小于)/%		75	80	75	80	T 0729—2000
60℃/65℃车辙动稳定度(不小于)/(次/mm)		10 000	2 800	1 500	3 000	T 0719—2011

表 8.31 SMA 混合料配合比设计技术要求

检验项目	技术要求		试验方法
	非改性	改性	
谢伦堡沥青析漏试验的结合料损失(不大于)/%	0.2	0.1	T 0732—2011
肯塔堡飞散试验的混合料损失(不大于)/%	20	15	T 0733—2011
渗水系数(小于)/(mL/min)	20		T 0730—2011
粗集料骨架间隙率 VCA_{mix}	VCA_{DRC}		T 0705—2011

注：试验粗集料骨架间隙率 *VAC* 的关键性筛孔，对 SMA－16 是指 4.75 mm。

6. 热拌沥青混合料—体积参数

采用马歇尔试验方法，以体积设计思想为主。

最大理论相对密度有效沥青，吸附沥青含量粗、细集料密度、设计空隙率 *VV*、矿料间隙率 *VMA*、饱和度 *VFA*、粗集料矿料间隙率 *VCA*、混合料拌和温度和成型温度、气候分区和交通量的影响

混合料的物理指标——体积参数计算

(1) 组合集料表观相对密度和毛体积相对密度

$$\gamma_{sa}=\frac{100}{\frac{P_1}{\gamma'_1}+\frac{P_2}{\gamma'_2}+\cdots+\frac{P_n}{\gamma'_n}} \tag{8.17}$$

$$\gamma_{sb}=\frac{100}{\frac{P_1}{\gamma_1}+\frac{P_2}{\gamma_2}+\cdots+\frac{P_n}{\gamma_n}} \tag{8.18}$$

式中，P_1，P_2，…，P_n为各种集料在矿料配合比中的比例，其和为100%；γ_1，γ_2，…，γ_n为各种集料相应的毛体积相对密度，无量纲；γ'_1，γ'_2，…，γ'_n为各种集料相应的表观相对密度，无量纲。

(2) 预估油石比和沥青用量

$$P_a = \frac{\gamma_{sbl} \times p_{al}}{\gamma_{sb}} \tag{8.19}$$

$$P_b = \frac{P_a}{100 + p_a} \times 100 \tag{8.20}$$

式中，P_a 为预估的最佳油石比(与矿料总量的百分比)，%；P_b 为预估的最佳沥青用量(占混合料总量的百分比)，%；P_{al}为已建类似工程沥青混合料的标准油石比，%；γ_{Sb}为混合料组合集料的毛体积相对密度，无量纲；γ_{sbl}为已建类似工程—混合料组合集料毛体积相对密度(无量纲)。

油石比 P_a=沥青 / 石料×100%　　　(外掺)

沥青含量(用油量)P_b=沥青 / (沥青+石料)×100%　(内掺)

(3) 毛体积相对密度和毛体积密度

$$r_f = \frac{m_a}{m_f - m_w} \tag{8.21}$$

$$\rho_f = \frac{m_a}{m_f - m_w} \times \rho_w \tag{8.22}$$

式中，r_f为表干法测定的试件毛体积相对密度，无量纲；ρ_f为表干法测定的试件毛体积密度，g/cm^3；m_f为试件表干质量。

(4) 矿料的有效相对密度

① 非改性沥青混合料

$$P_b = \frac{P_a}{100 + P_a} \times 100 \tag{8.23}$$

式中，P_b为试验采用的沥青用量(占混合料总量的百分率)，%。

② 改性沥青及SMA混合料

$$r_b = c \times r_{se} + (1 - c) \times r_a \tag{8.24}$$

$$C = 0.033w_X^2 - 0.293\,6w_X + 0.933\,9 \tag{8.25}$$

$$W_X = \left(\frac{1}{\gamma_{sb}} - \frac{1}{\gamma_{sa}}\right) \times 100 \tag{8.26}$$

式中，γ_{se}为合成矿料的有效相对密度；C 为合成矿料的沥青吸水系数；W_X 为合成矿料的沥青吸水率，%；γ_{sb}为矿料的合成毛体积相对密度，无量纲；γ_{sa}为矿料的合成表观相对密度，无量纲。

(5) 混合料的最大理论密度

$$\gamma_t = \frac{100 + P_a}{\dfrac{P_s}{\gamma_{se}} + \dfrac{P_b}{\gamma_b}} \tag{8.27}$$

$$\gamma_t = \frac{100 + P_a + P_x}{\dfrac{100}{\gamma_{se}} + \dfrac{P_a}{\gamma_b} + \dfrac{P_x}{\gamma_x}} \tag{8.28}$$

$$\gamma_t = \frac{100 + P_a}{\dfrac{100}{\gamma_{se}} + \dfrac{P_a}{\gamma_b}} \tag{8.29}$$

式中,γ_t 为最大理论相对密度(无量纲);P_a 为所计算的沥青混合料中的油石比,%;P_b 为所计算的沥青混合料中的沥青用量,%;γ_b 为沥青的相对密度(25℃/25℃);P_s 为所计算的沥青混合料的矿料含量,%;γ_{se}为矿料的有效相对密度,无量纲;P_x 为纤维用量,以矿料质量的百分数计,%;γ_x 为纤维稳定剂的密度,无量纲。

(6) 空隙率、矿料间隙率、有效饱和度

$$VV = \left(1 - \frac{\gamma_f}{\gamma_t}\right) \times 100\% \tag{8.30}$$

$$VMA = \left(1 - \frac{\gamma_f}{\gamma_{sb}} \times P_s\right) \times 100\% \tag{8.31}$$

$$VFA = \frac{VMA - VV}{VMA} \times 100\% \tag{8.32}$$

式中,VV 为试件的空隙率,%;VMA 为沥青混合料试件的矿料间隙率,%;VFA 为沥青混合料试件的沥青饱和度,%;γ_t 为沥青混合料最大理论相对密度,无量纲;P_s 为沥青混合料中各种矿料占沥青混合料总质量的百分率之和,%,即 $P_s = 100 - P_b$;γ_{sb}为集料的合成毛体积相对密度,无量纲;γ_f 为测定的试件的毛体积相对密度,无量纲。

(7) 沥青结合料比例和有效沥青含量

$$P_{ba} = \frac{\gamma_{se} - \gamma_b}{\gamma_{se} \times \gamma_{sb}} \times \gamma_b \times 100 \tag{8.33}$$

$$P_{be} = P_b - \frac{P_{ba}}{100} \times P_s \tag{8.34}$$

式中,P_s 为沥青混合料中被集料吸收的沥青结合料比例,%;P_{ba}为沥青混合料中的有效沥青含量,%;γ_{se}为矿料的有效相对密度,无量纲;P_{be}为集料的合成毛体积相对密度,无量纲;γ_{sb}为沥青的相对密度(25℃/25℃),无量纲;γ_b 为沥青含量,%;P_b 为各种矿料占沥青混合料总质量的百分率之和,%。

(8) 最佳沥青用量时的粉胶比

$$FB = \frac{P_{0.075}}{P_{be}} \tag{8.35}$$

式中,FB 为粉胶比,沥青混合料的矿料中 0.075 mm 通过率与有效沥青含量的比值,无量纲;$P_{0.075}$为矿料级配中 0.075 mm 的通过率(水洗法),%;P_{be}为有效沥青含量,%。

沥青混合料的粉胶比,宜符合 0.6~1.6 的要求。对常用的公称最大粒径为 13.2~19 mm 的密级配沥青混合料,粉胶比宜控制为 0.8~1.2。

(9) 马歇尔试验测定稳定度和流值。

(10) 根据稳定度、流值、密度、空隙率和饱和度绘制与沥青用量的关系图。

(11) 在稳定度、流值、密度、空隙率的关系图上确定沥青用量 OAC_1。

(12) 根据规范在关系图上确定 OAC_2(图 8.16)。

(13) 综合考虑确定沥青用量。

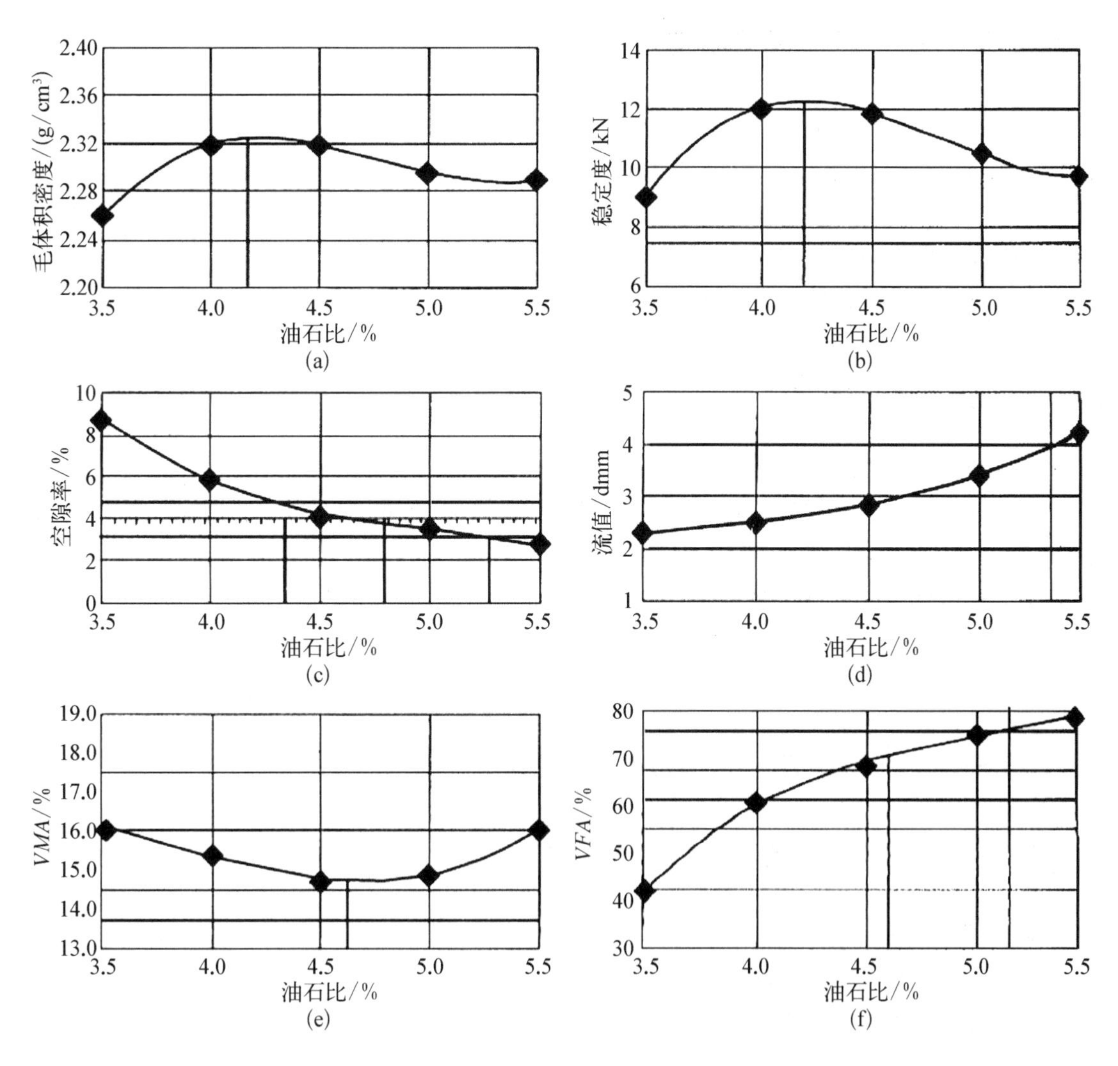

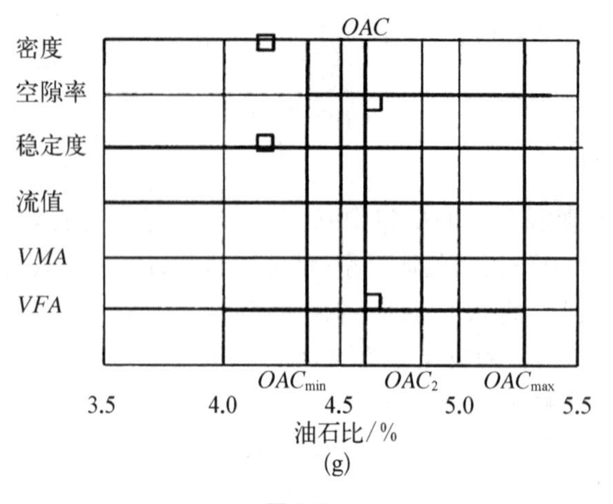

图 8.16

8.6 沥青混合料的性能检验

(1) 高温抗车辙性能;

(2) 水稳性能(浸水试验、冻融劈裂);

(3) 渗水性能;

(4) 谢伦堡析漏;

(5) 肯塔堡飞散试验。

8.6.1 配合比调整

当遇到如下情况,应调整配合比:

(1) 根据最佳沥青用量试验,所得的空隙率、稳定度、流值、饱和度等指标试验结果不符合要求。

(2) 残留稳定度不符合要求。

(3) 最佳沥青用量与两个初始值相差太大。

(4) 动稳定度不符合要求。

(5) 矿料间隙率不符合要求。

(6) SMA 的析漏、飞散、渗水、构造深度不符合要求。

8.6.2 报告某工程沥青混合料 AC-25C

目标配合比设计说明

(1) 设计依据及技术标准

①《公路沥青路面施工技术规范》(JTG F40—2004);

②《公路工程沥青及沥青混合料试验规程》(JTG E20—2011)；

③《公路工程集料试验规程》(JTG E42—2005)；

④《沥青混合料配合比试验规程》(DBJ/T 13—69—2013)；

⑤ 工程设计图——《路面结构设计图》；

⑥ 委托单位所填写的《试验任务委托协议书》。

(2) 材料情况

① 沥青

本目标配合比设计采用普通70＃A级沥青，产地：中国台湾；检验结果表明该沥青符合"道路石油沥青70＃A级技术要求。

② 集料

本目标配合比设计所用粗集料为漳州市某石料厂生产的辉绿岩碎石，其规格分别为：(19～26.5)mm、(13.2～19)mm、(4.75～9.5)mm、(2.36～4.75)mm，所用细集料为漳州市河砂，检验结果表明该集料基本符合要求。

③ 填料

采用石灰石磨细而成的矿粉作为填料，产地为龙岩市某石粉厂，检验结果符合要求。

④ 抗剥落剂

本目标配合比设计中集料与沥青的黏附性能为5级，采用某地产的AR－68沥青抗剥落剂，其掺量为沥青用量的0.2%。

(3) 目标配合比设计

① 矿料级配组成

根据委托单位提供的沥青路面结构设计图，结合省工程建设地方标准《沥青混合料配合比试验规程》(DBJ/T 13—69—2013)作为本次目标配合比设计的工程级配范围。级配设计时考虑了拌和楼的除尘效率，经试配检验矿料比例为：19～26.5 mm碎石∶13.2～19 mm碎石∶4.75～9.5 mm碎石∶2.36～4.75 mm碎石∶中砂∶矿粉＝33∶19∶16∶9∶16∶7；以估计沥青混合料的最佳油石比4.0%为中值，按0.3%间隔变化，取5个不同的油石比，按以上矿料比例分别制作马歇尔试件。其工程级配和合成级配如表8.32所示。

表8.32　AC－25C沥青混合料工程级配和合成级配

AC－25C工程设计级配	通过下列筛孔的质量百分率/%												
	31.5	26.5	19	16	13.2	9.5	4.75	2.36	1.18	0.6	0.3	0.15	0.075
工程级配上限	100	100	85	75	65	55	37	28	20	15	13	10	6
工程级配下限	100	95	77	67	57	47	30	22	17	13	10	6	4
工程级配中值	100	97.5	81	71	61	51	33.5	25	18	14	11.5	8	5
目标设计级配	100	97.8	82.3	69.8	60.4	51.3	32.1	24.6	19.1	14.7	8.6	7.3	5.8
关键性筛孔							<40						

② 马歇尔试验

按《公路工程沥青及沥青混合料试验规程》(JTG E20—2011)对试件进行马歇尔试验，计算*VV*、*VMA*、*VFA*等体积指标(详见表8.33)。

表 8.33　马歇尔试验结果汇总表

油石比/%	毛体积相对密度/(g/cm^3)	空隙率/%	间隙率/%	饱和度/%	稳定度/kN	流值/mm
3.4	2.419	5.5	13.4	59.1	8.97	2.8
3.7	2.430	4.6	13.2	65.0	8.92	2.4
4.0	2.441	3.8	13.1	70.8	9.37	3.0
4.3	2.454	2.9	12.9	77.6	8.81	3.0
4.6	2.464	2.2	12.7	82.7	8.79	3.1
技术要求	—	3～6	≥12	60～75	≥8	2～4

③ 沥青混合料的最佳油石比确定

经马歇尔试验得曲线关系图，根据《公路沥青路面施工技术规范》(JTG F40—2004)和《沥青混合料配合比试验规程》(DBJ/T 13—69—2013)中的热拌沥青混合料配合比设计方法，结合本地区气候情况确定目标配合比，沥青混合料的最佳油石比为 3.9%($OAC=3.9\%$)，建议沥青用量范围为 3.7%～4.1%(详见表 8.34)。

表 8.34　沥青混合料的最佳油石比确定表

序　号	取值内容及条件	代　号	油石比/%
1	密度最大的油石比	a_1	4.3
2	稳定度最大的油石比	a_2	4.0
3	空隙率中值的油石比	a_3	3.9
4	沥青饱和范围中值的油石比	a_4	4.0
5	最佳油石比初始值$(a_1+a_2+a_3+a_4)/4$	OAC_1	4.05
6	各项指标均符合技术标准的油石比范围最小值	OAC_{min}	3.4
7	各项指标均符合技术标准的油石比范围最大值	OAC_{max}	3.9
8	各项指标均符合技术标准的油石比范围中值	OAC_2	3.65
9	通常情况下的最佳油石比	OAC	3.85
10	本次目标配合比的最佳油石比	OAC	3.9

④ 检验最佳油石比时的粉胶比和有效沥青膜厚度(详见表 8.35)。

表 8.35　材料计算参数

序　号	符　号	符　号　意　义	单　位	计算结果
1	γ_{se}	集料的有效相对密度	无量纲	2.669
2	γ_{sb}	材料的合成毛体积相对密度	无量纲	2.694
3	γ_b	沥青的相对密度	无量纲	1.033
4	P_b	沥青含量	%	3.85
5	P_s	各种矿料占沥青混合料重质量的百分率之和，即 $P_s=100-P$	%	95.16
6	$P_{0.075}$	矿料级配中 0.075 mm 的通过率	%	5.8
7	S_A	集料的比表面积	m^2/kg	4.72

矿料的沥青吸收率 $P_{ba}=(\gamma_{se}-\gamma_{b})\div(\gamma_{se}-\gamma_{sb}\times\gamma_{b}\times 100)=23.65$

有效油石比 $P_{be}=P_{b}-(P_{ba}\div 100)\times P_{s}=3.62$

粉胶比 $FB=P_{0.075}\div P_{be}=1.6$　　（符合 0.6～1.6 的要求）

有效沥青膜厚度 $DA=P_{be}\div(\gamma_{b}\times S_{A})\times 10=7.44$

(4) 目标配合比设计检验

① 水稳定性检验

采用残留马歇尔稳定度试验，以沥青用量为 3.9%制备马歇尔试件，按《公路工程沥青与混合料试验规程》(JTG E20—2011)中(T 0709—2011)方法进行了 AC－25C 沥青混合料浸水马歇尔试验，检验其 48 h 后的马歇尔残留稳定度为 97.2%，满足密级配沥青混合料浸水马歇尔试验配合比设计检验指标，即马歇尔残留稳定度大于 80%的要求。

② 渗水性检验

采用最佳油石比 3.9%制备车辙试件，按《公路工程沥青及沥青混合料试验规程》(JTG E20—2011)中(T 0730—2011)方法进行了 AC－25C 沥青混合料渗水试验检验，渗水系数为 40 mL/min，满足密级配沥青混合料设计检验指标中渗水系数不大于 120 mL/min 的要求。

③ 高温稳定性检验

采用最佳油石比 3.9%制备车辙试件，按《公路工程沥青及沥青混合料试验规程》(JTG E20—2011)中(T 0719—2011)方法进行了 AC－25C 型沥青混合料车辙试验，其动稳定度为 1 538 次/分钟，满足规范大于 1 000 次/毫米的要求。

(5) 结论

① 综上试验结果表明，本次所设计的 AC－25C 型沥青混合料及目标配合比能满足《公路沥青路面施工技术规范》(JTG F40—2004)规范要求，即采用 19～26.5 mm 碎石：13.2～19 mm 碎石：4.15～9.5 mm 碎石：(2.36～4.75)mm 碎石：中砂：矿粉=33：19：16：9：16：7 作为 AC－25C 型沥青混合料目标配合比，建议最佳油石比为 3.9%(即 OAC=3.9%)。

② 本次 AC－25C 型沥青混合料沥青目标配合比的矿料级配及最佳油石比仅供拌和机确定各冷料仓的供料比例、进料速度及试拌使用；其生产采用的施工沥青用量需经试拌、试铺、压实工艺和现场效果最终确定。

③ 生产配合比的最佳油石比应取目标配合比的最佳油石比±0.3%三档进行试验确定，并且由此确定的最佳油石比与目标配合比设计结果的差值不宜大于±0.2%。

表 8.36 为福建某工程质量检测有限公司的级配范围要求。图 8.17 为合成级配曲线。

表 8.36　某公司的级配范围要求

筛孔/mm	各种矿料筛分的质量通过百分率/%							矿料合成后级配/%	AC－25C 工程设计级配范围/%	
	(1)	(2)	(3)	(4)	(5)	(6)	(7)			
	19～26.5	13.2～19	4.75～9.5	2.36～4.75	砂	0	矿粉			
	33	19	16	9	16	0	7	100.0	中值	下限～上限
37.5	100	100	100	100	100	0	100	100.0	100	100～100
31.5	100	100	100	100	100	0	100	100.0	100	100～100

续 表

筛孔/mm	各种矿料筛分的质量通过百分率/%							矿料合成后级配/%	AC-25C 工程设计级配范围/%	
	(1)	(2)	(3)	(4)	(5)	(6)	(7)			
	19~26.5	13.2~19	4.75~9.5	2.36~4.75	砂	0	矿粉			
26.5	93.3	100	100	100	100	0	100	97.8	97.5	95~100
19	47.2	98.6	100	100	100	0	100	82.3	81	77~85
16	13.6	91	100	100	100	0	100	69.8	71	67~75
13.2	1.9	62.1	100	100	100	0	100	60.4	61	57~65
9.5	0.2	18.7	98	100	100	0	100	51.3	51	47~55
4.75	0	1.1	2.6	99.6	97.2	0	100	32.1	33.5	30~37
2.36	0	0.2	0	43.8	85.4	0.0	100	24.6	25	22~28
1.18	0	0.0	0	9.1	70.2	0	100	19.1	18.5	17~20
0.6	0	0.0	0	0	43	0	100	13.9	14	13~15
0.3	0	0.0	0	0	4.9	0.0	100.0	7.8	11.5	10~13
0.15	0	0.0	0	0	3.2	0	96.6	7.3	8	6~10
0.075	0	0.0	0	0	0.8	0	81.6	5.8	5	4~6
结论	各点均在范围之内，符合 AC-25C 工程设计级配范围的要求。									

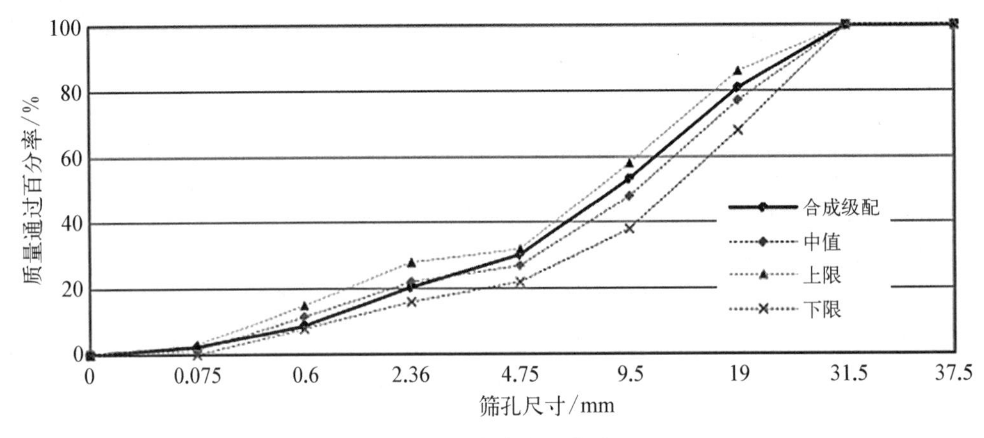

图 8.17　合成级配曲线

8.7　SMA 配合比设计

1. 材料的选材：同密级配热拌沥青混合料。
2. 选择初试验级配。
3. 测定粗集料骨架部分的集料间隙率(VCA_0)。
4. 选择初试沥青用量。
5. 根据马歇尔试验中的 VMA 和 VCA 确定设计级配。
6. 根据马歇尔试验空隙率确定沥青用量。
7. 对技术要求的几点说明：

(1) 空隙率——用表干法测定;
(2) SMA马歇尔稳定度小;
(3) 流值大。

8.8 沥青混合料质量检验

1. 外观检查:温度过高、温度过低、沥青用量。
2. 温度量测:标准温度为165～140℃,现场测量时温度不低于130℃。位置在15 cm以下。
3. 沥青含量和级配:
(1) 取样位置为搅拌锅、贮料仓、送料车、工地。
(2) 试验的方法有抽提、燃烧。
4. 马歇尔试验:每天一至两次测定技术指标和标准密度。
5. 压实度检验:

$$K = \text{现场取芯密度} / \text{标准密度}$$

标准密度包括当天室内马歇尔试验的密度、每天实测最大理论密度、试验路密度。

8.9 沥青路面施工

8.9.1 准备工作

1. 清扫基层或沥青路面的下面层。
2. 洒透层油和瓜米石。
3. 标高测定:5～10 m为一个断面,每个断面3个点。
4. 高程比较
(1) 在误差以内的,以设计高程放样。
(2) 低于设计标高的按设计标高放样。
(3) 高于设计标高的按本层标高加设计厚度放样,但要注意调坡。

8.9.2 混合料的运输

1. 运输料的组织设计
考虑的因素:拌和能力、摊铺能力、施工条件、运输路线、运距、时间、车辆数量和载重量,工地保证4～5辆待卸车。
2. 运输车辆清扫
1∶3(柴油∶水)混合液涂刷运输车的底、侧面。

3. 混合料装车：尽量减少出料口与车的距离，装料时车应前后挪动以防混合料离析。
4. 加盖篷布。
5. 不合格的料要废弃。

8.9.3 混合料的摊铺

1. 摊铺机有关参数的选定与调整

（1）调整烫平板宽度；
（2）调整烫平板拱度；
（3）确定摊铺厚度，调整烫平板的工作仰角；
（4）调整布料螺旋与烫平板前沿距离；
（5）调整螺旋布料的高度；
（6）选定夯锤行程频率；
（7）调整刮料护板。

2. 摊铺机运行参数的调整

（1）作业的速度：一般为 2 m/min，不大于 4 m/min，中下层不大于 5 m/min。
（2）调整供料系统。
（3）调整摊铺机自动调平装置。

3. 提高摊铺质量的其他措施

（1）烫平板提前加热；
（2）正确使用铺层厚度调节手柄；
（3）人工配合。

8.9.4 压实

1. 影响压实的因素

（1）材料；
（2）温度；
（3）施工条件。

2. 合理的压路机组合：根据实际情况选定不同类型的压路机。

3. 压实时间

4. 有效作业段

5. 压实遍数

表 8.37 沥青混合料质量控制标准

项次	检 查 项 目	规定值或允许偏差	检查方法(每幅车道)
1	压实度/%	97、93、99	每 2 000 m 21 组，标准密度为 97%、最大理论密度为 93%、试验段密度为 99%

续　表

项次	检查项目		规定值或允许偏差	检查方法(每幅车道)
2	平整度	上面层/mm	3(块)5(次)	平整度仪：每100 m测1处
		中下面层/mm	5(块)7(次)	
3	弯沉值/(0.01 mm)		不小于设计弯沉值	JTG 3450—2019的要求检查，每车道、每20米测1点
4	抗滑	摩擦系数	符合设计要求	摆式仪：每200 m测1处，横向力系数全线连续
		构造深度		砂铺法：每200 m测1处
5	厚度/mm		+10～−5	每1 000 m21点，钻孔或刨挖，用钢尺量
6	中线平面偏位/mm		≤20	经纬仪：每100 m 1点
7	纵断面高程/mm		±15	水准仪：每100 m 5断面
8	宽度/mm		不小于设计值	尺量：每40 mL处
9	横坡/%		±0.3	水准仪：每200 m 4断面

表8.38　改性沥青混合料面层完工验收实测项目

项　次	检查项目		规定值或允许偏差	检查方法(每幅车道)
1	压实度/%		98	按JTG F40—2004附录F检查，每200 m每车道1处
2	平整度	σ/mm	1.2	平整度仪：全线每车道连续按每100 m计算IRI和σ
		IRI/(m/km)	2	
3	弯沉值/(0.01 mm)		竣工验收弯沉值符合设计要求	按JTG F80/1—2017附录1和JTG 3450—2019的要求检查
4	抗滑	摩擦系数		摆式仪：每200 m测1处，横向力系数全线连续
		构造深度		砂铺法：每200 m测1处
5	厚度/mm	代表值	总厚度−8 上面层−4	
		极值	总厚度−15 上面层−8	按JTG F80/1—2017附录H和JTJ059-95的要求检查每200 m每车道1点
6	中线平面偏位/mm		20	经纬仪：每200 m 4点
7	纵断面高程/mm		±10	水准仪：每200 m 4断面
8	宽度/mm	有侧石	±20	尺量：每40 m 1处
		无侧石	不小于设计值	
9	横坡/%		±0.3	水准仪：每20 m 1断面

8.9.5 沥青混合料及其特性

1. 沥青混合料类型划分

(1) 密级配沥青混合料：各种粒径的颗粒级配连续、相互嵌挤密实的矿料与沥青拌和而成，压实后空隙率小于10%的沥青混合料。

(2) 半开级配沥青混合料：由适当比例的粗集料、细集料及少量填料(或不加填料)与沥青拌和而成，压实后空隙率在10%以上的半开式沥青混合料。

(3) 开级配沥青混合料：矿料级配主要由粗集料组成，细集料较少，矿料相互拨开，压实后空隙率大于15%的开式沥青混合料。

2. 沥青混合料的结构类型及特点

(1) 悬浮-密实结构：是指矿质集料由大到小组成连续式密级配的混合料结构。混合料中粗集料数量较少，不能形成骨架。这种沥青混合料黏聚力较大，内摩阻角较小，因而高温稳定性差。

(2) 骨架-空隙结构：是指矿质集料属于连续型开级配的混合料结构。矿质集料中粗集料较多，可形成矿质骨架，细集料较少，不足以填满空隙。所以此结构混合料空隙率大，耐久性差，沥青与矿料的黏聚力差，热稳定性较好，这种结构沥青混合料的强度主要取决于内摩阻角。

(3) 骨架-密实结构：是指矿质集料属于间断式密级配的混合料结构。矿质集料中粗集料较多，可形成矿质骨架，同时又有足够的细集料填满骨架的空隙。这种结构表面为密实度大，具有较高的黏聚力和内摩阻角，是沥青混合料中最理想的一种结构类型。

3. 沥青混合料的高温稳定性

沥青混合料的高温稳定性是指混合料在夏季高温(通常为60℃)条件下，沥青混合料能够抵抗车辆反复作用，不会产生显著永久变形，保证沥青路面平整的特性。

指标：马歇尔稳定度、动稳定度。

4. 水稳定性

沥青与矿料形成黏附层后，遇水时对沥青的置换作用引起沥青剥落的抵抗程度。

指标：浸水马歇尔、冻融劈裂。

5. 低温抗裂性

低温抗裂性是指在一定的低温条件下，具有较高的低温强度或较大的低温变形能力，如低温弯曲。

6. 马氏指标定义与关系

(1) 稳定度：标准尺寸的试件在规定温度和加载速度下，在马氏仪上测得的试件最大破坏荷载(kN)。

(2) 流值：达到最大破坏荷载时试件的径向压缩变形值(0.1 mm)。

(3) 空隙率：压实沥青混合料内矿料与沥青体积之外的空隙(不含矿料本身或表面被沥青封闭的孔隙)的体积与试件总体积的百分率。

(4) 矿料间隙率：压实沥青混合料内矿料实体之外的空间体积与试件总体积的百分率。它等于试件空隙率与有效沥青体积百分率之和。

(5) 饱和度：压实沥青混合料试件内有效沥青实体体积占矿料骨架实体之外的空间体积的百分率。

其中，稳定度和流值表征混合料的热稳性，空隙率、矿料间隙率和饱和度表征混合料的耐久性。

(6) 沥青含量：沥青用量与沥青混合料的百分比，P_b。

(7) 油石比：沥青用量与矿料用量的百分比 P_a。

(8) 换算：$P_b = P_a/(100 + P_a)$。

7. 真密度、毛体积密度、表观密度

(1) 真密度：在规定条件下，材料单位真实体积(不包括任何孔隙和空隙)的质量。

(2) 毛体积密度：在规定条件下，材料单位毛体积(包括材料实体、开口及闭口孔隙)的质量；区分毛体积密度与表干毛体积密度。

(3) 表观密度：在规定条件下，材料单位表观体积(包括材料实体、闭口孔隙但不包括开口空隙)的质量，也叫视密度。

8. 沥青混合料密度试验的四种方法

(1) 表干法：用于吸水率不大于2%的各种沥青混合料试件。

(2) 水中重法：用于几乎不吸水非常密实的沥青混合料试件。

(3) 蜡封法：用于吸水率大于2%的沥青混合料试件。

(4) 体积法：用于空隙率较大的沥青混合料试件(如OGFC等)。

9. 车辙试验目的与适用范围

车辙试验用于测定沥青混合料的高温抗车辙能力，供沥青混合料配合比设计的高温稳定性检验使用。

10. 动稳定度

用标准成型方法，制成300 mm×300 mm×50 mm的沥青混合料试件，在60℃的温度条件下，以一定荷载的轮子在同一轨迹上做一定时间的反复行走，形成一定的车辙深度，然后计算试件变形1 mm所需试验车轮行车次数，即为动稳定度。

11. 轮碾法制备车辙试件的步骤

(1) 将预热的试模从烘箱中取出，装上试模框架，在试模中铺一张裁好的普通纸，使底面及侧面均被纸隔离，将拌和好的全部沥青混合料，用小铲稍加拌和后均匀地沿试模由边缘至中间按顺序转圈装入试模，中部要略高于四周。

(2) 取下试模框架，用预热的小型击实锤由边缘至中间转圈夯实一遍，整平成凸圆弧形。

(3) 插入温度计，待混合料稍冷至规定压实温度时，在表面铺一张裁好尺寸的普通纸。

(4) 用轮碾机碾压时，先将碾压轮预热至100℃左右；然后将盛有沥青混合料的试模置于轮碾机的平台上，轻轻放下碾压轮，调整总荷载为9 kN。

(5) 启动轮碾机，先在一个方向碾压2个往返(4次)，卸荷，再抬起碾压轮，将试件调转方向，再加相同荷载碾压至马歇尔标准密度100±1%为止。试件正式压实前，应经试压，决定碾压次数，一般12个往返(24次)左右可达到要求。如试件厚度为100 mm时，宜按先轻后重的原则分两层碾压。

(6) 压实成型后，揭去表面的纸，用粉笔在试件表面标明碾压方向。

(7) 将盛有压实试件的试模，置于室温下冷却，至少12 h后方可脱模。

12. 车辙试验操作步骤

（1）准备工作

① 测定试验轮压强，应符合(0.7±0.05)MPa，将试件装于原试模中。

② 连同试模一起在常温下放置12 h以上(聚合物改性沥青以24 h为宜，但不得超过一周)。

（2）车辙试验试验过程

① 试件连同试模一起置于(60±1)℃的恒温室中，保温5～24 h。在试验轮不行走的试件部位上粘贴一个热电偶温度计，控制试件温度稳定在(60±0.5)℃。

② 将试件连同试模置于车辙试验机的试件台上，试验轮在试件的中间部位，其行走方向须与试件碾压方向一致。

③ 开动车辙变形自动记录仪，然后起动试验机，使试验轮往返行走约1 h，或最大变形达到25 mm时为止。试验时自动记录变形曲线及时间、温度。

注意：对于300 mm宽且试验时变形较小的试件，也可对一块试件在两侧1/3位置进行两次试验取平均值。

13. 车辙试验结果计算

$$D_S = c_1 c_2 (t_2 - t_1) \times N / (d_2 - d_1) \tag{8.36}$$

式中，d_1 为时间为 t_1 的变形量，mm，精确到0.01；d_2 为时间为 t_2 的变形量，mm，精确到0.01；t_1 为45 min或达到25 mm变形量前15 min的时间；t_2 为60 min或达到25 mm变形量的时间；N 为试验轮每分钟行走次数(42次/分钟)。

14. 沥青与矿料黏附性试验——水煮法试验步骤

（1）备料：准备5块矿料(13.2～19 mm)，洗净、烘干、绳子或细铁丝捆绑、恒温、热沥青中裹覆。

（2）煮样：用大口烧杯，在微沸状态下悬挂浸煮。

（3）评定：浸煮3 min后，取出评定。

（4）适用条件：矿料粒径大于13.2 mm。

（5）等级分类：共分5级，其中Ⅰ级最差，Ⅴ级最佳。

15. 确定一个标准马歇尔试件拌和物用量计算方法

（1）确定集料的级配组成。

（2）计算各种规格集料的用量。

（3）根据级配填料所占比例，确定填料用量。

（4）根据确定的油石比，计算沥青用量。

16. 马氏试件成型方法

（1）均匀称取一个试件所需的用量：当已知沥青混合料的密度时，可根据试件的标准尺寸计算，并乘以1.03得到要求的混合料数量，几个试件同时拌和时，宜分样，分别取用，并保温。

（2）安装模具、装料：取出预热的试模及套筒，用沾有少许黄油的棉纱擦拭套筒、底座及击实锤底面，放试模于底座上，垫一张圆形的、吸油性小的纸，按四分法从4个方向用小铲将混合料铲入试模中，用插刀或大螺丝刀沿周边插捣15次，中间10次。插捣后将沥青混合料表面整平成凸圆弧面。对于大型马歇尔试件，混合料分两次加入，每次插捣次数同上。

(3) 测温、击实:插入温度计至混合料中心附近,检查混合料温度。待混合料温度符合压实的温度要求后,将试模连同底座一起放在击实台上固定,在装好的混合料上面垫一张吸油性小的圆纸,再将装有击实锤及导向棒的压实头插入试模中,然后开启电动机或人工将击实锤,从457 mm的高度自由落下击实混合料规定的次数。对于大型马歇尔试件,击实次数为75次或112次。

(4) 换面击实:试件击实一面后,取下套筒,将试模掉头,装上套筒,然后以同样的方法和次数击实另一面。

(5) 检验试件高度:试件击实结束后,立即用镊子取掉上下面的纸,用卡尺量取试件离试模上口的高度,并由此计算试件高度。如果高度不符合要求时,试件应作废,并调整试件的混合料质量,以保证高度符合(63.5±1.3) mm或(95.3±2.5) mm的要求。

(6) 脱模备用:卸去套筒和底座,将装有试件的试模侧向放置冷却至恒温(不少于12 h),置脱模机上脱出试件,逐一编号,将试件仔细置于干燥洁净的平面上,供试验用。

17. 马歇尔稳定度试验

(1) 制备试件:制备符合要求的马歇尔试件,一组试件的数量不得少于4个。

(2) 量测试件的直径和高度:用卡尺测量试件中部的直径,用马歇尔试件高度测定器或用卡尺在十字对称的四个方向量测离试件边缘10 mm处的高度,准确至0.01 mm,并以其平均值作为试件的高度。高度不符合(63.5±1.3) mm或两侧高差大于2 mm的试件应作废。

(3) 安装稳定度仪压头:将马歇尔实验仪的上下压头放入水槽或烘箱中达到同样温度[(60±1)℃]。将上下压头从水槽或烘箱中取出,擦拭干净内面。为使上下层压头活动自如,可在下压头的导棒上涂少量黄油。再将试件取出置于上压头,然后装在加载设备上。在压头的球座上放妥钢球,并对准荷载测定装置的压头。

(4) 安装流值计:将流值测定装置安装于导棒上,使导向套管轻轻地压住上压头,同时将流值计读数调零。在上压头的球座上放妥钢球,并对准荷载测定装置(应力环或传感器)的压头,然后调整应力环中百分表对准零,或将荷重传感器的读数复位为零。

(5) 启动仪器,读取稳定度与流值:启动加载设备,使试件承受荷载,加速速度为(50±5)mm/min。当试验荷载达到最大值的瞬间,取下流值计,同时读取应力环中百分表(或荷载传感器)读数和流值计的流值读数。

从恒温水槽中取出试件至测出最大荷载值的时间,不应超过30 s。

(6) 试验结果和计算:

① 稳定度。由荷载测定装置读取的最大值即试样的稳定度。当用应力环百分表测定时,根据应力环表测定曲线、将应力环中百分表的读数换算为荷载值,即试件的稳定度(M_S),以kN计。

② 流值。由流值计及位移传感器测定装置读取的试件垂直变形参数,即为试件的流值(FL),以0.1 mm计。

③ 马歇尔模数。

(7) 试验结果报告

当一组测定值中某个数据与平均值之差大于标准差的k倍时,该测定值应舍弃,并以其余测定值的平均值作为试验结果。当试验数n为3、4、5、6时,k值分别为1.15、1.46、1.67、1.82。

试验结果报告马歇尔稳定度、流值、马歇尔模数、试件尺寸、试件的密度、空隙率，以及沥青含量、沥青体积百分率、沥青饱和度、矿料间隙率等各项物理指标。

8.9.6 其他特性

1. 计算矿料混合料的合成毛体积相对密度 γ_{sb}

$$\gamma_{sb}=\frac{100}{\frac{P_1}{\gamma_1}+\frac{P_2}{\gamma_2}+\cdots+\frac{P_n}{\gamma_n}} \tag{8.37}$$

式中，P_1，P_2，…，P_n 为各种矿料成分的配比，其和为 100；γ_1，γ_2，…，γ_n 为各种矿料相应的毛体积相对密度。

粗集料按 T0304—2005 方法测定，机制砂及石屑可按 T0330—2005 方法测定，也可以用筛出的 2.36～4.75 mm 部分的毛体积相对密度代替，矿粉(含消石灰、水泥)以表观相对密度代替。

注： ① 在进行沥青混合料的配合比设计时，均采用毛体积相对密度(无量纲)，不采用毛体积密度，故无须进行密度的水温修正。

② 在生产配合比设计时，当细料仓中的材料混杂各种材料而无法采用筛分替代法时，可将 0.075 mm 部分筛除后以统货实测值计算。

2. 计算矿料混合料的合成表观相对密度 γ_{sa}

$$\gamma_{sa}=\frac{100}{\frac{P_1}{\gamma'_1}+\frac{P_2}{\gamma'_2}+\cdots+\frac{P_n}{\gamma'_n}} \tag{8.38}$$

式中，P_1，P_2，…，P_n 为各种矿料成分的配比，其和为 100；γ'_1，γ'_2，…，γ'_n 为各种矿料按试验规程方法测定的表观相对密度。

3. 预估沥青混合料的适宜的油石比 P_a 或沥青用量 P_b

$$P_a=\frac{P_{a1}\times\gamma_{sb1}}{\gamma_{sb}} \tag{8.39}$$

$$P_b=\frac{P_a}{100+P_a}\times 100 \tag{8.40}$$

式中，P_a 为预估的最佳油石比(与矿料总量的百分比)，%；P_b 为预估的最佳沥青用量(占混合料总量的百分数)，%；P_{a1} 为已建类似工程沥青混合料的标准油石比，%；γ_{sb} 为集料的合成毛体积相对密度；γ_{sb1} 为已建类似工程集料的合成毛体积相对密度。

注： 作为预估最佳油石比的集料密度，原工程和新工程也可均采用有效相对密度。

4. 确定矿料的有效相对密度

(1) 对非改性沥青混合料，宜以预估的最佳油石比拌和 2 组的混合料，采用真空法实测最大相对密度，取平均值。然后由式(8.41)反算合成矿料的有效相对密度 γ_{se}。

$$\gamma_{se}=C\times\gamma_{sa}+(1-C)\times\gamma_{sb} \tag{8.41}$$

式中，γ_{se}为合成矿料的有效相对密度；P_b 为试验采用的沥青用量（占混合料总量的百分数），%；γ_t 为试验沥青用量条件下实测得到的最大相对密度，无量纲；γ_b 为沥青的相对密度（25℃/25℃），无量纲。

（2）对改性沥青及 SMA 等难以分散的混合料，有效相对密度宜直接由矿料的合成毛体积相对密度与合成表观相对密度按式(8.41)计算确定，其中沥青吸收系数 C 值根据材料的吸水率由式(8.42)求得，材料的合成吸水率按式(8.43)计算：

$$C=0.033W_x^2-0.2936W_x+0.9339 \tag{8.42}$$

$$W_X=\left(\frac{1}{\gamma_{sb}}-\frac{1}{\gamma_{sa}}\right)\times 100 \tag{8.43}$$

式中，C 为合成矿料的沥青吸收系数，可按矿料的合成吸水率求取；W_x 为合成矿料的吸水率，%；γ_{sb}为材料的合成毛体积相对密度，无量纲；γ_{sa}为材料的合成表观相对密度，无量纲。

5. 以预估的油石比为中值，按一定间隔（对密级配沥青混合料通常为 0.5%，对沥青碎石混合料可适当缩小间隔为 0.3%～0.4%），取 5 个或 5 个以上不同的油石比分别使马歇尔试件成型。每一组试件的试样数按现行试验规程的要求确定，对粒径较大的沥青混合料，宜增加试件数量。

注： 5 个不同油石比不一定选整数，例如预估油石比 4.8%，可选 3.8%、4.3%、4.8%、5.3%、5.8%等。规定的实测最大相对密度通常与此同时进行。

6. 测定压实沥青混合料试件的毛体积相对密度 γ_f 和吸水率，取平均值

测试方法应遵照以下规定执行：

（1）通常采用表干法测定毛体积相对密度；

（2）对吸水率大于 2%的试件，宜改用蜡封法测定毛体积相对密度。

注： 对吸水率小于 0.5%的特别致密的沥青混合料，在施工质量检验时，允许采用水中重法测定的表观相对密度作为标准密度，钻孔试件也采用相同方法。但配合比设计时不得采用水中重法。

7. 确定沥青混合料的最大理论相对密度

（1）对非改性的普通沥青混合料，在成型马歇尔试件的同时，按要求用真空法实测各组沥青混合料的最大理论相对密度 γ_{ti}。当只对其中一组油石比测定最大理论相对密度时，按式(8.44)计算其他不同油石比时的最大理论相对密度 γ_{ti}。

（2）对改性沥青或 SMA 混合料宜按式(8.45)计算各个不同沥青用量混合料的最大理论相对密度。

$$\gamma_{ti}=\frac{100+P_{ai}}{\dfrac{100}{\gamma_{se}}+\dfrac{P_{ai}}{\gamma_b}} \tag{8.44}$$

$$\gamma_{ti}=\frac{100}{\dfrac{P_{si}}{\gamma_{se}}+\dfrac{P_{bi}}{\gamma_b}} \tag{8.45}$$

式中，γ_{ti}为相对于计算沥青用量P_{bi}时沥青混合料的最大理论相对密度，无量纲；P_{ai}为所计算的沥青混合料中的油石比，%；P_{bi}为所计算的沥青混合料的沥青用量，$P_{bi}=P_{ai}/(1+P_{ai})$，%；P_{si}为所计算的沥青混合料的矿料含量，$P_{si}=100-P_{bi}$，%；γ_{se}为矿料的有效相对密度，无量纲；γ_b为沥青的相对密度(25℃/25℃)，无量纲。

8. 按式计算沥青混合料试件的空隙率、矿料间隙率 *VMA*、有效沥青的饱和度 *VFA* 等体积指标，取 1 位小数，进行体积组成分析

$$VV=\left(1-\frac{\gamma_f}{\gamma_t}\right)\times 100 \tag{8.46}$$

$$VMA=\left(1-\frac{\gamma_f}{\gamma_{sb}}\times P_s\right)\times 100 \tag{8.47}$$

$$VFA=\frac{VMA-VV}{VMA}\times 100 \tag{8.48}$$

式中，VV为试件的空隙率，%；VMA为试件的矿料间隙率，%；VFA为试件的有效沥青饱和度(有效沥青含量占VMA的体积比例)，%；γ_f为测定的试件的毛体积相对密度，无量纲；γ_t为沥青混合料的最大理论相对密度，无量纲；P_s为各种矿料占沥青混合料总质量的百分率之和，即$P_s=100-P_b$，%；γ_{sb}为矿料混合料的合成毛体积相对密度，无量纲。

9. 进行马歇尔试验，测定马歇尔稳定度及流值。

8.10 沥青混合料毛体积相对密度试验

1. 试验步骤

(1) 清洁试件，称取干燥试件的空中质量。

(2) 称取水中质量挂上网篮，浸入溢流水箱中，调节水位，将天平调零或复平，把试件置于网篮中，浸水约 3～5 min，称取水中质量。

(3) 称取试件的表干质量

从水中取出试件，用洁净柔软的、拧干的湿毛巾，轻轻擦去试件的表面水(不得吸去空隙中的水)称取试件的表干质量。

(4) 钻取的非干燥芯样可先称水中重、表干重，吹干后再称干重。

(5) 计算：吸水率、毛体积相对密度和毛体积密度、空隙率。

2. 最大相对理论密度

(1) 将沥青混合料试件装入干燥的负压器中，分别称量容器质量及容器和沥青混合料总质量，得到试样的净质量。在负压容器中注入约 25℃的水，要将混合料全部浸没。将负压容器与真空设备连接起来，开动真空泵，使真空度达到 97.3 kPa(730 mmHg)并持续(15±2) min。然后强烈振动负压容器，促使混合料中的空气尽快排出，直至不见气泡出现为止。

（2）当采用A类负压容器时，将该负压容器完全浸入恒温至(25±0.5)℃的恒温水槽中，持续10 min后称取负压容器内沥青混合料的水中质量(m_2)。当采用B、C类负压容器时，将装有混合料试样的容器浸入恒温(25±0.5)℃的恒温水槽中约10 min，然后取出加上该盖子(容器中不得有气泡存在)擦干表面，称取容器、水和沥青混合料试样的总质量(m_c)。

3. 目标配合比设计步骤

（1）确定工程设计级配；

（2）材料选择与准备；

（3）矿料配合比设计；

（4）马歇尔试验；

（5）确定最佳沥青用量；

（6）目标配合比设计检验。

4. 调整工程设计级配范围宜遵循的原则

（1）确定采用粗型(C型)或细型(F型)的混合料。对夏季温度高、高温持续时间长、重载交通多的路段，宜选用粗型密级配沥青混合料(AC-C型)，并取较高的设计空隙率。对冬季温度低，且低温持续时间长的地区，或者重载交通较少的路段，宜选用细型密级配沥青混合料(AC-F型)，并取较低的设计空隙率。

（2）为确保高温抗车辙能力，同时兼顾低温抗裂性能的需要。配合比设计时宜适当减少公称最大粒径附近的粗集料用量，减少0.6 mm以下部分细粉的用量，使中等粒径集料较多，形成S形级配曲线，并取中等或偏高水平的设计空隙率。

（3）确定各层的工程设计级配范围时应考虑不同层位的功能需要，经组合设计的沥青路面应能满足耐久、稳定、密水、抗滑等要求。

（4）根据公路等级和施工设备的控制水平，确定的工程设计级配范围应比规范级配范围窄，其中4.75 mm和2.36 mm通过率的上下限差值宜小于12%。

（5）沥青混合料的配合比设计应充分考虑施工性能，使沥青混合料容易摊铺和压实，避免造成严重的离析。

第9章　路基路面现场试验检测

9.1　压实度检测技术

路基与路面基层的压实度是指工地实际达到的干密度与室内标准击实试验所得的最大干密度的比值；沥青路面的压实度是指现场实际达到的密度与室内标准密度的比值。

压实度是路基路面施工质量检测的关键指标之一，表征现场压实后的密实状况，压实度越大，越密实，材料整体性能越好。因此，路基路面施工中，碾压工艺成为施工质量控制的关键工序。

9.1.1　最大干密度与标准密度的确定

路基土常用的最大干密度的确定方法有击实法、振动台法、表面振动压实法(表9.1)。

表9.1　路基土最大干密度的确定方法

方　法	适　用　范　围	土的粒组
击实法	小试筒适用于粒径不大于25 mm的土； 大试筒适用于粒径不大于25 mm的土	细粒土、粗粒土
振动台法	① 本试验规定采用振动台法测定无黏性、自由排水粗粒土和巨粒土(包括堆石料)的最大干密度； ② 本试验方法适用于通过0.074 mm标准筛的干颗粒，质量百分数不大于15%的无黏性、自由排水的粗粒土和巨粒土； ③ 对于最大颗粒大于60 mm的巨粒土，试筒允许最大粒	粗粒土、巨粒土
表面振动压实法	同振动台法适用范围	粗粒土、巨粒土

1. 路面基层最大干密度的确定方法

1）半刚性基层

(1) 击实法

(2) 计算法①对于水泥稳定类，如式(9.1)所示。

$$\rho_0 = \frac{\rho_G}{\left[1 - \frac{(1+k)a}{100}\right]} \tag{9.1}$$

② 对于石灰、二灰稳定类，如式(9.2)所示。

$$\omega_0 = \omega_1 A + \omega_2 B \tag{9.2}$$

2）碎石类

采用击实法、振动台法。

2. 沥青混合料标准密度的确定方法

(1) 马歇尔击实法。

(2) 水中重法：仅适用于密实的Ⅰ型沥青混凝土试件，不适用于采用了吸水性大的集料的沥青混合料试件。

(3) 表干法：适用于测定吸水率不大于2%的各种沥青混合料试件。

(4) 蜡封法：适用于吸水率大于2%的沥青混凝土试件以及沥青碎石混合料试件。

(5) 体积法：适用于空隙率较大的沥青碎石混合料及大空隙透水性开级配沥青混合料试件。

(6) 最大理论密度法：计算。

(7) 实测最大密度法：实测。

9.1.2　现场密度测试方法

通常采用灌砂法、核子密度湿度仪法、环刀法、钻芯法测定沥青面层密度，如表9.2所示。

表9.2　现场密度检测方法及适用范围比较

试验方法	适　用　范　围
灌砂法	在现场测定基层(或底基层)、砂石路面及路基土的各种材料压实层的密度和压实度，以及沥青表面处治、沥青贯入式面层的密度和压实度检测，但不适用于填石路堤等有大孔洞或大孔隙材料的压实度检测
环刀法	细粒土及无机结合料稳定细料土的密度测试，但对无机结合料稳定细粒土，其龄期不宜超过2 d，且宜用于施工过程中的压实度检验
核子法	现场用核子密度仪以散射法或直接透射法测定路基或路面材料的密度和含水率，并计算施工压实度；施工质量的现场快速评定，不宜用作仲裁试验或评定验收试验
钻芯法	检验从压实的沥青路面上钻取的沥青混合料芯样试件的密度，以评定沥青面层的施工压实度，同时适用于龄期较长的无机结合料稳定类基层和底基层的密度检测

1. 灌砂法

1）测试原理：灌砂法是利用均匀的砂去置换试筒的体积。

2）仪具与材料：灌砂筒、金属标定罐、基板、含水率测定器具、玻璃板、量砂(图9.1)。

3）试验方法与步骤

(1) 室内标定

① 标定筒下部圆锥体内砂的质量

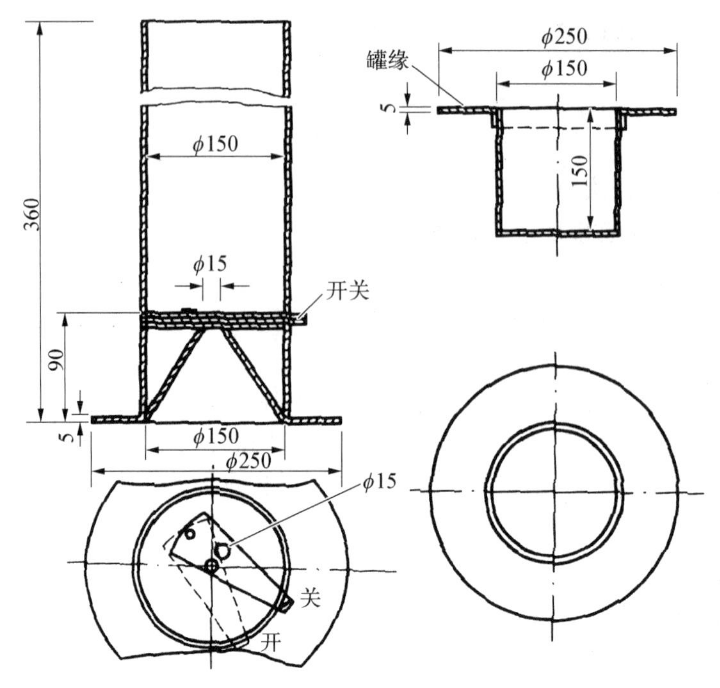

图 9.1　灌砂筒和标定罐(尺寸单位：mm)

a. 在灌砂筒口高度，向灌砂筒内装砂至距筒顶 15 mm 左右为止。称取装入筒内砂的质量，记为 m_1。

b. 将开关打开，让砂自由流出，并使流出砂的体积与工地所挖试坑内的体积相当(可等于标定罐的容积)，然后关上开关，称量灌砂筒内剩余砂的质量，记为 m_2。

c. 不晃动储砂筒的砂，轻轻地将灌砂筒移至玻璃板上，将开关打开，让砂流出，直到筒内砂不再下流时，将开关关上，并细心地取走灌砂筒。

d. 收集并称量留在板上的砂或称量筒内的砂，玻璃板上的砂就是填满锥体的砂。

e. 重复上述测量 3 次，取其平均值。

② 标定量砂的单位质量

a. 用水确定标定罐的容积 V，准确至 1 mL。

b. 在储砂筒中装入质量为 m_3 的砂，并将灌砂筒放在标定罐上，将开关打开，让砂流出，在整个流砂过程中，不要碰动灌砂筒，直到砂不再下流时，将开关关闭。取下灌砂筒，称取筒内剩余砂的质量 m_4，准确至 1 g。

c. 计算填满标定罐所需砂的质量；计算量砂的单位质量 γ_s。

(2) 现场测试

① 在试验地点，选一块平坦表面，并将其清扫干净，其面积不得小于基板面积。

② 将基板放在平坦表面上。当表面的粗糙度较大时，则进行现场锥体填砂质量的标定。

③ 将基板放回清扫干净的表面上，沿基板中孔凿洞(洞的直径与灌砂筒一致)。在凿洞过程中，应注意勿使凿出的材料丢失，并随时将凿出的材料取出装入塑料袋中，不使水分蒸发，也可放在大试样盒内。试洞的深度应等于测定层厚度，但不得有下层材料混入，最后将

洞内的全部凿松材料取出。对土基或基层,为防止试样盘内材料的水分蒸发,可分几次称取材料的质量。全部取出材料的总质量为 m_1,准确至 1 g。

④ 测含水率。

⑤ 灌砂。

⑥ 计算。

4）注意事项

灌砂法是施工过程中最常用的试验方法之一。此方法表面上看起来较为简单,但实际操作时常常不好掌握,并会引起较大误差;又因为它是测定压实度的依据,故经常是质量检测监督部门与施工单位之间发生矛盾或纠纷的环节。因此应严格遵循试验的每个细节,以提高试验精度。为使试验做得准确,应注意以下几个环节。

(1) 量砂要规则。量砂如果重复使用,一定要注意晾干,处理一致,否则影响量砂的松方密度。

(2) 每换一次量砂,都必须测定松方密度,漏斗中砂的数量也应该每次重做。因此量砂宜事先准备较多数量。切勿到试验时临时找砂,又不做重测松方密度,仅使用以前的数据。

2. 核子密度温度仪法

1）使用方法分类

(1) 散射法:用于测定沥青混合料面层的压实密度时,沥青面层的层厚应不大于根据仪器性能决定的最大厚度。

(2) 透射法:用于测定土基或基层材料的压实密度及含水率时,打洞后用直接透射法测定,测定层的厚度不宜大于 20 cm。

(3) 注意事项:

① 当用散射法测定时,应用细砂填平测试位置路表结构中凹凸不平的空隙,使路表面平整,能与仪器紧密接触。

② 当使用直接透射法测定时,应在表面上用钻杆打孔,孔深略深于要求测定的深度,孔应竖直圆滑并稍大于射线源探头。

2）试验方法与步骤

(1) 如用散射法测定时,应按图 9.2 的方法将核子仪平稳地置于测试位置上。

(2) 如用直接透射法测定时,应按图 9.3 方法将放射源棒放下,插入已预先打好的孔内。

(3) 打开仪器,测试员退出仪器 2 m 以外,按照选定的测定时间进行测量,到达测定时间后,读取显示的各项数值,并迅速关机。

各种型号的仪器具体操作步骤略有不同,可按照仪器使用说明书进行操作。

3）使用安全注意事项

(1) 仪器工作时,所有人员均应退到距仪器 2 m 以外的地方。

(2) 仪器不使用时,应将手柄置于安全位置,仪器应装入专用的仪器箱内,放置在符合核辐射安全规定的地方。

(3) 仪器应由经有关部门审查合格的专人保管,专用使用。对从事仪器保管及使用的人员,应遵照有关核辐射检测的规定,不符合核防护规定的人员,不宜从事此项工作。

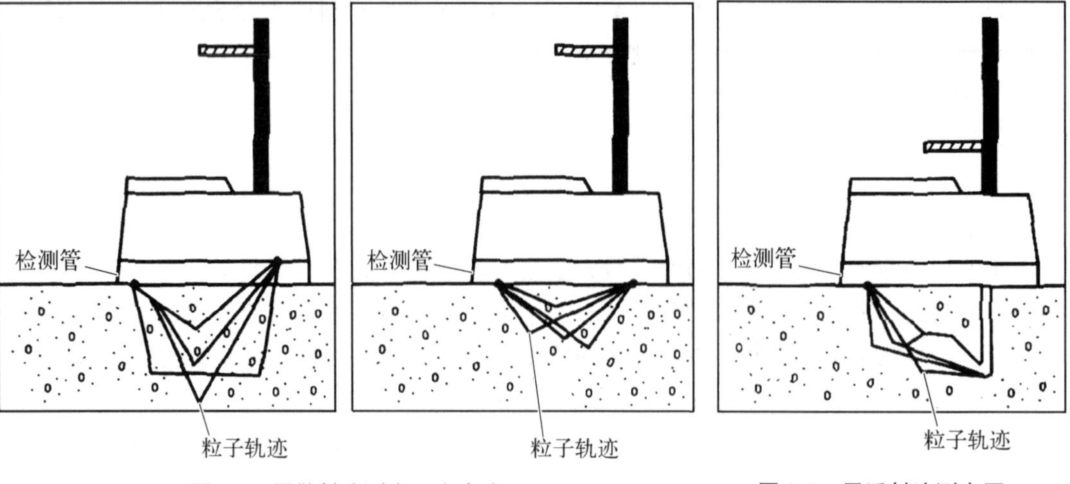

图 9.2　用散射法测定压实密度

图 9.3　用透射法测定压实密度及含水率

3. 环刀法

测试时的取样位置：通常环刀高度约为 5 cm，就检查路基土和路面结构层的压实度而言，我们需要的是整个碾压层的平均压实度，而不是碾压层中某一部分的压实度。因此，在用环刀法测定土的密度时，应使所得密度能代表整个碾压层的平均密度，即使环刀所取的土恰好是碾压层中间的材料。

环刀法的适用场合：环刀法适用面较窄，仅适用于细粒土及短龄期的无机结合料稳定细粒土。含有粒料的稳定土及松散性材料无法使用该方法。

9.1.3　钻芯法测定沥青面层的压实度

沥青混合料面层的施工压实度是指按规定方法测得的混合料试样的毛体积密度与标准密度之比，以百分率表示。对沥青混合料，国内外均以取样测定作为其标准试验方法。

1. 试验检测中应注意的问题

当一次钻孔取得的芯样包含有不同层位的沥青混合料时，应根据结构组合情况用切割机将芯样沿各层结合面锯开，分层进行测定。

压实度的大小取决于实测的压实密度，同样也与标准密度的大小有关。但目前对标准密度的规定并不统一，有些工程在压实度达不到时便重新进行马歇尔试验，调整标准密度使压实度达到要求，这实际上是弄虚作假。为防止这种情况，新的检测方法规定了三种标准密度。在进行检测时，应结合工程实际情况，采用相应的标准密度。

2. 压实度检测结果的评定

（1）压实度评定要点

① 控制平均压实度的置信下限，以保证总体水平；

② 规定单点极值不得超出规定值，防止局部隐患；

③ 规定扣分界限以区分质量优劣。

检验评定段的压实度代表值 K（算术平均值的下置信界限）为

$$K = \bar{k} - t_{\alpha} \cdot s / \sqrt{n} \tag{9.3}$$

式中，$\bar{k}$ 为检验评定段内各测点压实度的平均值；t_{α}为 t 分布表中随测点数和保证率(或置信度)而变的系数，高速、一级公路的基层、底基层为 99%，路基、路面面层为 95%，其他公路的基层、底基层为 95%，路基、路面面层为 90%；s 为检测值的均方差；n 为检测点数。K_0 为压实度标准值。

(2) 压实度检测结果的评定(图 9.4)

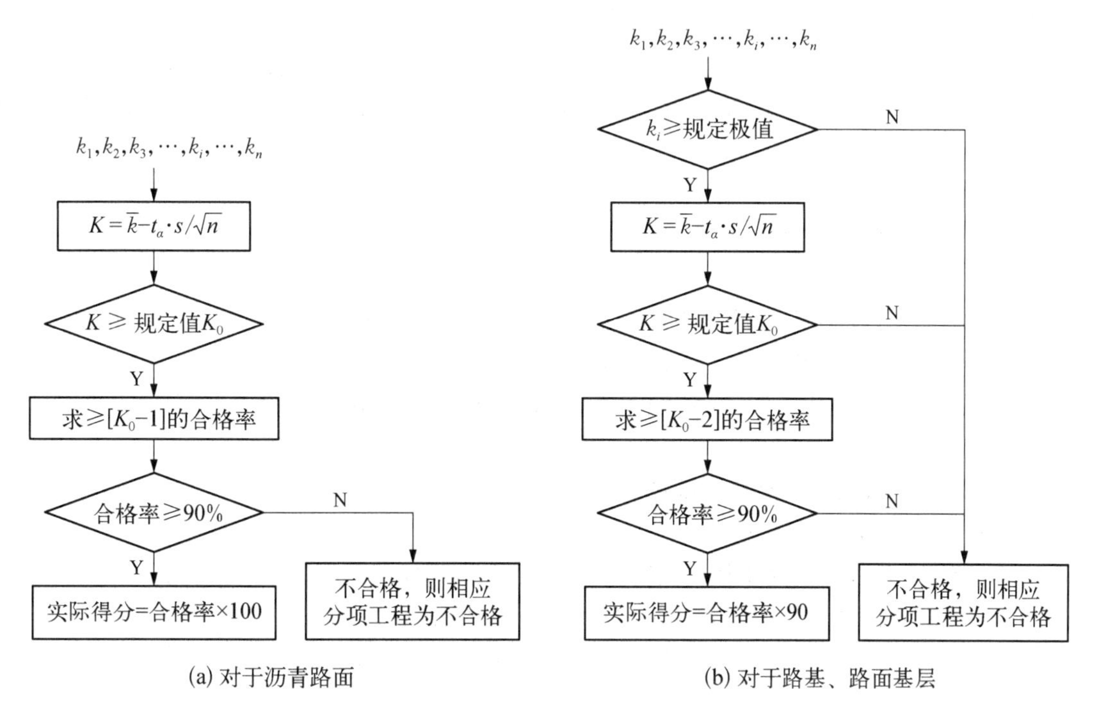

图 9.4　压实度检测结果评定方法

(3) 讨论问题

(1) 压实度会超百吗？请分析原因。

(2) 对于粗粒土，应该怎样确定最大干密度？

(3) 比较沥青混合料标准密度的确定方法。

9.2　平整度检测技术

平整度是路面施工质量与服务水平的重要指标之一。它是指以规定的标准量规，间断地或连续地测量路表面的凹凸情况的指标。

路面的平整度与路面各结构层次的平整状况有着一定的联系，即各层次的平整效果将累积反映到路面表面上，这也是路面平整度传递理论的一个重要结论。

平整度检测方法及评价指标如表 9.3 所示。

表 9.3 平整度检测方法及评价指标

检测方法	评价指标
三米直尺法	最大间隙 Δ
8 轮仪	标准差 σ
颠簸累积仪法	颠簸累积值 VBI
断面仪(水准仪,断面尺,激光技术)	国际平整度指数 IRI

路网的全面调查宜采用车载式检测设备快速检测;小范围的抽样调查可采用连续式平整度仪或三米直尺检测。各种方法的测定结果应建立与国际平整度指数之间的对应关系。

9.2.1 三米直尺法

三米直尺测定法有单尺测定最大间隙及等距离(1.5 m)连续测定两种。两种方法测定的路面平整度有较好的相关性。前者常用于施工质量控制与检查验收,单尺测定时要计算出测定段的合格率;等距离连续测试也可用于施工质量检查、验收,要算出标准差,用标准差来表示平整程度。

1. 三米直尺法测点选择及测试要点

在测试路段路面上选择测试地点:

(1) 当施工过程中需要质量检测时,测试地点根据需要确定,可以单杆检测。

(2) 当路基、路面工程中需要质量检查验收或进行路况评定时,应首尾相接连续测量 10 尺。除特殊需要外,应以行车道一侧的轮迹带(距车道线 80~100 cm)作为连续测定的标准位置。

(3) 对已形成车辙的旧路面,应取车辙中间位置为测定位置,用粉笔在路面上做好标记。

2. 三米直尺法试验报告

单杆检测的结果应随时记录测试位置及检测结果。连续测定 10 尺时,应报告平均值、不合格尺数、合格率。

9.2.2 车载式颠簸累积仪法

本方法规定用车载式颠簸累积仪测量车辆在路面上通行时后轴与车厢之间的单向位移累积值 VBI,用来表示路面的平整度,以 cm/km 计。

1. 主要设备: 车载式颠簸累积仪测试车如图 9.5 所示。

2. 工作原理

测试车以一定的速度在路面上行驶,由路面上的凹凸不平状况引起汽车的激振,通过机械传感器可测量后轴同车厢之间的单向位移累积值 VBI,以 cm/km 计。VBI 越大,说明路面平整性越差,人乘坐汽车时越不舒适。

3. 使用技术要点

(1) 仪器安装应准确、牢固、便于操作。

(2) 测试速度以 32 km/h 为宜,一般不宜超过 40 km/h。

4. 应用注意事项

(1) 检测结果与测试车机械系统的振动特性和车辆行驶速度有关。减振性能好,则 *VBI* 测值小;车速越高,*VBI* 测值越大。因此,必须对机械系统进行良好的保养和检测,严格控制车速,以保持测定结果的稳定性。

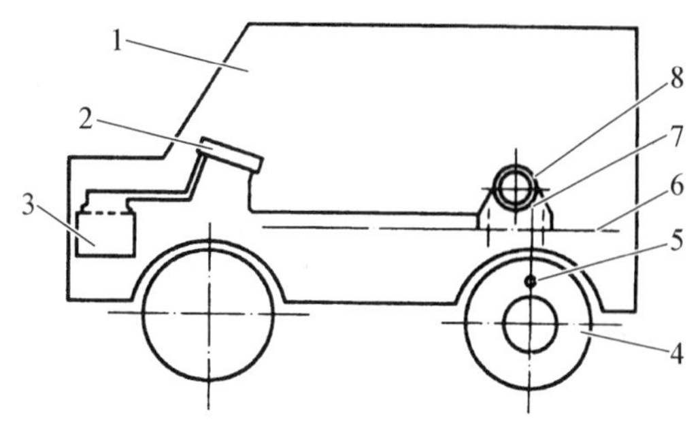

图 9.5 车载式颠簸累积仪安装示意图

1—测试车;2—数据处理器;3—电瓶;4—后桥;5—挂钩;6—底板;7—钢丝绳;8—颠簸累积仪传感器

(2) 用车载式颠簸累积仪测出的颠簸累积值 *VBI*,与用连续式平整仪测出的标准差概念不同,可通过对比试验,建立两者的相关关系,将 *VBI* 值换算为 σ,用于路面平整度评定。

(3) 国际平整度指数 *IRI* 是国际上公认的衡量路面行驶舒适性或路面行驶质量的指数。也可通过标定试验,建立 *VBI* 与 *IRI* 的相关关系,将颠簸累积仪测出的颠簸累积值 *VBI* 换算为国际平整度指数 *IRI*。

5. 试验报告

(1) 应列表报告每一个评定路段内各测定区间的颠簸累积值,各评定路段颠簸累积值的平均值、标准差、变异系数。

(2) 测试速度。

(3) 试验结果与国际平整度指数等其他平整度指标建立相关关系式、参数值、相关系数。

9.2.3 连续式平整度仪法

1. 适用范围

本方法用于测定各等级公路路表面的平整度,评定路面的施工质量和使用质量,但不适用于在已有较多坑槽、破损严重的路面上测定。

2. 主要仪器设备

主要仪器包括连续式平整度仪(图 9.6)、牵引车。

3. 使用技术要点

(1) 在牵引汽车的后部,将平整度的挂钩挂上后,放下测定轮,启动检测仪器及记录仪,随即启动汽车,沿道路纵向行驶,横向位置保持稳定,并检查平整度检测仪表上测定数字显示、打印、记录的情况。如检测设备中某项仪表发生故障,即停车检测。牵引平整

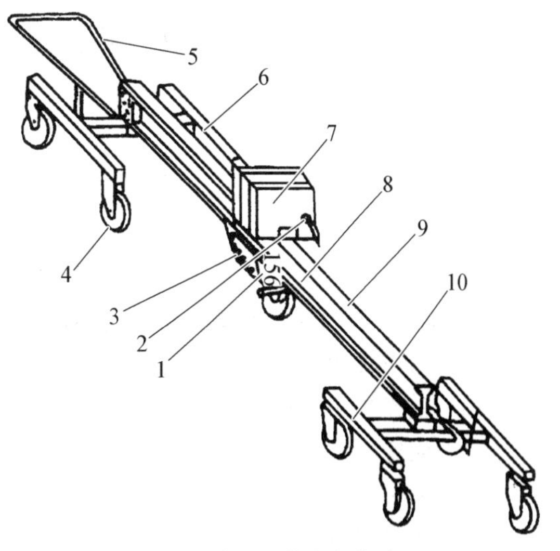

图 9.6 连续式平整度仪构造图

1—测架;2—离合器;3—拉簧;4—脚轮;5—牵引架;6—前架;7—纵断面绘图仪;8—测定轮;9—纵梁;10—后架

度仪的速度应均匀，速度宜为 5 km/h，最大不得超过 12 km/h。

(2) 在测试路段较短时，亦可用人力拖拉平整度仪测定路面的平整度，但拖拉时应保持匀速前进。

4. 试验报告

连续式平整度仪测定后，可按每 10 cm 间距采集的位移值自动计算 100 m 区间的平整度标准差。

试验应列表报告每一个评定路段内各测定区间的平整度标准差、各评定路段平整度的平均值、标准差、变异系数及不合格区间数。

9.2.4 激光平整度仪

1. 激光位移传感器检测原理

目前激光位移传感器几乎都采用三角测量原理(图 9.7)，不同点在于工作距、分辨率、精度等不同。

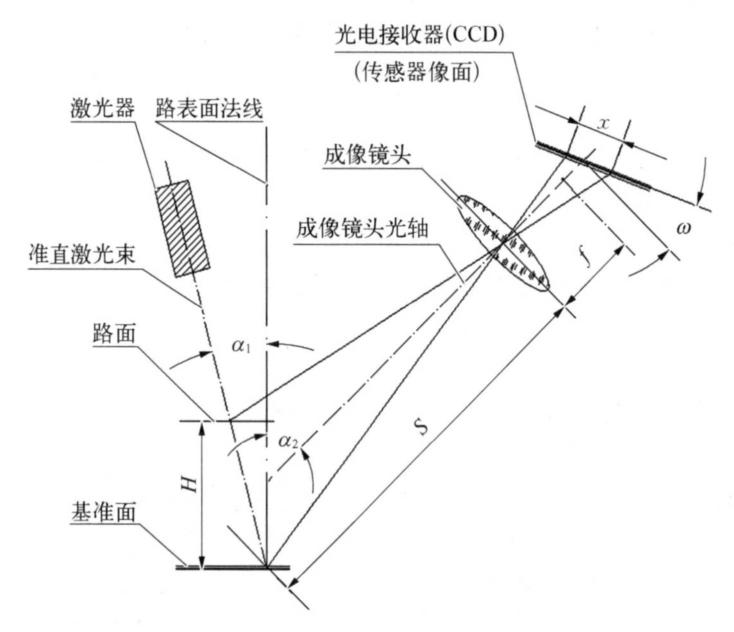

图 9.7 激光位移传感器测量原理

影响精度的因素：工作距、光电接收器的大小、像素、测量范围、采样频率、结构尺寸等。

2. 主要零部件

(1) 激光器组件；

(2) 成像镜头；

(3) 窄带滤光片；

(4) 光电接收器；

(5) 驱动电路；

(6) 精密结构；

(7) 电路及数据接口。

9.3　抗滑性能检测技术

抗滑性能被看作路面的表面性能。表面特征包括路表面的细构造与粗构造。路表面细构造指集料表面的粗糙度,它随车轮的反复磨耗而逐渐被磨光。通常用石料的磨光值表征其抗磨光性能。细构造在低速时对路表抗滑起决定作用。而高速时起决定作用的是粗构造,它是由路表外露集料形成的构造,功能是使路表水迅速排除,以避免形成水膜。

影响抗滑性能的因素有:路面表面特征、路面潮湿程度、路面温度、行车速度。

9.3.1　抗滑性能表征

1. 表征抗滑性能的指标与方法

(1) 摩擦系数:摩擦系数测试车、制动距离法。

(2) 摩擦摆值:摆式仪法。

(3) 构造适度:手工铺砂法、电动铺砂法、激光法。

(4) 横向力系数:横向力系数测试车。

2. 概念

(1) 摩擦系数:车辆轮胎受到制动时沿表面滑移所产生的力。

(2) 抗滑摆值:指用标准的手提式摆式摩擦系数测试仪测定的路面在潮湿条件下对摆的摩擦阻力。

(3) 构造深度:指一定面积的路表面凹凸不平的开口空隙的平均深度。

(4) 横向力系数:指用标准的摩擦系数测试车测定,当测定轮与行驶方向成一定角度且以一定速度行驶时,轮胎与潮湿路面之间的摩擦阻力与试验轮上荷载的比值。

9.3.2　抗滑性能检测试验方法

1. 手工铺砂法

主要仪具与材料:手工铺砂仪、量砂、量尺及其他仪具。

1) 准备工作

(1) 量砂准备:取洁净的细砂晾干、过筛,取 0.15～0.3 mm 的砂置于适当的容器中备用。量砂只能在路面上使用一次,不宜重复使用。回收砂必须经干燥、过筛处理后方可使用。

(2) 对测试路段按随机取样选点的方法,决定测点所在横断面位置。测点应选在行车道的轮迹带上,距路面边缘不应小于 1 m。

2) 注意事项

(1) 装砂:用小铲向圆筒中注满砂,手提圆筒上方,在硬质路面上轻轻地叩打 3 次,使砂密实,补足砂面用钢尺一次刮平。不可直接用量砂筒装砂,以免影响量砂密度的均匀性。

(2) 摊铺时不可用力过大或向外推挤。

(3) 同一处平行测定不少于3次,3个测点均位于轮迹带上,测点间距3～5 m。该处的测定位置以中间测点的位置表示。

3) 试验报告

(1) 列表逐点报告路面构造深度的测定值及3次测定的平均值,当平均值小于0.2 mm时,试验结果以小于0.2 mm表示。

(2) 计算评定区间的路面构造深度的平均值、标准差、变异系数。

2. 电动铺砂法

(1) 人为因素小。

(2) 使用前先要进行室内标定。

(3) 量砂: 0.15～0.3 mm。

(4) 试验过程(略)。

3. 摆式仪测定路面抗滑值试验方法

仪具与材料: 摆式仪、标准量尺、洒水壶、路面温度计及其他仪具。

1) 准备工作

(1) 检查摆式仪调零的灵敏情况,并定期进行仪器的标定。当用于路面工程检查验收时,仪器必须重新标定。

(2) 对测试路段按随机取样方法,决定测点所在横断面位置。测点应选在行车车道的轮迹带上,距路面边缘应不小于1 m,并用粉笔做标记。测点位置宜紧靠铺砂法测定构造深度的测点位置,并与其一一对应。

2) 试验步骤

(1) 仪器调平:

① 将仪器置于路面测点上,并使摆的摆动方向与行车方向一致。

② 转动底座上的调平螺栓,使水准泡居中。

(2) 调零。

(3) 校核滑动长度。

(4) 洒水。

(5) 测摆值。

3) 抗滑值的温度修正

当路面温度为 T 时,测得的值必须按式(9.4)换算成标准温度下(20℃)的摆值:

$$F_{B20} = F_{BT} + \Delta F \tag{9.4}$$

式中,F_{B20} 为换算成标准温度20℃时的摆值,BPN;F_{BT} 为路面温度时测得的摆值,BPN;T 为测定的路表潮湿状态下的温度,℃;ΔF 为温度修正值,按表9.4选用。

表9.4　温度修正值

温度 T/℃	0	5	10	15	20	25	30	35	40
温度修正系数 ΔF	−6	−4	−3	−1	0	+2	+3	+5	+7

4) 试验报告

(1) 试验日期、测点位置、天气情况、洒水后潮湿路面的温度,并描述路面类型、外观、结构类型等。

(2) 列表逐点报告路面抗滑值的测定值、经温度修正后的值及3次测定的平均值。

(3) 每一个评定路段路面抗滑值的平均值、标准差、变异系数。

4. 摩擦系数测定车测定路面横向力系数

1) 仪具与材料

(1) 摩擦系数测定车：SCRIM型，主要组成如图9.8所示，由车辆底盘、测量机构、供水系统、荷载传感器、仪表及操作记录系统、标定装置等组成。测定车应符合下列要求。

① 测量机构：可以在单侧或双侧各安装2套，测试轮与车辆行驶方向成20°角，作用于测试轮上的静态标准载荷为2 kN。测试轮胎应为3～20的光面轮胎，其标准气压为(0.35±0.01) MPa。

② 测定车辆轮胎气压应符合所使用汽车规定的标准气压范围。

③ 能控制洒水量，使路面水膜厚度不得小于1 mm。通常，测量速度为50 km/h时，水阀开启量宜为50%；测量速度为70 km/h时，水阀开启量宜为70%；其余依此类推。

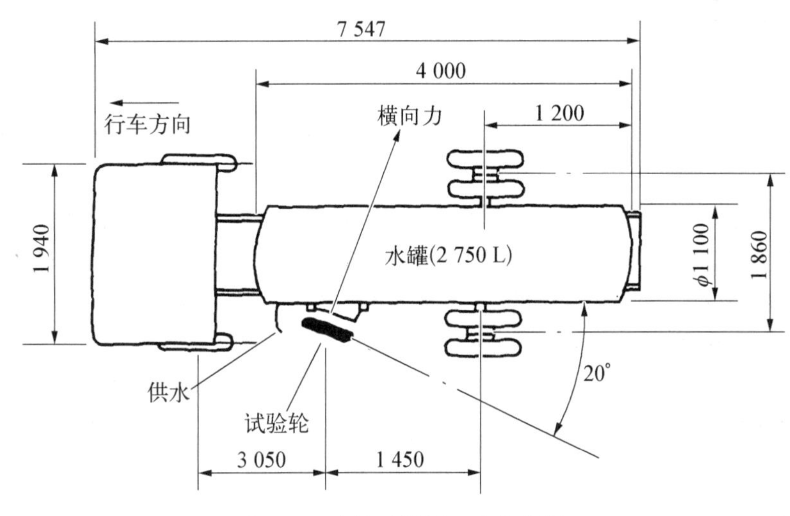

图9.8 摩擦系数测定车构造图

(2) 备用轮胎。

2) 数据处理

将测定的摩擦系数数据存储在磁盘或磁带中，摩擦系数测定车SCRIM系统配有专门数据处理程序软件，可计算和打印出每一个计算区间的摩擦系数值、行程距离、行驶速度、统计个数、平均值及标准差，同时还可打印出摩擦系数的变化图。根据要求将摩擦系数在0～100范围内分成若干区间，作出各区间的路段长度占总测试里程百分比的统计表。

9.4 弯沉检测方法

国内外常用的弯沉检测方法如表9.5所示。

表 9.5　常用的弯沉检测方法

方　　法	技 术 指 标
贝克曼梁法	回弹弯沉(0.01 mm)
自动弯沉仪法	总弯沉(0.01 mm)
落锤式弯沉仪	动态弯沉(0.001 mm)

贝克曼梁法的应用最广泛,它是我国弯沉测试的标准方法,在推广使用其他方法前应该以贝克曼梁法为基准进行标定。

落锤式弯沉仪(Falling Weight Deflectometer, FWD)、自动弯沉仪的测试值与贝克曼梁测试值换算公式如式(9.5)所示。

$$LB = a + b \times L_{\mathrm{FWD}}(L_A) \tag{9.5}$$

9.4.1　贝克曼梁弯沉试验

1. 目的与适用范围

(1) 本方法适用于测定各类路基、路面的回弹弯沉,用以评定其整体承载能力,可供路面结构设计使用。

(2) 本方法测定的路基、沥青路面的回弹弯沉值可供交工和竣工验收使用。

(3) 本方法测定的路面回弹弯沉可为公路养护管理部门制定养路、修路计划提供依据。

(4) 沥青路面的弯沉以标准温度 20℃时为准,在其他温度(超过 20℃±2℃范围)测试时,对厚度大于 5 cm 的沥青路面,弯沉值应予以温度修正。

2. 仪具与材料

测试车(BZZ－100、BZZ－60)、路面弯沉仪(3.6 m、5.4 m)、接触式路面温度计、其他仪具。

3. 准备工作

(1) 检查并保持测定用标准车的车况及刹车性能良好,轮胎内胎符合规定充气压力。

(2) 向汽车车槽中装载(铁块或集料),并用地中衡称量后轴总质量,轴重符合规定要求,汽车行驶及测定过程中,轴重不得变化。

(3) 测定轮胎接地面积:在平整光滑的硬质路面上,用千斤顶将汽车后轴顶起,在轮胎下方铺一张新的复写纸,轻轻落下千斤顶,即在方格纸上印上轮胎印痕,用求积仪或数方格的方法测算轮胎接地面积,结果精确至 0.1 cm^2。

(4) 检查弯沉仪百分表测量灵敏情况。

(5) 当在沥青路面上测定时,用路表温度计测定试验时气温及路表温度(一天中气温不断变化,应随时测定),并通过气象台了解前 5 d 的平均气温(日最高气温与最低气温的平均值)。

(6) 记录沥青路面修建或改建时材料、结构、厚度、施工及养护等情况。

4. 试验步骤

(1) 在测试路段布置测点,其距离随测试需要而定。测点应在路面行车道的轮迹带上。

(2) 将测试汽车开往测点,后轴大约位于测点位置。

(3) 将弯沉仪插入汽车后轮之间的缝隙处,与汽车方向一致,梁臂不得碰到轮胎,弯沉仪测头置于测点上(轮隙中心前方 3～5 cm 处),并安装百分表于弯沉仪的测定杆上,用手指轻轻叩打弯沉仪,检查百分表是否灵敏。弯沉仪可以是单侧测定,也可以双侧同时测定。

(4) 汽车缓缓前进,百分表随路面变形的增加而持续向前转动。当表针转动到最大值时,迅速读取初读数 L_1。汽车仍在继续前进,表针反向回转,待汽车驶出弯沉影响半径(3 m 以上)后,停车。待表针回转稳定后读取终读数 L_2。

5. 弯沉仪的支点变形修正

(1) 修正条件:当采用长度为 3.6 m 的弯沉仪对半刚性基层沥青路面、水泥混凝土路面等进行弯沉测定时,有可能引起弯沉仪支座处变形,因此测定时应检验支点有无变形。

(2) 修正方法:用另一台检验用的弯沉仪安装在测定用的弯沉仪的后方,其测点架于测定用弯沉仪的支点旁。当汽车开出时,同时测定两台弯沉仪的弯沉读数,如检验用弯沉仪百分表有读数,则应该记录并进行支点变形修正。当在同一结构层上测定时,可在不同的位置测定 5 次,求平均值,以后每次测定时以此作为修正值,支点变形修正的原理如图 9.9 所示。

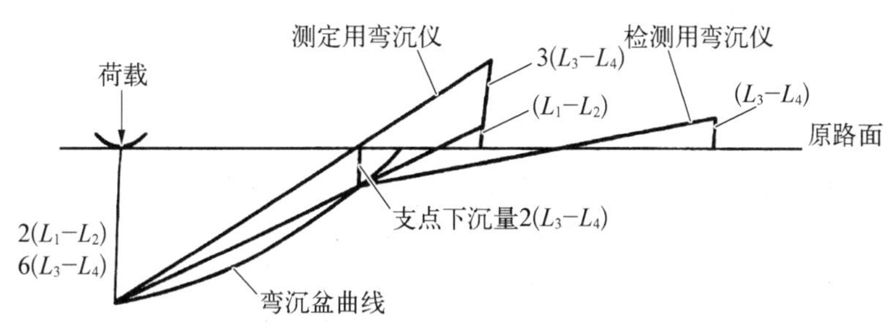

图 9.9　弯沉仪支点变形修正原理图

6. 温度的修正

(1) 经验法:较老的方法。

(2) 查图法:现行标准推荐的方法。

7. 试验数据处理与计算

(1) 测点的回弹弯沉值按式(9.6)计算

$$L_T=(L_1-L_2)\times 2 \tag{9.6}$$

(2) 进行弯沉仪支点变形修正时,路面测点的回弹沉值按式(9.7)计算

$$L_T=(L_1-L_2)\times 2+(L_3-L_4)\times 6 \tag{9.7}$$

(3) 沥青路面回弹弯沉按式(9.8)计算

$$L_{20}=L_T\times K \tag{9.8}$$

8. 结果评定

(1) 计算每一个评定路段的代表弯沉。

(2) 计算平均值和标准差时,应将超出 $\pm(2\sim3)S$ 的弯沉特异值舍弃。对舍弃的弯沉

值过大的点，应找出其周围界限，进行局部处理。用两台弯沉仪同时进行左右轮弯沉值测定时，应按两个独立测点计，不能采用左右两点的平均值。

(3) 弯沉代表值不大于设计要求的弯沉值时得满分，大于时得零分。

(4) 若在非不利季节测定时，应考虑季节影响系数。

9.4.2 自动弯沉仪

1. 工作原理

自动弯沉仪的基本工作原理与贝克曼梁的原理是相同的，都是采用简单的杠杆原理。

自动弯沉仪测定车在检测路段以一定速度行驶，将安装在测试车前后轴之间的底盘下面的弯沉测定梁放到车辆底盘的前端，并支于地面保持不动，当后轴双轮隙通过测头时，弯沉通过位移传感器等装置被自动记录下来，这时，测定梁被拖动，以二倍的汽车速度拖到下一测点，周而复始地向前连续测定。通过计算机可输出路段弯沉检测统计计算结果。

应当注意，自动弯沉仪测定的是总弯沉，因而与贝克曼梁测定的回弹弯沉有所不同。可通过自动弯沉仪总弯沉与贝克曼梁回弹弯沉对比试验，得到两者的关系式，换算为回弹弯沉，用于路基、路面强度评定。

$$L_r = \bar{L} + Z_a S \tag{9.9}$$

2. 设备构造

自动弯沉仪测定车由测试汽车、测量机构、数据采集处理系统三部分组成。测量机构如图 9.10 所示，它安装在测试车底盘下面。

自动弯沉仪测定车的主要技术参数如下。

测试车轴距：6.75 m；

测臂长度：1.75～2.40 m；

后轴荷载：100 kN；

测定轮对路面的压强：0.7 MPa；

最小测试步距：4～10 m；

测试精度：0.01 mm；

测试速度：1.5～4.0 km/h。

图 9.10　自动弯沉仪测量设备

9.4.3 落锤式弯沉仪(FWD)

利用贝克曼梁方法测出的回弹弯沉是静态弯沉。自动弯沉仪检测弯沉时，因为汽车行进速度很慢，所测得的弯沉也接近静态弯沉。为了模拟汽车快速行驶的实际情况，不少国家开发了动态弯沉的测试设备。落锤式弯沉仪(Falling Weight Deflectometer，FWD)模拟行车作用的冲击荷载下的弯沉量测，计算机自动采集数据，速度快、精度高。落锤式弯沉仪是目前国际上最先进的路面强度无损检测设备之一。这种设备特别适用于高等级公路路面和机场的弯沉量测与承载能力的评定。

1. 工作原理

将测定车开到测定地点，通过计算机控制下的液压系统，启动落锤装置，使一定质量的落锤从一定高度自由落下，冲击力作用于承载板上并传递到路面，导致路面产生弯沉，分布于距测点不同距离的传感器检测结构层表面的变形，记录系统将信号输入计算机，得到路面测点弯沉及弯沉盆。

2. 设备构成

落锤式弯沉仪分为拖车式和内置式。拖车式便于维修与存放，而内置式则较小巧、灵便。

落锤式弯沉仪的测量系统示意图如图 9.11 所示，主要包括如下几个装置。

(1) 荷载发生装置：包括落锤和直径 300 mm 的四分式扇形承载板。

(2) 弯沉检测装置：由 5～7 个高精度传感器组成。

(3) 运算及控制装置。

(4) 牵引装置：牵引 FWD 并安装运算及控制装置等的车辆。

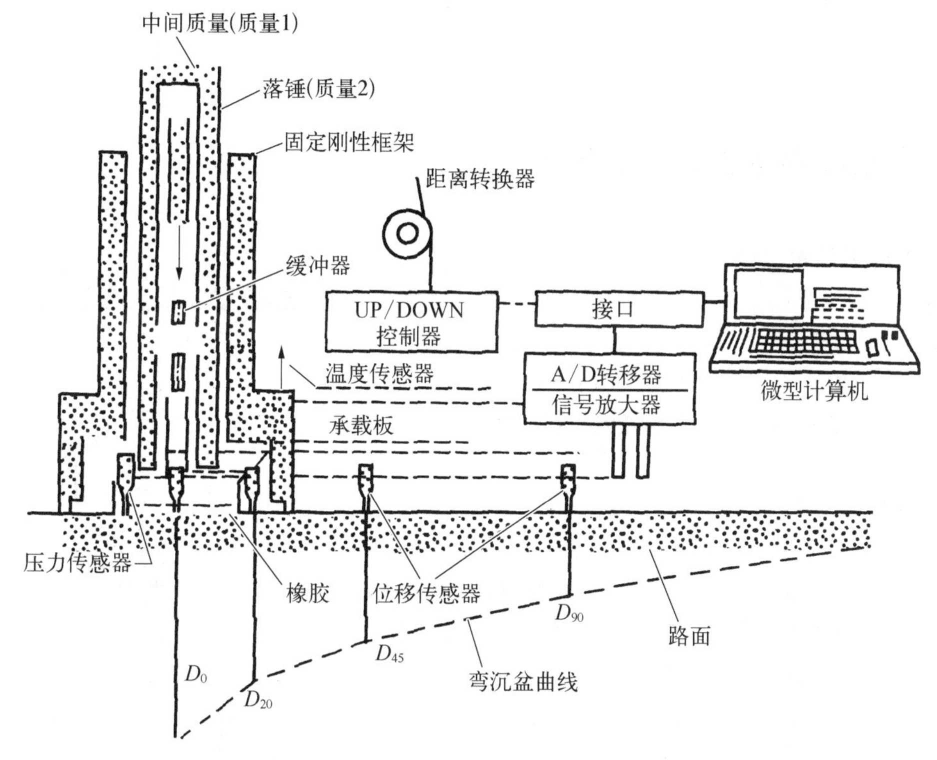

图 9.11　落锤式弯沉仪测量系统示意图

3. 使用技术要点

(1) 通过调节锤重和落高可调整冲击荷载大小。例如，我国路面设计标准轴载为 BZZ－100，锤的质量为 200 kg，可产生 50 kN 的冲击荷载，因为承载板直径为 30 cm，对路面的压强恰为 0.7 MPa。

(2) 检测时，拖车式落锤弯沉仪牵引速度最大可达 80 km/h，根据我国的实际情况，牵引速度以 50 km/h 左右为宜。内置式落锤弯沉仪最高时速大于 100 km/h，每小时可测 65 点。

(3) 传感器分布位置：1 个位于承载板中心，其余布置在传感器支架上。路面结构不同，弯沉影响半径亦不同。路基或柔性基层沥青路面传感器分布在距荷载中心 2.5 m 范围内即可。目前，我国高等级公路大多采用半刚性基层沥青路面结构，弯沉影响半径已达 3～5 m，传感器分布范围应布置在距荷载中心 3～4 m 范围内，以量测路面弯沉盆形状。

(4) 每一测点重复测定不少于 3 次，舍去第一个测定值，取以后几次测定值的平均值作为计算依据，因为第一次测定的结果往往不稳定。

弯沉检测装置操作方式为计算机控制下的自动量测，所有测试数据均可显示在屏幕上，或打印出来，或存储在软盘上；可输出作用荷载、弯沉(盆)、路表温度及测点间距等；可打印弯沉平均值、标准差、变异系数及代表弯沉值等数据。

应当注意，落锤式弯沉仪所测弯沉为动态总弯沉，与贝克曼梁所测的静态回弹弯沉不同。可通过对比试验，得到两者之间的关系，并据此将落锤式弯沉仪所测弯沉值换算为贝克曼梁的静态回弹弯沉值。可利用计算机按弹性层状体系理论的计算模式和程序，根据落锤式弯沉仪所测弯沉盆数据反算路面各层材料的弹性模量。

9.5 承载板测定土基回弹模量

1. 目的和适用范围

(1) 本方法适用于在现场土基表面，通过承载板对土基逐级加载、卸载，测出每级荷载下相应的土基回弹变形值，经过计算求得土基回弹模量。

(2) 本方法测定的土基回弹模量可作为路面设计参数使用。

2. 仪具与材料

(1) 加载设施：将一辆载有铁块或集料等重物、后轴重不小于 60 kN 的载重汽车作为加载设备。在汽车大梁的后轴之后约 80 cm 处，附设加劲小梁一根作反力架。汽车轮胎充气压力为 0.50 MPa。

(2) 现场测试装置，如图 9.12 所示，由千斤顶、测力计(测力环或压力表)及球座组成。

(3) 刚性承载板一块，板厚为 20 mm，直径为 30 cm，直径两端设有立柱和可以调整高度的支座，供安放弯沉仪测头，承载板安放在土基表面上。

(4) 路面弯沉仪两台，由贝克曼梁、百分表及其支架组成。

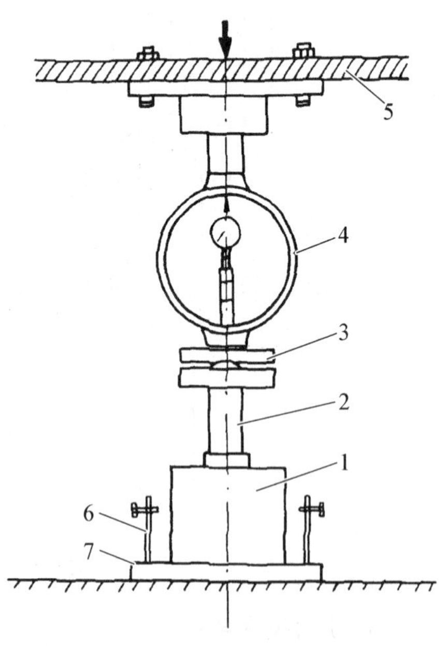

图 9.12 承载板试验现场测试装置

1—加载千斤顶；2—钢圆筒；3—钢板及球座；4—测力计；5—加劲横梁；6—立柱及支座；7—承载板

（5）液压千斤顶一台，80～100 kN，装有经过标定的压力表或测力环，其容量不小于土基强度，测定精度不小于测力计量程的1/100。

（6）秒表。

（7）水平尺。

（8）其他仪具：细砂、毛刷、垂球、镐、铁锹、铲等。

3. 方法与步骤

1）准备工作

（1）根据需要选择有代表性的测点，测点应位于水平的路基上，土质均匀，不含杂物。

（2）仔细平整土基表面，撒干燥洁净的细砂填平土基凹处，砂子不可覆盖全部土基表面，避免形成一层。

（3）安置承载板，并用水平尺进行校正，将承载板置于水平状态。

（4）将试验车置于测点上，在加劲小梁中部悬挂垂球测试，使之恰好对准承载板中心，然后收起垂球。

（5）在承载板上安放千斤顶，上面衬垫钢圆筒、钢板，并将球座置于顶部与加劲横梁接触。如用测力环时，应将测力环置于千斤顶与横梁中间，千斤顶及衬垫物必须保持垂直，以免加压时千斤顶倾倒发生事故并影响测试数据的准确性。

（6）安放弯沉仪，将两台弯沉仪的测头分别置于承载板立柱的支座上，百分表对零或其他合适的初始位置上。

2）测试步骤

（1）用千斤顶开始加载，注视测力环或压力表，至预压0.05 MPa，稳压1 min，使承载板与土基紧密接触，同时检查百分表的工作情况是否正常，然后放松千斤顶油门卸载，稳压1 min后，将指针对零或记录初始读数。

加载⟶稳定⟶读数⟶卸载⟶稳定⟶读数

（2）测定土基的压力—变形曲线。当两台弯沉仪百分表读数之差小于平均值的30%时，取平均值；如超过30%，则应重测。当回弹变形值超过1 mm时，即可停止加载。

（3）测定总影响量a。最后一次加载、卸载循环结束后，取走千斤顶，重新读取百分表初读数，然后将汽车开出10 m以外，读取终读数，两只百分表的初、终读数差的平均值即为总影响量a。

4. 计算

（1）各级荷载的回弹变形和总变形，按如下方法计算。

回弹变形(L)=(加载后读数平均值－卸载后读数平均值)×弯沉仪杠杆比

总变形(L')=(加载后读数平均值－加载初始前读数平均值)×弯沉仪杠杆比

（2）各级压力的回弹变形值加上该级的影响量后，则为计算回弹变形值。

（3）将各级计算回弹变形值点绘于标准计算纸上，排除显著偏离的异常点并绘出顺滑的P—L曲线，如曲线起始部分出现反弯，应按图9.13修正原点O，O'则是修正后的原点。

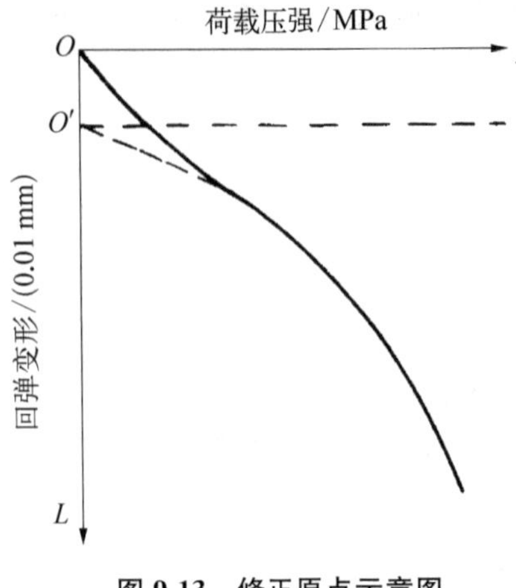

图 9.13 修正原点示意图

(4) 取结束试验前的各回弹变形值，按线性回归方法由式(9.10)计算土基回弹模量 E_0

$$E_0=\frac{\pi D}{4}\cdot\frac{\sum p_i}{\sum L_i}(1-\mu_0^2) \tag{9.10}$$

式中，E_0 为土基回弹模量，MPa；μ_0 为土的泊松比，根据部颁设计规范规定取用；L_i 为结束试验前的各级实测回弹变形值；p_i 为对应于 L_i 的各级压力值。

5. 试验报告应记录的结果(表 9.6)

(1) 试验时所采用的汽车。

(2) 试验时土基的含水率(%)。

(3) 土基密度和压实度。

(4) 土基回弹模量 E_0 值(MPa)。

表 9.6 承载板测定记录表

路线和编号： 测定层位： 承载板直径/cm：						路面结构： 测定用汽车型号： 测定日期：　年　月　日				
千斤顶读数	荷载 p/kN	承载板压力 p /MPa	百分表计数/(0.01 mm)			总变形 /(0.01 mm)	回弹变形 /(0.01 mm)	分级影响量 /(0.01 mm)	计算回弹变形 /(0.01 mm)	E_i /MPa
			加载前	加载后	卸载后					
总影响量 a										
土基回弹模量 E_0 值/MPa										

9.6 结构层厚度检测

在路面工程中，各个层次的厚度是和道路整体强度密切相关的。在路面设计中，不管是刚性路面，还是柔性路面，其最终要决定的，都是各个层次的厚度，只有在保证厚度的情况下，路面的各个层次及整体的强度才能得到保证。除了能保证强度外，严格控制各结构层的厚度，还能对路面的标高起到一定的控制作用，因此厚度是一个非常重要的指标。

1. 检测方法

路面各结构层厚度的检测一般与压实度的检测同时进行，当用灌砂法进行压实度检测时，量取的挖坑灌砂深度即为结构层厚度。当用钻芯取样法检测压实度时，可直接量取芯样高度。结构层厚度也可以采用水准仪量测法求得，即在同一测点量出结构层底面及顶面的高程，然后求其差值。这种方法无须破坏路面，测试精度高。目前，国内外还有用雷达、超声波等方法检测路面的结构层厚度。

2. 检测结果评定

(1) 路面厚度是关系质量和造价的重要指标，既不能给承包商提供偷工减料的机会，又要考虑正常施工条件下的厚度偏差情况，采用平均值的置信下限作为评定指标，单点极值作为扣分指标。

(2) 计算一个评定路段的厚度的平均值、标准差、变异系数，并计算代表厚度。厚度代表值按式(9.11)计算

$$x_1 = \bar{x} - \frac{t_\alpha S}{\sqrt{n}} \tag{9.11}$$

式中，x_1为厚度代表值；x 为厚度平均值；S 为标准差；n 为检测数量；t_α为分布在表中随测点和保证率(或置信度)而变的系数。高速公路、一级公路的基层、底基层 t_α 为 99%，面层为 95%；其他公路的基层、底层 t_α 为 95%，面层为 90%。

(3) 当厚度代表值大于或等于设计厚度与代表值允许偏差之差时，则按单个检查值的偏差是否超过极值来评定合格率和计算应得分数；当厚度代表值小于设计厚度与代表值允许偏差之差时，则厚度指标评为零分。

(4) 沥青面层一般按沥青铺筑层总厚度进行评定，但高速公路和一级公路多分 2～3 层铺筑，还应进行上面层厚度检查和评定。

9.7　无损检测技术及应用

9.7.1　激光检测技术

激光检测技术是近几十年来发展起来的新型无损检测技术。它之所以能得到广泛应用，主要是由于激光具有高亮度、高分辨率，以及良好的方向性、相干性、衍射性等特点。激光技术在路面检测中的应用主要利用了激光的上述特性，可归纳为三种原理：(1) 衍射原理，利用激光遇狭缝发生衍射现象的特点，调整狭缝的宽窄，得到屏幕上不同狭缝宽度下的亮暗相干条纹，建立二者的相互关系，可根据相干条纹的情况来判断狭缝宽度的变化；(2) 光电反射原理，利用“激光光强愈强，则光电流愈强”的原理，通过光电转化器将光能转化为电能，当激光光强发生变化时，光电流也随之发生变化，事先标定建立光电流与位移关系，可根据光电流的变化反算弯沉位移的变化量；(3) 光时差原理，利用激光传播速度极快的原理记录激光通过很短距离的时差。

1. 适用范围

基于激光检测技术上述三种检测原理，在路基和路面检测中，激光主要应用于距离测定、纹理深度测定、弯沉测定、车辙深度及平整度测定几个方面。

2. 检测仪器

1) 激光弯沉仪

激光弯沉仪依靠光线作为臂长，可以射得很远，由于激光发射角窄，光点小而红亮，10 m远处仍清晰可见，读数稳定，精度高，且操作简易，体积小。

(1) 主要结构

激光弯沉测定仪的主要结构如图 9.14 所示。

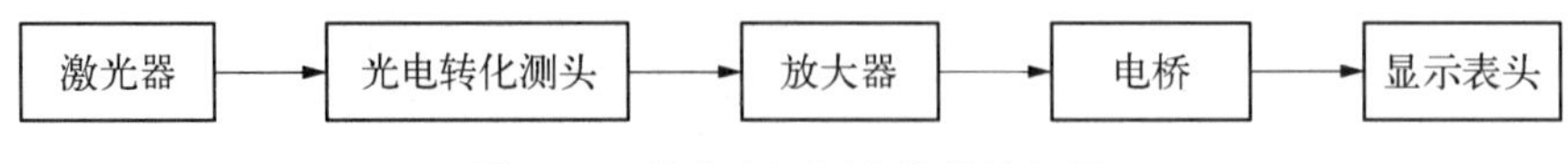

图 9.14 激光弯沉测定仪结构框图

(2) 工作原理

激光-硅光电池路基路面弯沉测定的基本工作原理如图 9.15 所示。

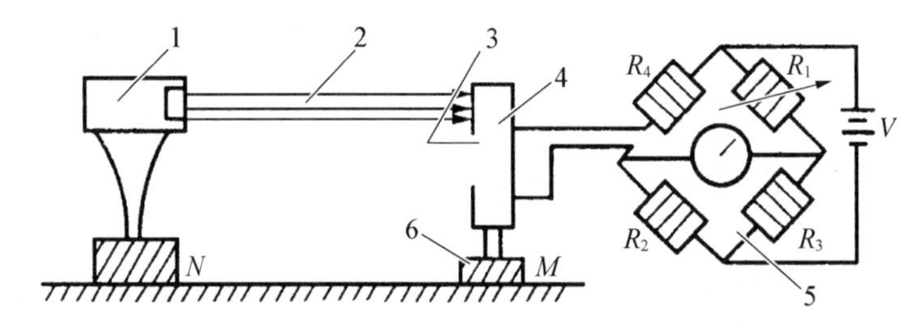

图 9.15 激光弯沉测量原理图

1—激光器；2—激光束；3—进光小孔；4—硅光电池；5—电桥；6—侧头稳块

激光器 1 需要稳定，如安置在路面的汽车荷载作用下不下沉的 N 点处，发出平行激光束 2 后，射到硅光电池测头的小孔 3 的下部。测头安置在汽车后轮隙中间，与弯沉仪测端一样，且有重块 5 稳定在轮隙下面的路面(或路基)M 处。在测量之前，将激光束 2 调节在小孔 3 的上部，但须有微量的光束穿过小孔射到硅光电池 4(传感器)上。这种调法可以确定光束 2 是否在待测位置，并把此时的位置作为零值点。由于有微量的光束射到硅光电池 4 上，因此，4 上会产生电流，这时，可靠电桥 6 来补偿调节置零，只要调节可变电位器 R_1，即能使硅光电池上出现的光电流置零。

在上述准备工作做完后，让被测汽车驶离，M 点路面将徐徐地回弹，硅光电池测头(传感器)也随之向上，激光束落入小孔且射到硅光电池上，即刻产生电流。落入的激光能越多，产生的伏特效应越大，光电流也越多；当激光落入少时，则光电流也随之减小。光电流的增加或减少完全与硅光电池测头的变动距离有密切关系，光电流少时，落入小孔的激光量也少。此时，路面回弹变形也小，而当光电流大时，落入小孔且射到硅光电池上的激光量增加，则意味着路面(或路基)回弹变形增大。因此，通过光电流的大小，完全可以测出路面实际回弹变形(回弹弯沉)的数值，这就是利用激光-硅光电池测定路基路面回弹弯沉值的基本工作原理。

(3) 仪器设计与应用技术要点

① 仪器标定

仪器标定工作一般在室内进行，根据我国目前的路面刚度情况，可以将激光的射程光束定为5 m。标定工作需千分表头、表架各一个，变形架一个，激光器弯沉测定仪一套。

标定程序：先对光，然后调零。调零可以用螺丝进行，准备工作做好后，即可进行标定。调节变形升降杆，以一定的速率变形上升，然后将光电流记录下来，就得到了变形量—光电流的对应变化关系。实践证明，变形量与光电流在低值时呈线性关系。

② 硅光电池选择

硅光电池是激光弯沉仪的核心部件，在设计仪器时可根据变形量精心选择。一般激光器的发射功率以及入射光强在出厂时均有规定，如没有规定，可由试验决定，这样便可根据入射光强以及变形量的大小综合挑选。

③ 光电流温度修正

一般，硅光电池的工作温度为30℃，当超过30℃时，光电流的产生将要受到温度影响。在野外进行弯沉测定时，有时路面温度会超过30℃，因此需要对光电流进行温度影响修正。温度影响修正的速率以5℃间隔上升为宜，并在20～60℃范围内变化，且量取它们的变化值，即可得到光电流温度影响修正值曲线。

2）激光路面平整仪

用三米直尺法检测路面平整度，尽管设备简单、直观，但测试速度太慢，劳动强度大。连续式平整度仪的测速最高只有15 km/h，工作效率也较低。

平整度的测试设备可分为两大类，一类用于测试路表不平整程度（反应类设备），另一类用于测定路表凹凸情况（断面测试仪）。目前，颠簸累积仪是应用最广泛的反应类设备，激光平整度仪则是最先进的断面类设备。它们提高了路面平整度的测速与精度。

激光路面平整度测定仪是一种与路面无接触的测量仪器，测试速度快，精度高。这种仪器还可同时进行路面纵断面、横坡、车辙等测量，因此，也被称为激光路面断面测试仪。

（1）主要结构

激光路面平整度仪是一台装有激光传感器、加速度计和陀螺仪的测试车，它同时备有先进的数据采集和处理系统，如图9.16所示。

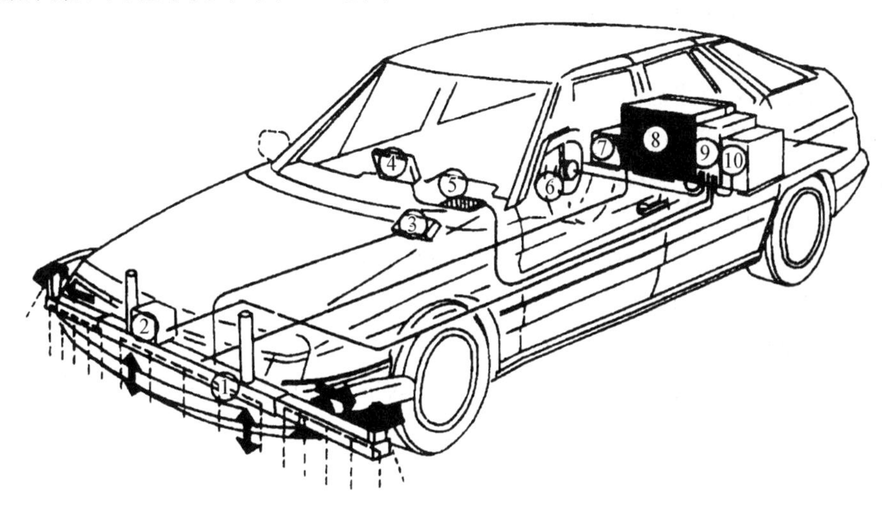

图9.16 激光平整度仪示意图

1—激光传感器；2—陀螺盒；3—测量束控制台；4—微机屏幕；5—微机键盘；6—距离测量；7—电源；8—激光盒；9—微机；10—计算机存储器

(2) 工作原理

测试车以一定速度在路面上行驶，用固定在汽车底盘上的一排激光传感器通过测试激光束反射回读数器的角度来测试路面，将这个距离信号同测试车上装的加速度计信号进行互差，消除测试车自身的颠簸，输出一路面真实断面信号。信号处理系统将来自激光传感器的模拟信号转换成数值信号并记录下来。随着汽车的行进，每隔一定间距，采集一次数据。通过数据分析系统，可显示、打印国际平整度指数等平整度检测结果。

(3) 使用技术要点

① 数据采集完全在计算机控制下进行，根据具体情况输入有关信息和命令。

② 为了保证测量精度，应进行系统检查，如做静态振动试验、直尺试验、轮胎气压检查、传感器标定检查。

③ 测试速度一般为 20～120 km/h。

④ 测试宽度大于 2.5 m。如在测试梁上安装两个扩展臂，测试宽度可增加至 3.5 m 或更大。

⑤ 采样间隔一般为 0.1 m，最小为 5 mm。

⑥ 可显示测试状态及有关数据，输出分析结果，如国际平整度指数 IRI、车辙、横坡等。

应当注意，不能直视激光孔，或观察通过抛光物面及镜面反射回来的激光束，防止损伤眼睛。只能通过一张红外线显示卡或光谱变换眼镜观察光束的存在与否。

(4) 技术指标

平整度激光检测设备技术指标：

① 激光探头数量 21 套；

② 纵向采样间距≤50 mm；

③ 路面高低不平检测范围：±150 mm；

④ 横断面检测宽度：3 750 mm；

⑤ 横向平均采样间距：187.5 mm。

车辙激光检测设备技术指标：

① 激光探头数量 31 套；

② 纵向采样间距 ≤50 mm；

③ 路面高低不平检测范围：±150 mm；

④ 横断面检测宽度：3 750 mm；

⑤ 横向平均采样间距：125 mm。

3) 激光构造深度仪

激光构造深度仪是小型手推式路面构造深度测试仪，也称激光纹理测试仪，具有运输方便、操作快捷、费用低廉、可靠性高等优点。

(1) 主要结构

激光构造深度仪主要由装在两轮手推车上的光电测试设备、打印机、仪器操作装置及可拆卸手柄组成。

(2) 工作原理

高速脉冲半导体激光器产生红外线投射到道路表面，从投影面上散射的光线由接收透镜聚焦到以线性布置的光敏二极管上，接收光线最多的二极管位置给出了这一瞬间到道路表面的距离，通过一系列计算可得出构造深度。

(3) 使用技术要点

① 检查仪器,安装手柄。

② 根据被测路面状况,选择测量程序。

③ 适宜的检测速度为3～5 km/h,即人步行的正常速度。

④ 仪器按每一个计算区间打印出该段构造深度的平均值。标准的计算区间长度为100 m,根据需要也可为10 m或50 m。

应当注意,我国公路路面构造深度以铺砂法为标准测试方法。利用激光构造深度仪测出的构造深度与铺砂法测试结果不同,但两者具有良好的相关关系。因此,激光构造深度仪所测出的构造深度不能直接用于评定路面的抗滑性能,必须换算为铺砂法的构造深度后才能判断路面抗滑性能是否满足要求。

关于激光构造深度仪测定沥青路面构造深度试验方法可详见《公路路基路面现场测试规程》(JTG 3450—2019)。

9.7.2　图像检测技术

本方法主要用于路面破损检测,如路面车辙、路面变形、路面裂缝等。

数字成像车辙检测技术(图9.17～图9.19)

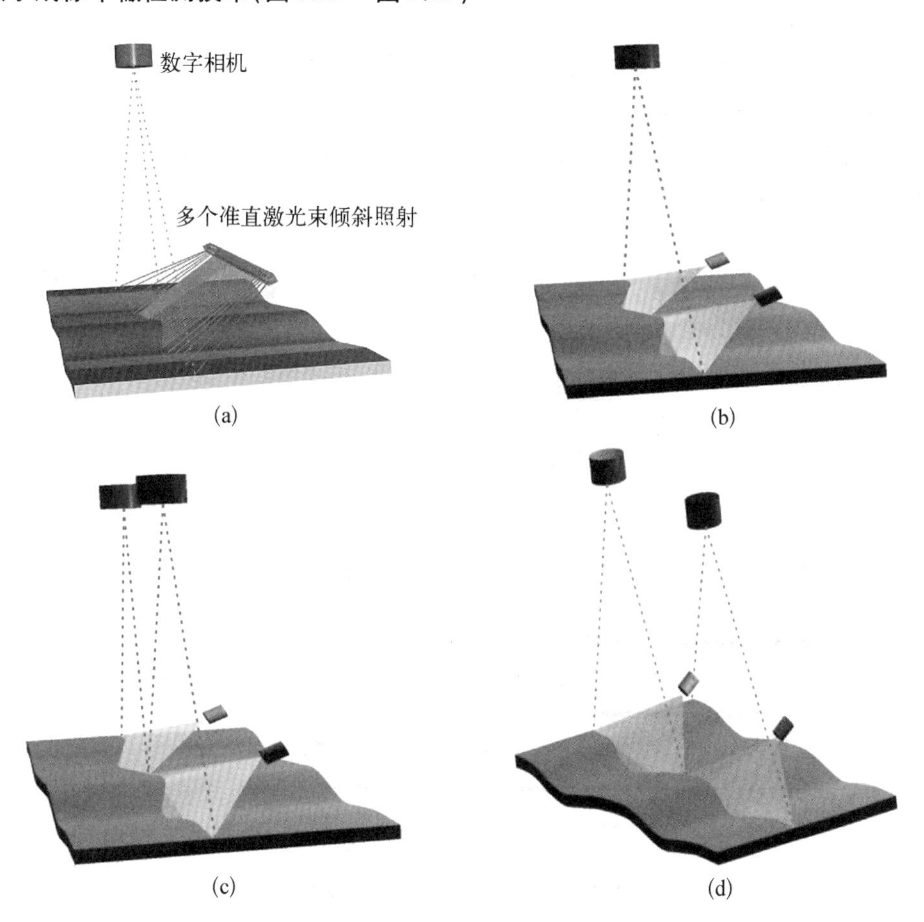

(a)　(b)　(c)　(d)

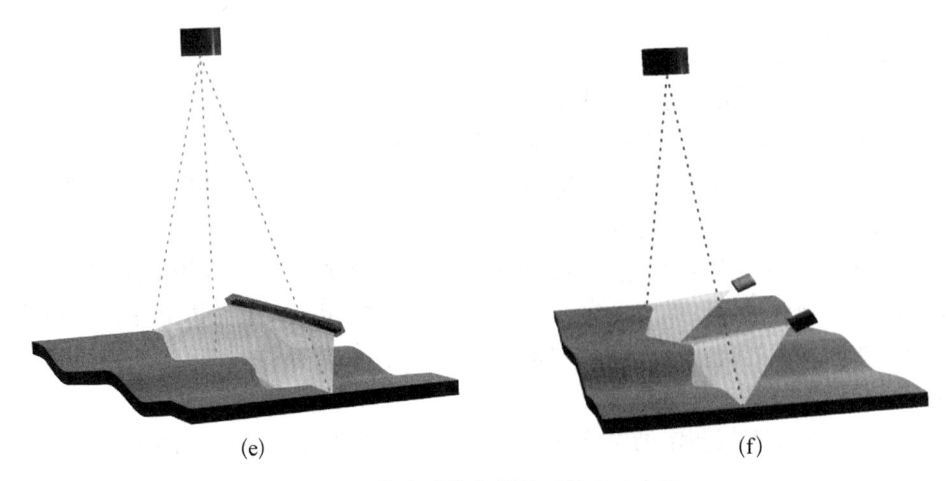

(e) (f)

图 9.17 数字成像车辙检测技术示意图

(1) 试验仪具

① 数字相机：面阵 CCD 或 CMOS 芯片。像面尺寸为 1/3″、1/2″、2/3″等。镜头为电动或手动。

② 照明激光束：可见光(532 nm、635 nm、650 nm)，近红外(780 nm、808 nm)。

(2) 误差分析

在数字成像车辙检测技术中，由于在检测过程中车辆的前后颠簸，造成照射光束倾角的变化，这将产生车辙计算误差。

数字成像车辙检测技术的原理决定了其每一处的检测结果实际上是一个前后小范围内的车辙值，在进行对比试验时应考虑到这一点。

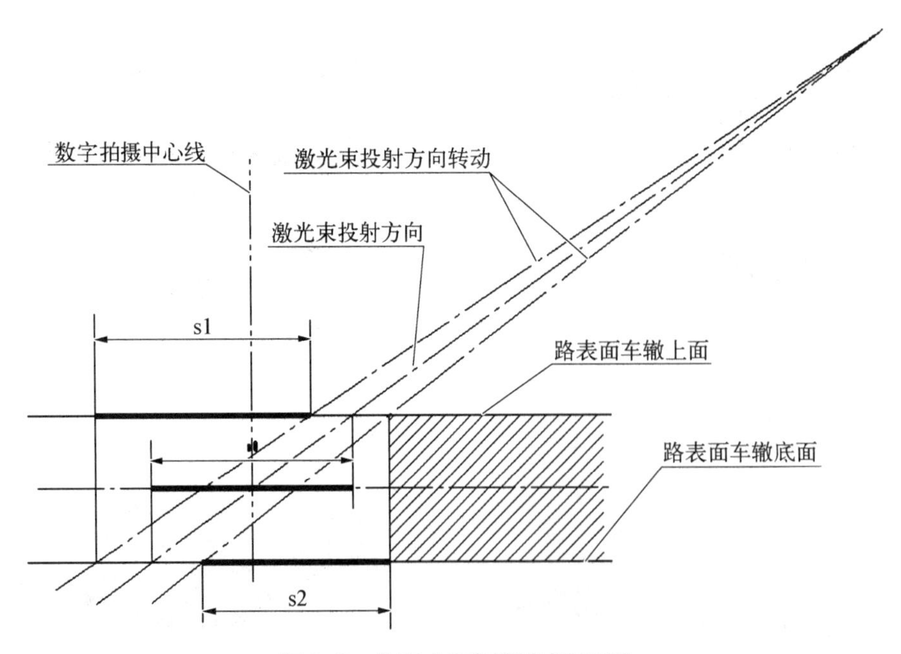

图 9.18 数字成像车辙测试原理图

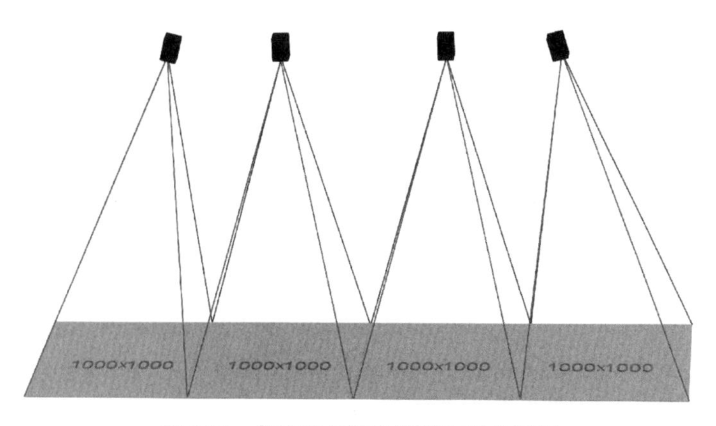

图 9.19　数字相机镜头辐射面积示意图

9.7.3　超声波检测技术

超声波的频率高于人耳能听到的声波频率，它在传输过程中服从于波的传输规律。超声波路面检测技术主要是通过发射超声波到材料介质，接收反射波的相关参数，进而判断结构内部破损情况的一种新型无损检测方法，在接收超声波的主要参数中，最常用的是波速参数，即通过检测超声波在路面材料中的传播速度来分析其力学性能的方法。其基本原理是利用波的行进速度与材料介质的软硬度（即强度）的密切关系进行检测，而材料强度又同它的密实度、弹性模量以及泊松比有关。

我国早在 20 世纪 70 年代就开始应用超声波检测技术测量岩石的抗压强度和判断岩石的性质，后用于评价建筑工程中水泥混凝土和钢筋水泥混凝土材料的质量，目前发展到了超声波探伤技术。由于它具有激发容易、检测简单、操作方便、价格便宜等优点，在路面检测中的前景非常广阔。现已成功地应用于检测路基路面材料的密实度与弹性模量、混凝土的抗压强度、抗折强度、路基路面的厚度与孔隙，以及路基快速测湿等。超声波车辙检测技术示意图及检测原理如图 9.20 所示。

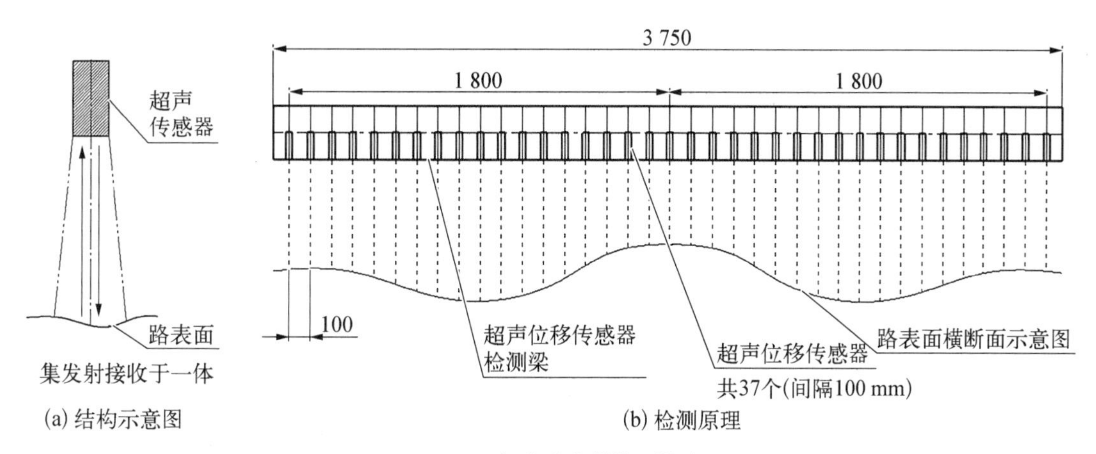

图 9.20　超声波车辙检测技术

超声波位移检测具有如下特点。

(1) 优点：超声位移传感器外形尺寸小、重量轻、价格低；检测精度可以满足车辙检测需要(毫米级)。

(2) 缺点：检测速度有一定限制(声速约为 340 m/s)；超声位移传感器检测时应避免倾斜安装(倾斜安装时接收不到超声回波)；传感器受温度、环境因素影响(传感器本身受温度影响，路表面受高速、高温、气流影响)。

参 考 文 献

[1] 王春阳.建筑材料[M].2版.北京：高等教育出版社，2006.

[2] 张超，郑南翔，王建设.路基路面试验检测技术[M].北京：人民交通出版社，2004.

[3] 孙朝云.现代道路交通测试技术：原理与应用[M].北京：人民交通出版社，2000.

[4] 苏达根.土木工程材料[M].3版.北京：高等教育出版社，2015.

[5] 魏鸿汉.建筑材料[M].北京：中国建筑工业出版社，2004.

[6] 徐培华，陈忠达.路基路面试验检测技术[M].北京：人民交通出版社，2000.

[7] 公路工程技术标准：JTG B01—2014[S].

[8] 公路工程质量检验评定标准：JTG F80/1—2017[S].

[9] 水泥标准稠度用水量、凝结时间、安定性检验方法：GB/T 1346—2001[S].

[10] 阎西康，赵方冉，亢景富，等.土木工程材料[M].天津：天津大学出版社，2004.

[11] 柯国军.土木工程材料[M].北京：北京大学出版社，2006.

[12] 黄晓明，张晓冰，高英.公路工程检测手册[M].北京：人民交通出版社，2004.

[13] 柳俊哲.土木工程材料[M].2版.北京：科学出版社，2009.

[14] 公路土工试验规程：JTG E40—2007[S].

[15] 符芳.土木工程材料[M].3版.南京：东南大学出版社，2006.

[16] 郑德明，钱红萍.土木工程材料[M].北京：机械工业出版社，2005.

[17] 黄晓明，潘钢华，赵永利.土木工程材料[M].南京：东南大学出版社，2001.

[18] P·梅泰.混凝土的结构、性能与材料[M].祝永年，等译.上海：同济大学出版社，1991.

[19] 陈志源，李启令.土木工程材料[M].武汉：武汉工业大学出版社，2000.

[20] 吴科如，张雄.土木工程材料[M].上海：济大学出版社，2003.

[21] 江苏省建设工程质量监督总站.建设工程质量检测技术[M].北京：中国建筑工业出版社，2006.

[22] 交通部公路科学研究所.公路沥青路面施工技术规范[M].北京：人民交通出版社，2004.

[23] 李芳，李辉.应用Excel进行沥青混合料级配设计[J].公路与汽运，2011(4)：111-114.